高等职业教育精品工程系列教材

LTE 无线网络优化技术

徐　彤　丁胜高　主编

束美其　余建明　参编

電子工業出版社

Publishing House of Electronics Industry

北京・BEIJING

内容简介

本书由校企合作编写，内容选取与中国移动 LTE 网络优化技能相对接，将 LTE 网络优化工作流程所涉及的相关技术原理和操作技能融入教材，教材内容分为原理篇、优化篇和实训篇三大部分，包含 12 章和 9 个实训项目。原理篇介绍了 LTE 相关技术、网络结构、LTE 主要性能指标、基站无线信道；优化篇介绍了 LTE 系统消息、LTE 系统移动性管理、随机接入过程、空口信令流程、LTE 主要性能指标、基站天线选择、各种优化措施等内容；实训篇介绍了测试软件和分析软件的使用、典型案例分析等实训项目。为方便教学使用，每个部分都设置了思考与复习题，并于书末给出了参考答案。

本书既可作为高职高专通信技术类专业的教材，也可作为从事 LTE 网络优化工程技术人员的参考用书。

图书在版编目（CIP）数据

LTE 无线网络优化技术/ 徐彤，丁胜高主编. —北京：电子工业出版社，2018.1

ISBN 978-7-121-32795-7

Ⅰ. ①L… Ⅱ. ①徐… ②丁… Ⅲ. ①无线电通信—移动网—高等学校—教材 Ⅳ. ①TN929.5

中国版本图书馆 CIP 数据核字（2017）第 238341 号

责任编辑：郭乃明　　特约编辑：范　丽
印　　刷：北京捷迅佳彩印刷有限公司
装　　订：北京捷迅佳彩印刷有限公司
出版发行：电子工业出版社
　　　　　北京市海淀区万寿路 173 信箱　邮编　100036
开　　本：787×1 092　1/16　印张：16　字数：412.8 千字
版　　次：2018 年 1 月第 1 版
印　　次：2023 年 12 月第 11 次印刷
定　　价：44.00 元

凡所购买电子工业出版社图书有缺损问题，请向购买书店调换。若书店售缺，请与本社发行部联系，联系及邮购电话：（010）88254888，88258888。

质量投诉请发邮件至 zlts@phei.com.cn，盗版侵权举报请发邮件至 dbqq@phei.com.cn。

本书咨询联系方式：（010）88254561，guonm@phei.com.cn。

前　言

随着技术发展，移动网络建设规模不断壮大，移动通信正在改变人们的生活方式，而无线网络优化工作是移动通信网络正常运行的重要保证。无线网络优化课程是通信类专业的核心课程，在人才培养中起到重要作用，有鉴于此，我们编写了本书，希望能够在此领域，为读者贡献一本实用、精炼的教学用书。

本书是江苏省“通信技术”品牌专业项目教材建设成果，与教材配套的慕课及其他在线资源可扫描封面二维码查看。

本教材出版前已经作为校本教材使用了 3 年，由校企合作编写，按照十三五规划对教育和教学建设的要求，突出实践技能培养。主要编写人员均为国内著名电信运营企业从事无线网络优化工作的资深技术人员，具备较丰富的无线网优实践工作经验。出版前，编写团队多次到华为大学培训中心和中国移动通信集团公司进行技术调研，研讨 LTE 无线网络优化岗位能力要求，确保教材内容的选取与中国移动 LTE 网络优化技能相对接，将 LTE 网络优化工作流程所涉相关技术原理和操作技能融入教材。

教材编写遵循工学结合的开发理念，以培养岗位技能为目标，在内容选取上以 LTE 无线网络优化的岗位要求为目标，以工作过程为主线；从网络优化基本原理到实践操作，由浅入深地介绍 LTE 无线网络优化方面的理论知识和实践技能。具体特色如下：

（1）结构新颖。根据无线网优流程将教材设计为原理、优化和实训三大部分，对于操作技能培养更实用。

（2）内容与岗位技能对接。依据中国移动 LTE 网络优化技能要求和通信行业职业技能鉴定标准，将 LTE 网络优化流程所涉及的相关技术原理和操作技能融入教材。

（3）理实一体，图文并茂。采用理实一体化编写模式，将技术理论通过实践案例分析的形式进行讲解，并在版面编排上力求图文并茂，使得抽象复杂的技术理论简单化，通俗易懂。

本书由淮安信息职业技术学院徐彤、丁胜高老师担任主编，由束美其、余建明、韩金燕、许鹏飞和华山参编，华为大学南京培训分部屠海讲师对本书编写提出了许多宝贵的编写建议，教材在编写过程中，得到了南京嘉环科技技术有限公司和中国移动江苏分公司的大力支持，这里一并表示诚挚的感谢！

对于书中的疏漏和不妥之处，恳请读者提出宝贵建议，联系方式：haxt2000@163.com。

编　者

目　　录

原　理　篇

优 化 篇

实 训 篇

原理篇

第 1 章 LTE 相关技术

1.1 OFDM 技术

1.1.1 OFDM 概述

FDMA（Frequency Division Multiple Access，即频分多址）是指将通信系统的总频段划分成若干个等间隔的频道（也称信道），然后分配给不同的用户使用。

注意： 本书含有大量缩写名词，为不影响阅读，大部分缩写单词的全词形式和中文解释都放在附录中。

传统的频分复用（FDM）多载波调制技术中各个载波的频谱是互不重叠的，如图 1-1（a）所示，各载波之间须保留足够的频率间隔。不同载波之间保留了频率间隔，尽管避免了各载波之间的相互干扰，但是牺牲了频率利用效率。

能否采用新的技术，既可以避免各载波之间的相互干扰，又可以提升频率利用效率呢？OFDM 就是解决此问题的有效技术。

OFDM（正交频分复用）是指将信道分成若干正交子信道，然后将高速数据信号转换成并行的低速子数据流，调制到每个子信道上进行传输。

OFDM 多载波调制技术中各子载波的频谱是互相重叠的，并且在整个符号周期内满足正交性，如图 1-1（b）所示，OFDM 不但减小了子载波间的相互干扰，还大大减少了保护带宽（即频率间隔），提高了频谱利用率。OFDM 是一种能够提高频谱利用效率的多载波传输方式。

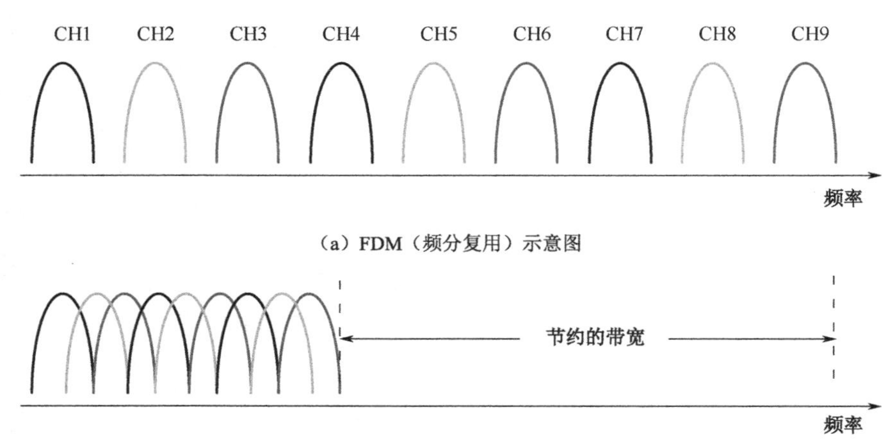

（a）FDM（频分复用）示意图

（b）OFDM 示意图

图 1-1 FDM 与 OFDM 的对比

1.1.2 OFDM 系统实现

OFDM 系统实现的主要功能模块有三个：（1）串/并、并/串转换；（2）快速傅里叶变换（FFT）、快速傅里叶逆变换（IFFT）；（3）加 CP、去 CP，如图 1-2 所示。

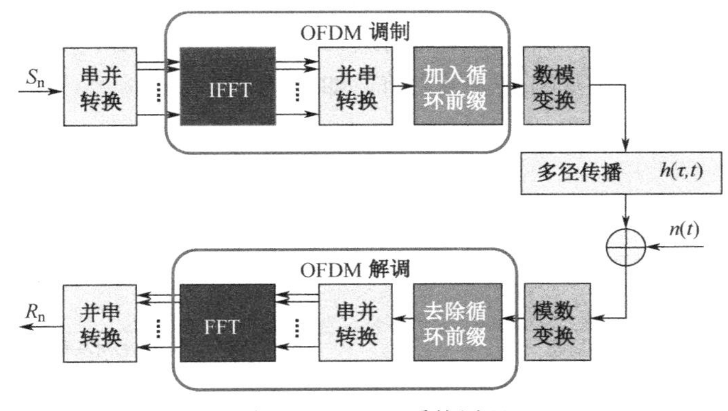

图 1-2　OFDM 系统原理

1．并行传输

在发射端，用户的高速数据流经过串/并转换后，成为多个低速率码流，每个码流可用一个子载波发送。

在移动通信系统中，由于信号的传输路径不同，造成到达接收端的信号强度也会不同，这称为空间选择性衰落，多径效应导致空间选择性衰落。多径效应是指无线电波经过一点发射出去，经过直射、绕射、反射等不同路径到达接收端，其所需时间和信号强度是不同的。多径效应产生多径时延或时间色散，多径时延容易引起符号间干扰（ISI），增大了系统的自干扰。

在宽带传输系统中，不同频率在相同空间的衰落特性也是不一样的，这称为频率选择性衰落。频率选择性衰落易引起较大的信号失真，需要信道均衡操作，以便纠正信道对不同频率的响应差异，尽量恢复信号发送前的样子。带宽越大，信道均衡操作越难。

使用并行传输技术可使每个码元的传输周期大幅增加，降低了系统的自干扰。同时，使用并行传输技术将宽带单载波转换为多个窄带子载波操作，每个子载波的信道响应近似没有失真，即频率选择性衰落不明显，这样，接收端的信道均衡操作非常简单，极大地降低了信号失真。

2．FFT

OFDM 要求各子载波之间相互正交，在理论上已证明，使用快速傅里叶变换（FFT）可以较好地实现正交变换。

在发射端，OFDM 系统使用快速傅里叶逆变换（IFFT）模块来实现多载波映射叠加过程，经过 IFFT 模块可将大量窄带子载波频域信号变换成时域信号。

在接收端，用快速傅里叶变换模块把重叠在一起的波形分隔出来。

3．加入 CP

由于多径时延的问题，导致 OFDM 信号到达接收端可能带来信号间干扰（ISI）；同样，由于多径时延的问题，使得不同子载波到达接收端后，不能再保持绝对的正交性，从而引入了多载波间干扰（ICI）。

如果在 OFDM 信号发送前，在码元内插入保护间隔，当保护间隔足够大的时候，多径时延造成的影响不会延伸到下一个信号周期内，从而大大减少了信号间干扰（ISI）。

在 OFDM 中，使用的保护间隔是循环前缀 CP（Cyclic Prefix），所谓循环前缀，就是将每个 OFDM 信号的尾部一段复制到信号之前，如图 1-3 所示。

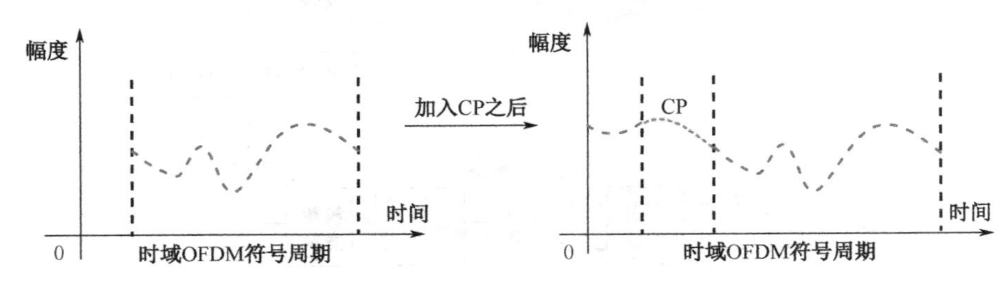

图 1-3　加入 CP 示意图

比起纯粹的加空闲保护时段来说，加入 CP 增加了冗余信号信息，更有利于克服信号间干扰(ISI)；同时 OFDM 加入 CP 可以保证信道间的正交性，大大减少了多载波间干扰(ICI)。

1.1.3　OFDM 特点

OFDM 是 LTE 系统关键技术，相比于 3G 系统中的 CDMA，OFDM 具有以下优势。

1）频谱效率高

传统的 FDM 系统的载波之间必须有保护带宽，频率的利用效率不算高。OFDM 的多个正交的子载波可以相互重叠，不用保护频带来分离子信道，从而提高了频率利用效率，提升了系统的容量。

2）带宽可灵活配置，且可扩展性强

带宽可灵活配置表现在带宽大小可灵活分配，使用的频率可离散分配。

（1）带宽大小可灵活分配。以往固定带宽的系统（如 WCDMA 系统）中，上行 5MHz 带宽、下行 5MHz 带宽是固定好的，不能变化；但在 LTE 系统中，上下行的带宽可以根据需要灵活分配。

（2）频率可离散分配。以往固定带宽的系统（如 WCDMA 系统）中，所需的 5MHz 带宽必须是连续的，而在 LTE 系统中，假如需要 5MHz 带宽时，可以将 5MHz 带宽分在不连续的频率上。

目前 LTE 支持的带宽有 6 个等级：1.4MHz、3MHz、5MHz、10MHz、15MHz、20MHz，可扩展性强。

3）自适应能力强

OFDM 技术持续不断地监控无线环境特性随时随地的变化，通过接通、切断相应的子载波，使 OFDM 系统动态地适应环境，极大地提高了抗频率选择性衰落的能力，确保了无线链路的传输质量。

OFDM 的各个子载波可以根据信道状况的不同选择不同的调制方式，如 BPSK、QPSK、8PSK、16QAM、64QAM 等。当信道条件好的时候，采用高阶的调制方式，而当信道条件差的时候，则需要采用抗干扰能力强的低阶调制方式。

4）抗衰落能力和抗干扰能力强

由于 OFDM 将宽带传输转化为很多个窄带子载波的并行传输，信号周期长，能抵抗多径效应引起的信道快衰落。

OFDM 系统加入循环前缀 CP 技术之后，大大降低了 ISI 和 ICI 的影响。

5）MIMO 技术实现简单

OFDM 技术使得每个子载波上的信道可以看成是平坦衰落信道，从而使子载波上 MIMO（多进多出）的检测仅考虑单径信道而不用考虑多径信道的影响，所以大大简化了 MIMO 接收端的设计与实现。

尽管 OFDM 有诸多优点，但该技术也有不可忽略的如下缺点。

1）峰均比高

OFDM 信号由多个子载波信号组成，各个子载波信号是由不同的调制方式分别完成的。OFDM 信号在时域上表现为 N 个正交子载波信号的叠加，当这 N 个信号恰好同相，功率以峰值相叠加时，OFDM 符号将产生最大峰值功率，该峰值功率最大可以是平均功率的 N 倍。尽管峰值功率出现的概率较低，但峰均比（即峰值功率与系统总平均功率的比值）越大，对放大器的线性范围要求必然越高。过高的峰均比会降低放大器的效率，增加 A/D 转换和 D/A 转换的复杂性，也增加了传送信号失真的可能性。

OFDM 的峰均比比 CDMA 系统高很多，会影响射频功率放大器的效率，增加硬件的成本。

2）多普勒频移对 OFDM 系统影响大

OFDM 系统严格要求各个子载波之间的正交性，频移和相位噪声会使各个子信道之间正交特性恶化。任何微小的频移都会破坏子载波之间的正交性，仅 1%的频移就会造成信噪比下降 30dB，引起子载波间干扰（ICI）。

当移动速度较高的时候，会产生多普勒频移。对于宽带载波（数量级为 MHz）来说，多普勒频移相对于整个带宽占比较小，影响不大；而多普勒频移相对于 OFDM 子载波（子载波带宽为 15kHz）来说，占比就比较大了。对抗多普勒频移性能较差，是 OFDM 技术的一个非致命的缺点。

同样，频移会产生相位噪声，易导致高阶调制信号星座点的错位、扭曲，从而形成 ICI。面对宽带单载波系统来说，只有降低接收信噪比（SNR），才不会引起载波间相互干扰。

3）OFDM 对时间和频率同步要求严格

时间偏移误差会导致 OFDM 子载波的相位偏移，会导致信号间干扰（ISI）；而频率偏移误差则会导致子载波间失去正交性，带来子载波间的干扰（ICI），影响接收性能。因此，OFDM 系统对时间和频率的同步误差比较敏感。

OFDM 系统通过设计同步信道、导频和信令交互，以及加入 CP，目前已经能够满足系统对同步的要求。

4）存在小区间下行干扰

OFDM 系统保证了小区内用户的正交性，在抑制小区内的用户干扰方面，优势比较明显。但是，OFDM 系统本身无法提供小区间的多址能力，无法实现自然的小区间多址，对于小区间的干扰抑制问题，需要依赖 ICIC 技术来进行辅助抑制。

1.2 MIMO 技术

MIMO（多进多出）技术是指在发射端和接收端分别使用多个发射天线和接收天线，使信号通过发射端与接收端的多个天线发射和接收，从而改善通信质量。

LTE 系统的下行 MIMO 技术支持 2×2 的基本天线配置。下行 MIMO 技术主要包括空间分集、空间复用及波束赋形 3 大类。LTE 系统上行 MIMO 技术包括空间分集和空间复用。在 LTE 系统中，应用 MIMO 技术的上行基本天线配置为 1×2，即一根发射天线和两根接收天线。考虑到终端实现复杂度的问题，目前对于上行并不支持一个终端同时使用两根天线进行信号发送，即只考虑存在单一上行传输链路的情况。

1.2.1 空间分集

空间分集分为发射分集、接收分集两种。

1．发射分集

发射分集是在发射端使用多幅发射天线发射信号，通过对不同的天线发射的信号进行编码达到空间分集的目的，通过发射分集，接收端可以获得比单天线更高的信噪比。空间发射分集常用的技术包含空时发射分集（STTD）、时间切换发射分集（TSTD）、频率切换发射分集（FSTD）、空频发射分集（SFTD）和循环延迟分集（CDD）等。LTE 系统中，为了确保控制信道可靠传输，控制信道普遍采用发射分集方式传输。

1）空时发射分集

空时发射分集（STTD）采用将空间分集与空时编码相结合的方案，它是目前最受关注的分集方案，STBC（空时块码）的主要思想是在空间和时间两个维度上安排数据流的不同版本，可以有空间分集和时间分集的效果，从而降低信道误码率，提高信道可靠性，如图 1-4 所示。空时发射分集方法对信道衰落的抑制能力使它能够使用高阶的调制方式减少复用因子，以提高系统容量。

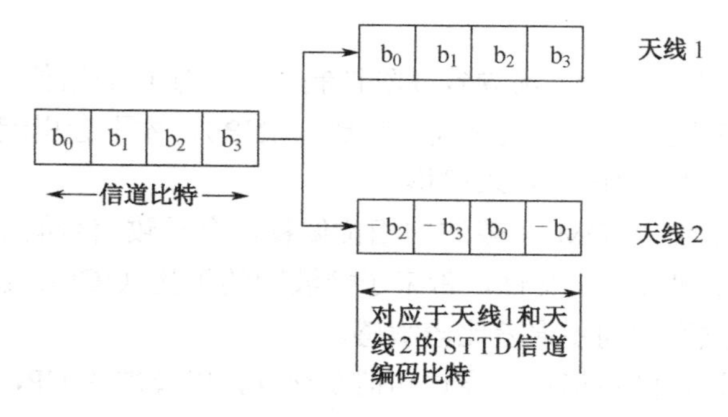

图 1-4　STTD 编码方式

2）空频发射分集

空频发射分集将同一组数据承载在不同的子载波上面获得频率分集增益。空频块码（SFBC）的主要思想是在空间和频率两个维度上安排数据流的不同版本，可以有空间分集

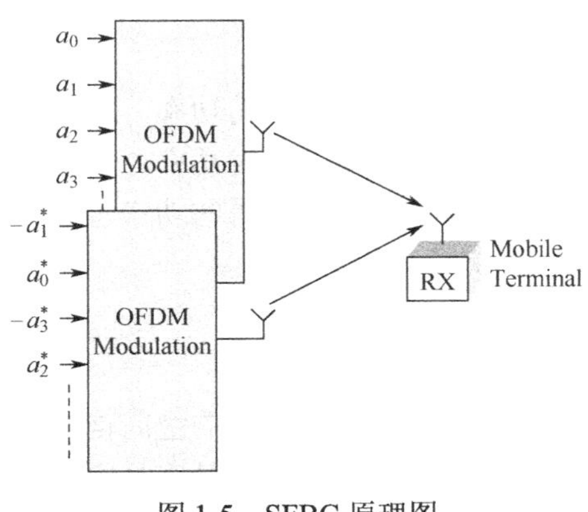

图 1-5　SFBC 原理图

和频率分集的效果。两天线空频发射分集原理图如图 1-5 所示。SFBC 发射分集方式通常要求发射天线尽可能独立，以最大限度地获取分集增益。

3）时间切换发射分集

时间切换发射分集（TSTD）是根据时隙号的奇偶性，在两个天线上交替发射基本同步码和辅助同步码。例如奇数时隙时用第 1 个天线发射，偶数时隙则用第 2 个天线发射。

4）频率切换发射分集

频率切换发射分集（FSTD）可使用在 LTE 中物理广播信道和物理下行控制信道上，是一种多天线发射分集技术。不同的天线支路使用不同的子载波集合进行发射，减少了子载波之间的相关性，使等效信道产生了频率选择性，因而可以利用纠错编码降低差错概率。

5）循环延时分集

传统延时分集是指在不同天线上传输同一个信号的不同延时版本，从而人为地增加信号所经历信道的时延扩展值，而循环延时分集（CDD）技术是针对 OFDM 系统，在插入循环前缀（CP）之前，将同一个 OFDM 信号分别循环移位 D_m 个样点（下标表示天线序号），然后每个天线根据各自对应的循环移位之后的版本，分别加入各自的 CP。

根据 DFT（离散傅里叶变换）特性，信号在时域的周期循环移位（即延时）相当于频域的线性相位偏移，因此 LTE 的循环延时分集是在频域上进行相位偏移操作的。图 1-6 和图 1-7 分别给出了下行发射端的时域循环移位与频域相位线性偏移的等效示意图。

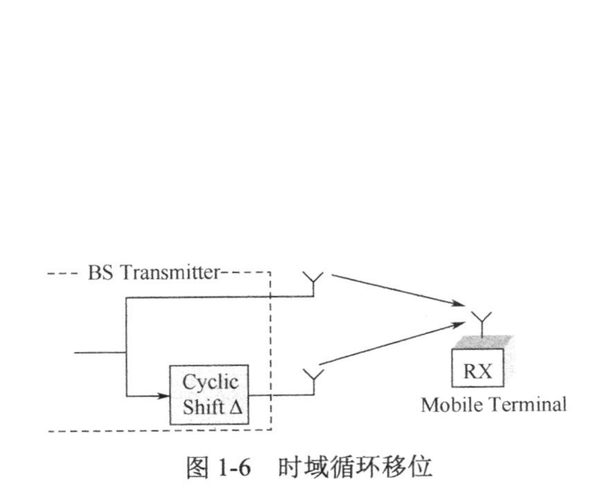

图 1-6　时域循环移位

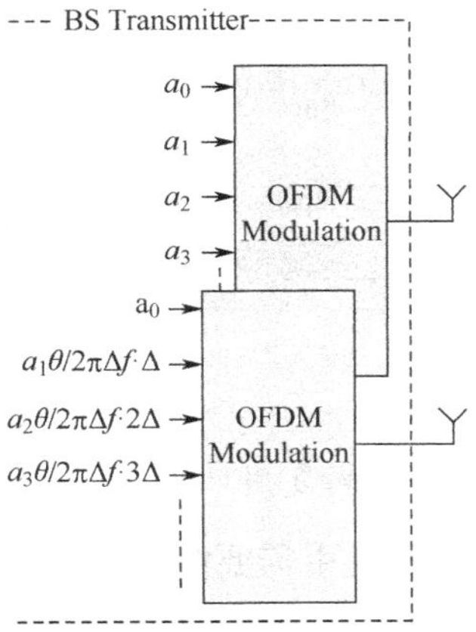

图 1-7　频域相位性偏移

2. 接收分集

接收分集指多个天线接收来自多个信道（时间、频率或者空间）、承载同一信息的多个独立的信号副本。由于多个信道的传输特性不同，信号多个副本的衰落就不会相同，不可能同时处于深衰落情况，接收分集是利用信号和信道的性质，将接收到的多径信号分离成互不相关（独立）的多径信号，然后将多径衰落信道分散的能量更有效地接收进来，并在处理之后进行判决，从而达到抗衰落的目的。

如果不采用分集技术，在噪声受限的条件下，发射端必须要采用较高的功率，才能保证信道情况较差时链路正常连接，因此采用分集技术可以降低发射端的发射功率。在移动无线环境中，由于手持终端的电池容量非常有限，所以反向链路中所能获得的功率也非常有限，而采用分集技术可以降低手机的发射功率。

1.2.2 空间复用

空间复用的主要原理是利用空间信道的弱相关性，通过在多个相互独立的空间信道上传输不同的数据流，从而提高数据传输的峰值速率。空间复用适用于信道质量高且空间独立性强的工作场景。LTE 系统中空间复用技术包括开环空间复用和闭环空间复用。**LTE 系统中空间复用只应用于下行业务信道。**

1．开环空间复用

开环空间复用时接收端和发射端无信息交互，终端不反馈信道信息，发射端根据预定义的信道信息来确定发射信号。LTE 系统支持基于多码字开环的空间复用传输。一个码字就是在一个传输时间间隔（TTI，指在无线链路中的一个独立解码传输的长度）上发送的包含了 CRC（循环冗余校验码）位并经过了编码（Encoding）和速率匹配（Rate Matching）之后的独立传输块（Transport Block）。所谓多码字，即用于空间复用传输的多层数据来自于多个不同的独立进行信道编码的数据流，每个码字可以独立地进行速率控制，如图 1-8 所示。

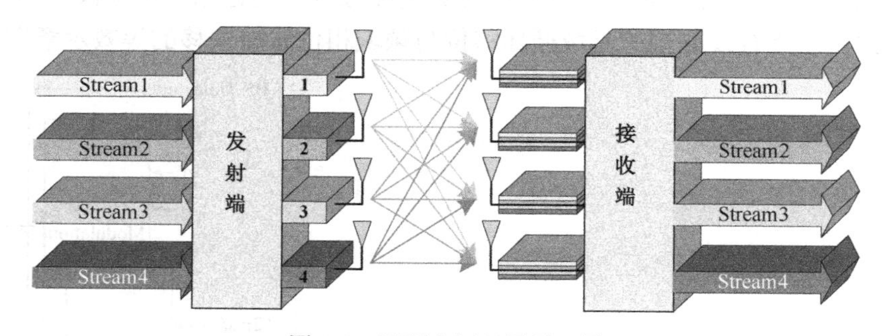

图 1-8　开环空间复用原理图

2．闭环空间复用

闭环空间复用需要终端反馈信道信息，发射端采用该信息进行信号预处理以产生空间独立性，如图 1-9 所示。LTE 系统中，闭环空间复用包括两种方式，一种是基于非码本的预编码方式，该方式基于终端提供的探测参考信号（SRS）或解调参考信号（DMRS）获得的信道状态信息（CSI），由基站自行计算出预编码矩阵；另外一种是基于码本的预编码方式，该方式基于终端直接反馈的预编码矩阵索引号（PMI）从码本中选择预编码矩阵。

空间复用利用了天线间空间信道的弱相关性，在相互独立的信道上传送不同的数据流，提高数据传输的峰值速率。

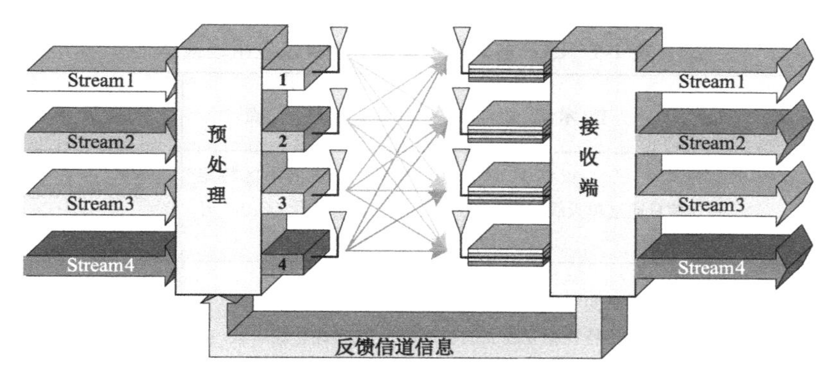

图 1-9　闭环空间复用原理图

1.2.3　波束赋形

MIMO 中的波束赋形方式与智能天线系统中的波束赋形类似，在发射端将待发射数据矢量加权，形成某种方向图后到达接收端，接收端再对收到的信号进行上行波束赋形，抑制噪声和干扰。

与常规智能天线不同的是原来的下行波束赋形只针对一个天线，现在需要针对多个天线。通过下行波束赋形，使得信号在用户方向上得到加强，通过上行波束赋形，使得用户具有更强的抗干扰能力和抗噪能力，如图 1-10 所示。波束赋形和发射分集类似，可以利用额外的波束赋形增益提高通信链路的可靠性，也可在同样可靠性下利用高阶调制提高数据传输速率和频谱利用率。

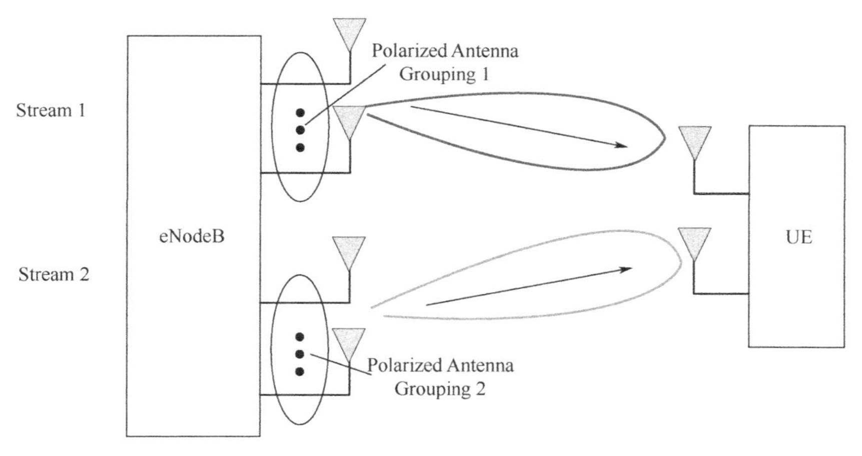

图 1-10　波束赋形原理图

1.2.4　传输模式

在 eNodeB 侧，每个小区可以选择配置 1/2/4/8 根发射天线。不同的多天线传输方案对应不同的传输模式（TM）。到 Rel-10 为止，LTE 针对不同的 RF 环境支持 9 种 TM，它们的区别在于天线映射的特殊结构不同、解调时所使用的参考信号不同（小区特定参考信号或 UE 特定参考信号），以及所依赖的 CSI（信道状态信息）反馈类型不同，如表 1-1 所示。

表 1-1 LTE 多天线传输模式特点及应用场景

传输模式	名称	技术描述	特点	应用场景	MIMO 类型
TM1	单天线	信息通过单天线发送	产生的小区特定参考信号（CRS）开销少	无法布放双通道时分系统的室内站	无
TM2	发射分集	同一信息的多个信号副本分别通过多个衰落特性相互独立的信道进行发送	不用反馈 PMI（提高链路传输质量，提高小区覆盖半径）	信道质量不好时，如小区边缘（作为其他 MIMO 模式的回退模式）	分集
TM3	开环空间复用/发射分集	终端不反馈信道信息，通过发射端预定义的信道信息来确定发射信号	不用反馈 PMI（提升小区平均频谱效率和峰值速率）	信道质量高且空间独立性强，终端静止时性能好（低速移动）	复用
TM4	闭环空间复用	需要终端反馈信道信息，发射端根据该信息进行信号预处理以保证信号空间独立性	要反馈 PMI（提升小区平均频谱效率和峰值速率）	信道质量高且空间独立性强（高速移动）	复用
TM5	多用户 MIMO	基站使用相同时频资源将多个数据流发送给不同用户，接收端利用多根天线对干扰数据流进行取消和零陷	（提升小区平均频谱效率和峰值速率）	密集城区	
TM6	单层闭环空间复用	终端反馈 RI 为 1 时，发射端采用单层预编码，使其适应当前的信道	要反馈 PMI（提升小区覆盖）	仅支持 rank=1 的传输	
TM7	单流波束赋形/发射分集	发射端利用上行信号来估计下行信道的特征，在下行信号发射时，每根天线上乘以相应的特征权值，使其天线阵发射信号具有波束赋形的效果	（提高链路传输质量，提高小区覆盖半径）	信道质量不好时，如小区边缘	波束赋形
TM8	双流波束赋形	结合复用和智能天线技术，进行多路波束赋形发送，既提高用户信号强度，又提高用户的峰值和均值速率	提高小区覆盖半径，提升小区中心用户吞吐量	小区中心吞吐量大的场景	波束赋形
TM9	多流波束赋形	这是 LTE-A 中新增加的一种模式，可以支持最多 8 层的传输，主要是为了提升数据的传输速率			波束赋形

LTE 针对物理下行共享信道（PDSCH）定义了 9 种传输模式，每种传输模式内又同时定义了多种 MIMO 方式，因此多天线模式切换就存在两种切换过程：模式内切换和模式间切换。

所谓模式内切换是指在同一种传输模式内的不同 MIMO 方式之间的切换，此时 MIMO 方式的变化是通过物理下行控制信道的下行控制信息（DCI）指示的，切换周期较短，能被 UE 快速响应。TM3 模式内包含开环空间复用（SDM）和发射分集（SFBC），TM7 模式内包含基于用户的波束赋形（Port5）和发射分集（SFBC），可进行模式内切换。

模式间切换是指不同传输模式之间的切换，其中传输模式的变化由基站的 RRC 信令通知用户进行切换，属于高层信令进行切换调度，因此切换周期较长。

eNodeB 自行决定某一时刻对某一终端采用什么传输模式，并通过 RRC 信令通知终端。传输模式是针对单个终端的，同小区的不同终端可以有不同的传输模式。

【思考与复习题】

一、填空题

（1）OFDM 将信道分成若干正交子信道，然后将高速数据信号转换成________的低速子数据流。

（2）在移动通信系统中，由于信号的传输路径不同，造成到达接收端的信号强度也会不同，这称为空间选择性衰落，________容易产生空间选择性衰落。

（3）多径时延容易引起______________和______________。

（4）LTE 中加入________增加了冗余信号信息，影响了系统的容量，但是有利于克服符号间干扰（ISI）和子载波间干扰（ICI）。

（5）LTE 采用多个窄带子载波并行传输技术，每个子载波的信道响应近似没有失真，即__________衰落不明显。

（6）________技术是指在发射端和接收端分别使用多个发射天线和接收天线，使信号通过发射端与接收端的多个天线发送和接收，从而改善通信质量。

（7）下行 MIMO 技术主要包括________、________及________3 大类。

（8）LTE 系统中，为了确保控制信道可靠传输，控制信道普遍采用________方式传输。

（9）空间发射分集常用的技术包含____________、____________、____________、____________和____________等。

（10）LTE 中一个 TTI 的时长为____________。

（11）PDSCH 的 TM3 模式在信道质量好的时候为____________，信道质量差的时候回落到____________。

二、判断题

（1）LTE 的物理层上行采用 OFDM 技术。（　　）

（2）LTE 上下行均采用 OFDM 多址方式。（　　）

（3）空间复用适用于信道质量高且空间独立性强的工作场景。（　　）

（4）LTE 系统中空间复用只应用于下行业务信道。（　　）

（5）发射分集是在发射端使用多个发射天线发射信息，通过对不同的天线发射的信号进行编码达到空间分集的目的，接收端可以获得比单天线高的信噪比。（　　）

（6）目前 LTE 支持的带宽有 6 个等级：1.6MHz、3MHz、5MHz、10MHz、15MHz、20MHz。（　　）

三、单项选择题

（1）下列哪项属于 OFDM 技术的缺点？（　　）

A．抗多径能力差　　B．峰均比高

C．需要复杂的双工器　　D．与 MIMO 技术结合复杂度高

（2）LTE 上行采用 SC-FDMA 是为了（　　）。

A．降低峰均比　B．增大峰均比　C．降低峰值　D．增大均值

（3）扩展 CP 的时长为（　　）。

A．4.7μs　B．5.2μs　C．33.3μs　D．16.7μs

（4）下述关于 4×2 MIMO 说法正确的是（　　）。

A．4 发是指 eNodeB 端，2 收也是指 eNodeB 端

B．4 发是指 eNodeB 端，2 收是指 UE 端

C．4 发是指 UE 端，2 收也是指 UE 端

D．4 发是指 UE 端，2 收是指 eNodeB 端

（5）哪个模式为其他 MIMO 模式的回退模式？（　　）

A．TM1　B．TM2　C．TM3　D．TM4

（6）TM3 模式在信道条件好的情况下为（　　）。

A．发送分集　B．开环空分复用　C．闭环空分复用　D．单流波束赋形

四、多项选择题

（1）MIMO 技术可以起到（　　）作用。

A．收发分集　B．空间复用　C．赋形抗干扰　D．MU-MIMO

（2）下列哪项属于 OFDM 技术的缺点？（　　）

A．抗多径能力差　　B．峰均比高

C．时频同步要求高　　D．同频干扰大

五、问答题

（1）LTE 中 CP 有何作用？

（2）OFDM 技术优点有哪些？

（3）OFDM 技术缺点有哪些？

第 2 章　LTE 网络结构

LTE 系统由演进型分组核心网（EPC）、演进型基站（eNodeB，简称 eNB）和用户设备（UE）三部分组成，其中，EPC 负责核心网部分，EPC 控制处理部分称为 MME，EPC 数据承载部分称为 SAE Gateway（SGW）；eNodeB 负责接入网部分，也称 eUTRAN；UE 指用户终端设备。LTE 总体系统架构如图 2-1 所示。

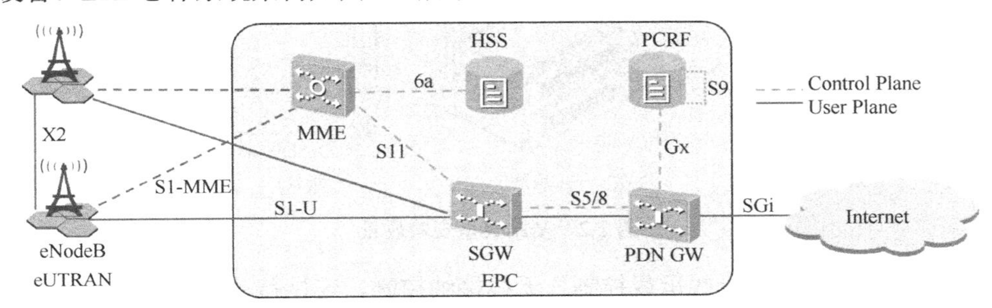

图 2-1　LTE 系统总体架构

eNB 之间由 X2 接口互连，每个 eNB 又和演进型分组核心网（EPC）通过 S1 接口相连。S1 接口的用户面终止在服务网关（SGW）上，S1 接口的控制面终止在移动性管理实体（MME）上。控制面和用户面的另一端终止在 eNB 上。

LTE 采用扁平化、IP 化的网络架构，eUTRAN 用 eNodeB 替代 3G 的 RNC-NodeB 结构，各网络节点之间的接口使用 IP 传输，通过 IMS 承载综合业务，原 UTRAN 的 CS 域业务均可由 LTE 网络的 PS 域承载。简化的网络架构具有以下优点。

（1）网络扁平化使得系统延时减少，从而改善用户体验，可开展更多业务。

（2）网元数目减少，使得网络部署更为简单，网络的维护更加容易。

（3）取消了 RNC 的集中控制，避免单点故障，有利于提高网络稳定性。

2.1　eNodeB

eNodeB 为 Evolved NodeB（即演进型 NodeB）的简称，为 LTE 中基站的名称，相比现有 3G 中的 NodeB，eNodeB 集成了部分 RNC 的功能，减少了通信时协议的层次。

eNodeB 基站采用分布式架构，基本功能模块包括基带控制单元（BBU）和射频拉远单元（RRU）。BBU 与 RRU 均提供 CPRI 接口，两者通过光纤实现互连，图 2-2 给出了基站典型安装场景。

LTE 的 eNB 除了具有 3G 中 NodeB 的功能之外，还承担了 3G 中 RNC 的大部分功能，包括物理层功能、MAC 层功能（包括 HARQ）、RLC 层（包括 ARQ 功能）、PDCP 功能、RRC 功能（包括无线资源控制功能）、调度、无线接入许可控制、接入移动性管理以及小区间的无线资源管理功能等，具体如下。

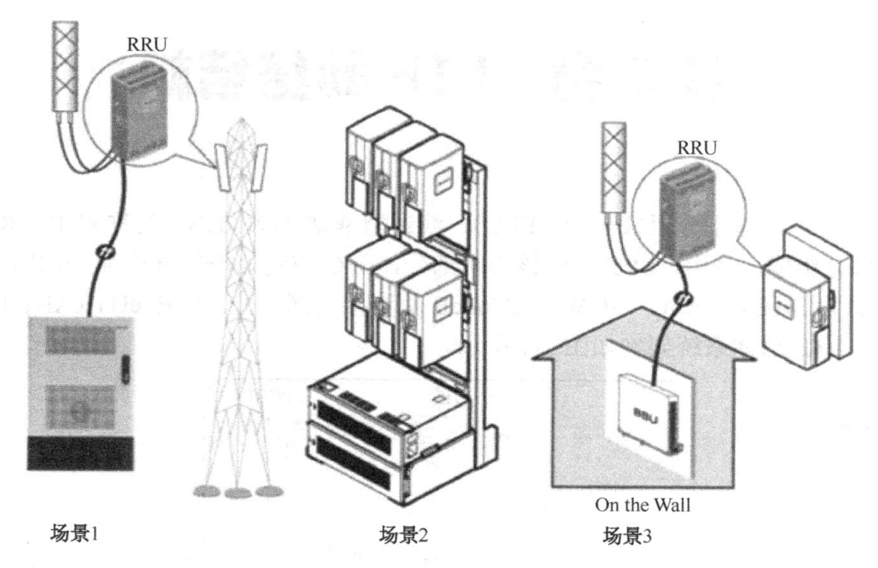

图 2-2 基站典型安装场景

（1）无线资源管理：无线承载控制、无线接纳控制、连接移动性控制、上下行链路的动态资源分配（即调度）等功能。

（2）IP 头压缩和用户数据流的加密。

（3）当从提供给 UE 的信息中无法获知到 MME 的路由信息时，选择 UE 附着的 MME。

（4）路由用户面数据到 SGW。

（5）调度和传输从 MME 发起的寻呼消息。

（6）调度和传输从 MME 或 O&M 发起的广播信息。

（7）用于移动性和调度的测量和测量上报的配置。

（8）调度和传输从 MME 发起的 ETWS（即地震和海啸预警系统）消息。

2.2 EPC

eUTRAN 接口的通用协议模型如图 2-3 所示，适用于 eUTRAN 相关的所有接口，即 S1 和 X2 接口。eUTRAN 接口的通用协议模型继承了 UTRAN 接口的定义原则，即控制面和用户面相分离，无线网络层与传输网络层相分离。继续保持控制平面与用户平面、无线网络层与传输网络层技术的独立演进，同时减少了 LTE 系统接口标准化工作的代价。

与 2G/3G 系统相比，S1 接口和 X2 接口是两个新增的接口。S1 接口是 eNB 和 MME 之间的接口，包括控制面和用户面。X2 接口是 eNB 间相互通信的接口，也包括控制面和用户面两部分。

控制面用于为了承载用户数据而进行的信令交互，主要承载一些重要的信令消息；控制面的数据其实就是信令的消息内容。用户面流通用户数据，也就是真正的业务内容。

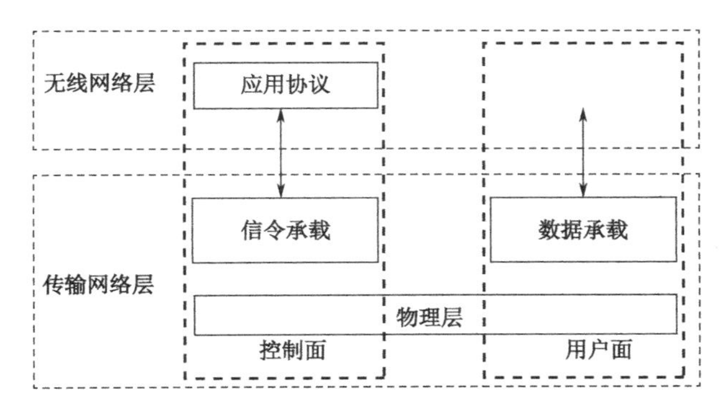

图 2-3　eUTRAN 通用协议模型

1．S1 接口控制面

S1 接口控制面位于 eNodeB 和 MME 之间，传输网络层利用 IP 传输，这点类似于用户面；为了可靠传输信令消息，在 IP 层之上添加了 SCTP；应用层的信令协议为 S1-AP。S1 接口控制面协议栈如图 2-4 所示。

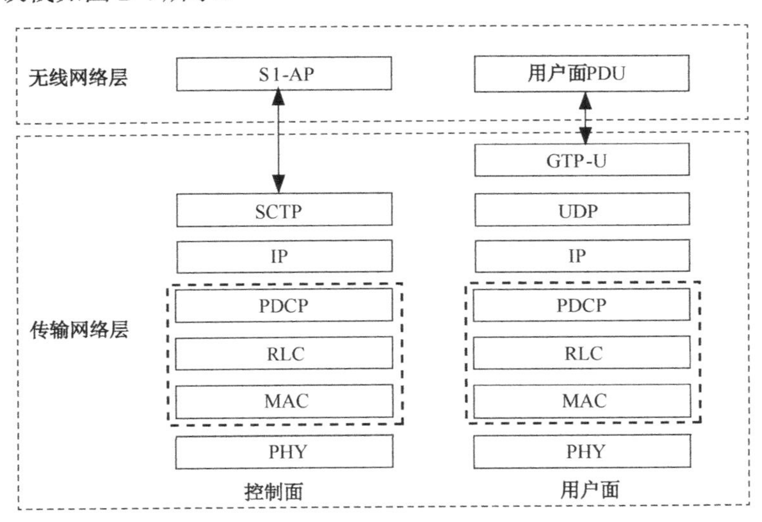

图 2-4　S1 接口协议栈

2．S1 接口用户面

用户面位于 eNodeB 和 SGW 之间，S1 接口用户面（S1-UP）的协议栈如图 2-4 所示。S1-UP 的传输网络层基于 IP 进行传输，UDP/IP 之上的 GTP-U 用来传输 SGW 与 eNB 之间的用户面（PDU）。

2.2.1　MME

LTE 系统分用户面和控制面，用户面用于传输用户数据，控制面用于传输控制信令，用户数据承载与控制信令相分离。

移动管理设备（MME）为控制面关键节点，它提供了用于 LTE 接入网络的主要控制，以及核心网络的移动性管理，包括寻呼、安全控制、核心网的承载控制以及终端在空闲状态的移动性控制等。具体功能如下。

（1）接入控制。对 NAS 信令进行加密保护和完整性保护，对初始接入的 UE 进行鉴权与认证，为 UE 分配 GUTI。

（2）会话管理。EPC 承载的建立、修改、释放等。

（3）移动性管理：附着/去附着，切换及漫游，跟踪区更新，UE 可达性管理等。

（4）负载均衡。与 eNodeB 合作，为 UE 选择负载合适的 MME 进行附着，增加资源利用率，减少信令拥堵。

（5）其他功能。SGW、PGW 选择，合法性监听等。

2.2.2 SGW

SGW（Signaling Gateway，服务网关）主要负责 UE 用户面数据的传送、转发和路由切换等，同时也作为 eNodeB 之间互相传递信息期间用户面的移动锚，以及作为 LTE 和其他 3GPP 技术的移动锚。另一方面 SGW 提供面向 eUTRAN 的接口，连接 No.7 信令网与 IP 网的设备，主要完成传统 PSTN/ISDN/PLMN 网络侧的七号信令与 3GPP R4 网络侧 IP 信令的传输层信令转换。

SGW 其他功能还包括：切换过程中进行数据的前转；上下行传输层数据包的分类标示；在网络触发建立初始承载过程中缓存下行数据包；在漫游时实现基于 UE、PDN 和 QCI 粒度的上下行计费；数据包的路由（SGW 可以连接多个 PDN）和转发；合法性监听。

2.2.3 PGW

PGW（Packet Data Networks Gateway，分组数据网网关）管理用户设备（UE）和外部分组数据网络之间的连接。一个 UE 可以与访问多个 PDN 的多个 PGW 同步连接。PGW 的主要功能是 UE IP 地址分配、基于每个用户的数据包过滤、深度包检测（DPI）和合法拦截、PGW 执行基于业务的计费、业务的 QoS 控制。

PGW 其他功能还有：上下行传输层数据包的分类标示；上下行服务级增强，对每个 SDF 进行策略设定和整形；上下行服务级的门控；基于 AMBR 的下行速率调整，基于 MBR 的下行速率调整，上下行承载的绑定；合法性监听。

2.2.4 HSS

HSS（Home Subscriber Server，归属签约用户服务器）是 EPC 中用于存储用户签约信息的服务器，是 2G/3G 网元 HLR（Home Location Register，归属位置寄存器）的演进和升级，主要负责管理用户的签约数据及移动用户的位置信息。HSS 与 HLR 的区别如下。

（1）所存储数据不同：HSS 用于 4G 网络，保存用户 4G 相关签约数据及 4G 位置信息，而 HLR 用于 2G/3G 网络，保存用户 2G/3G 相关数据及 2G/3G 位置信息。

（2）对外接口、协议及承载方式不同：HSS 通过 S6a 接口与 MME 相连，通过 S6d 接口与 S4 SGSN 相连，采用 Diameter 协议，基于 IP 承载，而 HLR 通过 C/D/Gr 接口与 MSC/VLR/SGSN 相连，采用 MAP 协议，基于 TDM 承载。

（3）用户鉴权方式不同：HSS 支持用户 4 元组、5 元组鉴权，而 HLR 支持 3 元组和 5 元组鉴权。

2.2.5　PCRF

PCRF（Policy and Charging Rule Function）即策略和计费规则功能，它是业务数据流和IP承载资源的策略与计费控制策略决策点，为策略与计费控制功能单元（PCEF）提供及选择可用的策略和计费控制决策。

【思考与复习题】

一、填空题

（1）LTE系统由EPC、eNodeB和________三部分组成。

（2）每个eNB通过S1接口与EPC相连。S1接口的用户面终止在________上，S1接口的控制面终止在________上。

（3）eNodeB基站采用分布式架构，包括基本功能模块：________和________。

（4）LTE系统中逻辑信道、传输信道和物理信道都是在________中完成的。

（5）在SAE架构中，与eNB连接的控制面实体叫________，用户面实体叫________。

（6）核心网在业务面的作用就是交换和________。

（7）TD-LTE系统EPC中，完成NAS层信令处理的网元是________。

（8）TD-LTE系统EPC中，负责数据业务承载并提供接入锚点的网元是________。

二、判断题

（1）TD-LTE系统中，eNodeB的功能包括连接态移动性管理。（　　）

（2）UE的IP地址由SGW统一分配。（　　）

（3）TD-LTE系统中，S1接口控制面采用TCP协议。（　　）

（4）EPS承载控制是在MME上实现的。（　　）

（5）PCRF主要功能是计费。（　　）

（6）IP头压缩和用户数据流的加密在MME中完成。（　　）

（7）S1接口是eNB和MME之间的接口，只包含控制面数据。（　　）

三、单项选择题

（1）下列协议中，哪个不归LTE的基站处理？（　　）

A．RRC　　B．PDCP　　C．RLC　　D．RANAP

（2）LTE系统无线接口层3是（　　）层。

A．MAC　　B．RLC　　C．RRC

D．BMC　　E．PDCP

（3）SAE网络架构中，MME和HSS之间的接口是（　　）。

A．S1　　B．S11　　C．S5　　D．S6a

（4）TD-LTE系统中，S1接口控制面传输网络层适配协议是（　　）。

A．SCTP　　B．TCP　　C．UDP　　D．RTSP

（5）TD-LTE 系统中，完成无线承载控制的网元是（　　）。
A．MME　　B．PGW　　C．PCRF　　D．eNodeB

四、多项选择题

（1）与 eNB 之间的 RRC 连接要通过（　　）。
A．PDCP 层　　B．RLC 层　　C．MAC 层　　D．PHY 层

（2）MME 的功能包括（　　）。
A．鉴权　　B．寻呼管理　　C．EPS 承载控制　　D．UE IP 地址的分配

（3）TD-LTE 系统中，S1 接口 S1-AP 的功能包括（　　）。
A．E-RAB 承载管理　　B．寻呼功能
C．NAS 层信令传输　　D．节能管理

（4）TD-LTE 系统中，S1 接口协议栈用户面包括（　　）。
A．S1-AP　　B．SCTP　　C．GTP-U　　D．UDP

（5）TD-LTE 系统中，MME 的功能包括（　　）。
A．移动锚点　　B．NAS 层信令安全
C．EPS 承载控制　　D．无线承载控制

五、问答题

（1）eNodeB 有什么功能？
（2）简述 EPC 核心网的主要网元和功能。

第 3 章　LTE 无线信道

3.1　频段

LTE 是由 3GPP（第 3 代合作伙伴计划）组织制定的通用移动通信系统（UMTS）技术标准的长期演进版，LTE 系统引入了 OFDM 和 MIMO 等关键传输技术，显著增加了频谱利用效率和数据传输速率（20MHz 带宽 2×2MIMO 在 64QAM 情况下，理论下行最大传输速率为 201Mbps，除去信令开销后大概为 140Mbps，但根据实际组网以及终端能力限制，一般认为下行峰值速率为 100Mbps，上行为 50Mbps），并支持多种带宽分配：1.4MHz，3MHz，5MHz，10MHz，15MHz 和 20MHz 等，频谱分配更加灵活，系统容量和覆盖也显著提升。

LTE 支持多种频段，从 700MHz 到 2.6GHz，其中 FDD 模式支持 19 个频段 1-14，17-21，上下行在不同的频段上，并且上下行频带中间有频率间隔。TDD 模式支持 11 个频段（Band33～43），上下行在相同的频段上。LTE 协议规定频段代号与频率范围之间的关系如表 3-1 所示。

表 3-1　LTE 频段代号与频率范围之间的关系

频 率 范 围	频 段 编 号	频 段 代 号
1900～1920MHz；2010～2025MHz	33；34	A
1850～1910MHz；1930～1990MHz	35；36	B
1910～1930MHz	37	C
2570～2620MHz	41	D
2300～2400MHz	40	E
1880～1920MHz	39	F

国家工业和信息化部分配给中国移动的 LTE 频段有 3 个，分别是 D 频段、E 频段和 F 频段。F 频段无线传播特性相对较好，可供全国范围室内外覆盖使用；E 频段规划为室内覆盖的扩展频段，只允许用于室内；D 频段可供全国范围室内外覆盖使用。

下面我们看一下 LTE 协议规定每个频段里的频点号。频段是频率的一段，是有范围的。频点是频带上的一个频率点。举例来说：LTE 中的 Band 1（2110～2170MHz）共占 60MHz 的带宽。对于 LTE 而言，以 100kHz 为一个“栅”，也就是说以 100kHz（0.1MHz）作为频带的最小单位。这样来说，Band 1 以栅区分，就有 60/0.1=600 个频点。LTE 系统占用的带宽不同，显然每个 Band 所含频点各不相同。

E-UTRA 的上行和下行中心频点由 EARFCN（E-UTRA 绝对射频信道号）唯一指定，EARFCN 的取值范围为 0～65535。射频之间的间隔为 100kHz 的整数倍。

上行 EARFCN N_{UL} 与上行中心频点 F_{UL} 之间的对应关系如下。

$$F_{UL}=F_{UL\_LOW}+0.1（N_{UL}-N_{OFFS\_UL}）$$

下行 EARFCN N_{DL} 与下行中心频点 F_{DL} 之间的对应关系如下。

$$F_{DL}=F_{DL\_LOW}+0.1（N_{DL}-N_{OFFS\_DL}）$$

其中：F_{UL}、F_{DL} 分别为该载频上、下行频点；$F_{UL\text{-}LOW}$、$F_{DL\text{-}LOW}$ 分别对应频段的最低上、下行频点；N_{UL}、N_{DL} 为频点号；N_{OFFS_UL}、N_{OFFS_DL} 为最低频点号。

目前国内使用的 38 频段，其频率的起始值为 2570MHz，EARFCN 的起始值为 37750；39 频段的频率起始值为 1880MHz，EARFCN 的起始值为 38250；40 频段的频率的起始值为 2300MHz，EARFCN 的起始值为 38650。

比如计算 F 频段 1890MHz 的中心频点如下。

$$F_{DL}=F_{DL\_LOW}+0.1（N_{DL\_}N_{OFFS\_DL}）=38250+10\times（1890-1880）=38350$$

3.2 子载波

WCDMA 采用扩频技术，每个符号占用的带宽都是 3.84MHz，通过扩频增益来对抗干扰。而 LTE 中使用 OFDM 技术，它把系统带宽分成多个相互正交的子载波，在多个子载波上并行传输数据，OFDM 每个符号都对应一个正交的子载波，通过载波间的正交性来对抗干扰。

协议规定，通常情况下子载波间隔 15kHz，系统带宽对应的子载波数和实际传输带宽（也叫测量带宽）对应关系如表 3-2 所示。在表 3-2 中，当小区带宽配置为 20MHz 时，子载波数为 1200 个，传输带宽为 18MHz（数据和信令也就是在 18MHz 频带上传输的），剩下的 2MHz 带宽分布在频带的两边，起保护作用，称为保护带宽。

表 3-2 系统带宽对应子载波数量

系统带宽（MHz）	1.4	3	5	10	15	20
子载波数（个）	72	180	300	600	900	1200
测量带宽（MHz）	1.08	2.7	4.5	9	13.5	18

普通 CP（Cyclic Prefix）情况下，每个子载波一个 Slot 有 7 个符号；扩展 CP 情况下，每个子载波一个 Slot 有 6 个符号。图 3-1 给出的是常规 CP 情况下的时频结构，从横向来看，每一个方格对应频域上一个子载波，从纵向来看，每一个方格对应时域上的一个符号。

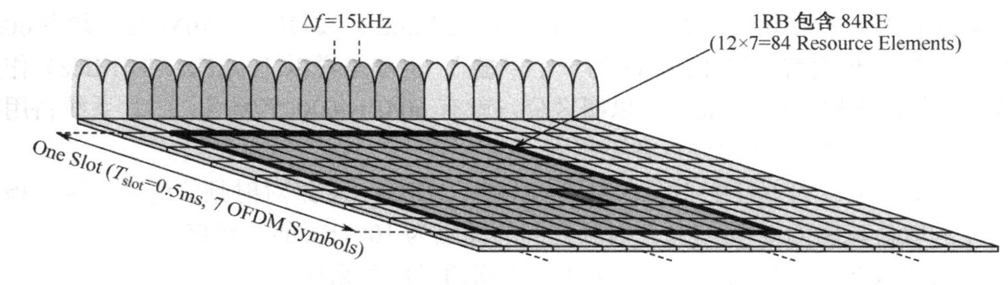

图 3-1 时频结构示意图

3.3 帧结构

LTE 支持两种类型的无线帧结构：类型 1 和类型 2，分别适用于 FDD 模式和 TDD 模式。在 LTE 系统中，每一个无线帧长度为 10ms，分为 10 个等长度的子帧，每个子帧又由 2 个时隙构成，每个时隙长度均为 0.5ms。为了提供一致且精确的时间定义，LTE 系统以 T_s=1/（15k×2048）=1/30720000s 作为基本时间单位（15k 表示子载波，2048 表示每载波采样 2048 个采样点），系统中所有的时隙都是这个基本单位的整数倍。1 个时隙可表示为 T_{frame}（或写为 T_f）=307200T_s，$T_{subframe}$=30720T_s。帧结构类型 1 如图 3-2 所示。

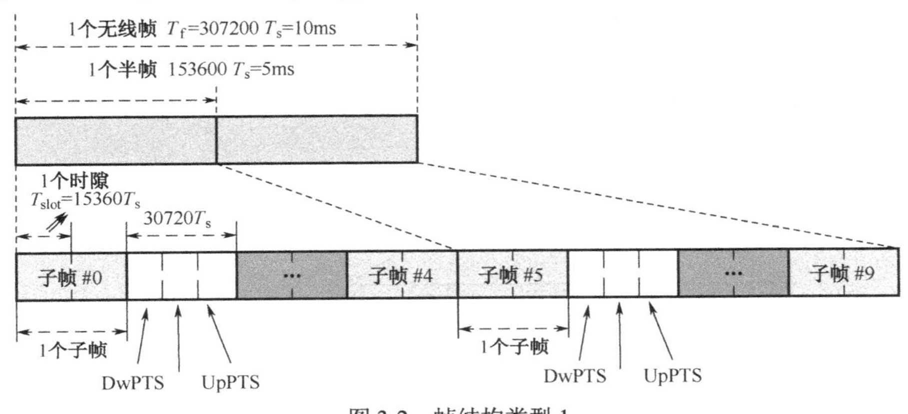

图 3-2 帧结构类型 1

对于 TDD，每个 10ms 无线帧包括 2 个长度为 5ms 的半帧，每个半帧由 4 个数据子帧和 1 个特殊子帧组成。特殊子帧包括 3 个特殊时隙：DwPTS，GP 和 UpPTS，总长度为 1ms。

DwPTS 用来传输主同步信号（PSS），还可以传送两个物理下行控制信道 OFDM 符号，当 DwPTS 的符号数大于等于 6，能传输用户数据。

GP 即保护间隔，为 LTE 下行与上行的转换时间。在该保护间隔内，保证所有 UE 都接收到了下行信号，并对信号进行处理。然后，所有 UE 才能在即将到来的上行时隙同时发送上行信号，即小区内 UE 同步。

UpPTS 最多仅占两个 OFDM 符号，因资源有限，UpPTS 不能传输上行信令或数据。UpPTS 主要承载 Sounding RS 和短 RACH，SRS 必然存在，占 1 个 OFDM 信号，当 UpPTS 占两个 OFDM 符号时，可以配置 1 个 OFDM 符号用于传送短 RACH。

对于 FDD，在每一个 10ms 中，有 10 个子帧可以用于下行传输，并且有 10 个子帧可以用于上行传输。上下行传输在频域上进行分离。

3.4 物理资源

3.4.1 RE

LTE 上下行传输使用的最小资源单位称为资源粒子（RE），RE 是二维结构，由时域符号（Symbol）和频域子载波（Subcarrier）组成，在时域上占用 1 个符号，在频域上占用 1

个子载波。

LTE 下行支持 BPSK、QPSK、16QAM 和 64QAM，每个符号分别代表 1、2、4、6bit 的信息，其中数据信道采用 QPSK，16QAM，64QAM，控制信道采用 BPSK、QPSK。控制信道的调制方式是固定的，如 PBCH 支持的调制方式是 BPSK。数据信道采用何种调制是根据反馈的信道质量（CQI）来确定的。

3.4.2 资源块（RB）

LTE 在进行数据传输时，将上下行时频域物理资源组成资源块（RB），作为物理资源单位进行调度与分配。一个 RB 由若干个 RE 组成，在频域上包含 12 个连续的子载波，在时域上包含 7 个连续的 OFDM 符号（在 Extended CP 情况下，一个 RB 包含 6 个连续的 OFDM 符号），即频域宽度为 180kHz，时间长度为 0.5ms。下行时隙的物理资源结构如图 3-3 所示。

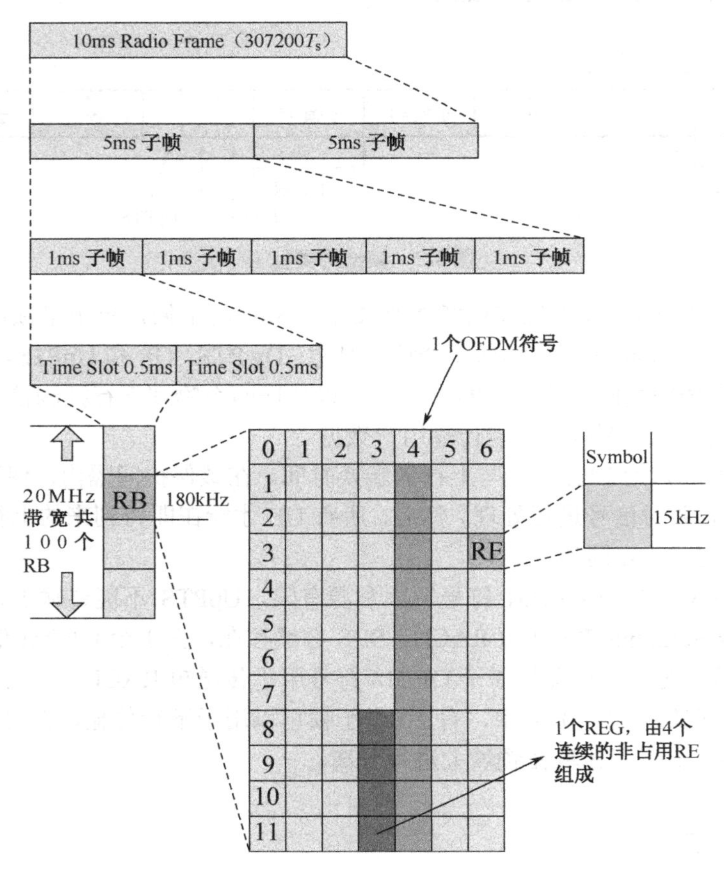

图 3-3　下行时隙的物理资源结构图

3.4.3 REG

REG 是资源粒子组（Resource Element Group）的缩写，一个 REG 包括 4 个连续未被占用的 RE。REG 主要针对 PCFICH 和 PHICH 速率很小的控制信道资源分配，提高资源的利用效率和分配灵活性。

3.4.4 CCE

CCE是控制信道单元（Control Channel Element）的缩写，每个CCE由9个REG组成，之所以定义相对于REG较大的CCE，是为了用于数据量相对较大的物理下行控制信道（PDCCH）的资源分配。每个用户的PDCCH只能占用1/2/4/8个CCE，称为聚合级别。

3.5 空中接口（Uu）

空中接口是指终端与接入网之间的接口，简称Uu，通常也称为无线接口。在TD-LTE中，空中接口是终端和eNodeB之间的接口。空中接口协议主要是用来建立、重配置和释放各种无线承载业务的。空中接口是一个完全开放的接口，只要遵守接口规范，不同制造商生产的设备就能够互相通信。

3.5.1 空中接口协议栈结构

空中接口协议栈主要分为三层两面，三层（层1～层3）对应物理层、数据链路层和网络层，两面是指控制面和用户面。从用户面看，主要包括物理层（PHY）、介质接入控制层（MAC）、无线链路控制层（RLC）、分组数据汇聚子层（PDCP）。从控制面看，除了以上几层外，还包括无线资源控制层（RRC）和非接入层（NAS）。空中接口协议栈具体结构如图3-4所示。

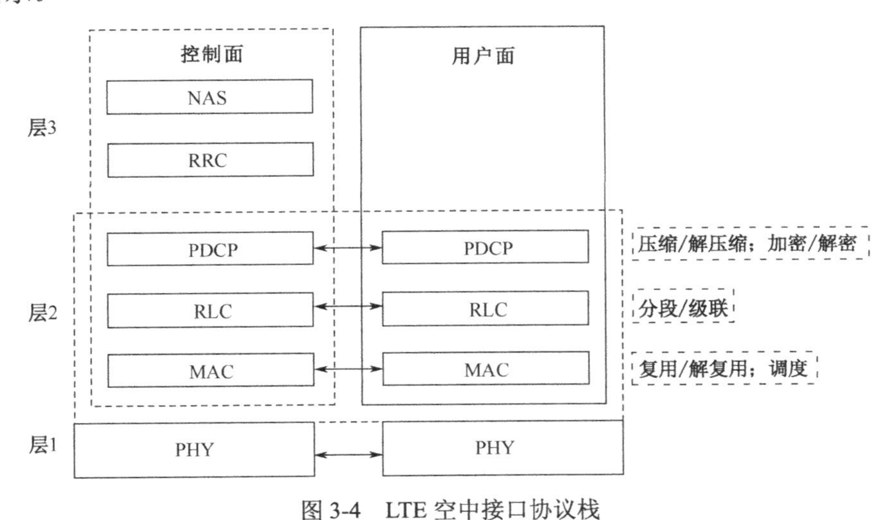

图3-4 LTE空中接口协议栈

3.5.2 空中接口各层功能

1．层1的功能

层1的主要功能是提供两个物理实体间的可靠数据流的传送，适配传输媒介。在无线的空中接口中，适配的是无线环境；在地面接口中，适配的则是E1、网线、光纤等传输媒介。

2．层 2 的功能

层 2 的主要功能是信道复用和解复用、数据格式的封装、数据包调度等。完成的主要功能是具有个性的业务数据向没有个性的通用数据帧的转换。

用户面主要负责业务数据的传送和处理。在发送端，将承载高层业务应用的 IP 数据流经过头压缩（PDCP）、加密（PDCP）、分段（RLC）、复用（MAC）、调度（MAC）等过程变成物理层可处理的传输块；在接收端，将物理层接收到的比特数据流，按调度要求，解复用（MAC）、级联（RLC）、解密（PDCP）、解压缩（PDCP），成为高层应用可以识别的数据流。

控制面负责协调和控制信令的传送和处理。控制面的层 2 的功能模块与用户面类似，也包括 MAC、RLC、PDCP 三个主要模块，控制面的 PDCP 层的功能与用户面有一些区别，除了对控制信令进行加密和解密的操作之外，还要对控制信令数据进行**完整性保护**和**完整性验证**。

3．层 3 的功能

LTE 空中接口控制面层 3 有两个功能模块：RRC（Radio Resource Control，无线资源控制）和 NAS（Non Access Stratum，非接入层）。层 3 的主要功能则是寻址、路由选择、连接的建立和控制、资源的配置策略等。

1）RRC 层

UE 和 eNodeB 之间的控制信令主要是无线资源控制（RRC）消息。

RRC 模块的主要功能有系统信息的广播、寻呼、RRC 连接管理、无线资源控制、移动性管理（包括 UE 测量控制和测量报告的准备和上报，LTE 系统内与 LTE 和其他无线系统间的切换）。

LTE 的 RRC 状态管理比较简单，只有两种状态：空闲状态（RRC_IDLE）和连接状态（RRC_CONNECTED）。

UE 处于空闲状态时，接收到的系统信息有小区选择或重选的配置参数、相邻小区信息；在 UE 处于连接状态时，接收到的是公共信道配置信息。

寻呼（Paging）消息是 eUTRAN 用来寻找或通知一个或多个 UE 的，主要携带的内容包括拟寻呼 UE 的标志、发起寻呼的核心网标志、系统消息是否有改变的指示。UE 被划分成多个寻呼组，在空闲状态时并不一直检测是否有呼叫进入，而是采用非连续接收（Discontinuous Reception，DRX）的方式，只在特定的时刻接收寻呼信息。这样可以避免寻呼消息过多，减少手机功耗。

RRC 连接建立的初始阶段，安全机制没有启用，交互信令没有加密和完整性保护。

在 RRC 建立连接过程中，一旦安全机制（加密和完整性保护）被激活，RRC 信令（Signaling Radio Bearer，SRB）就被完整性保护；与此同时，RRC 信令和用户数据（Data Radio Bearer，DRB）都被加密。

无线资源管理包括 RRC 信令连接的增加和释放、用户数据承载 DRB 的增加和释放、MAC 调度机制的配置、物理信道的重配置等内容。

移动性管理包括小区间的切换和重选、跨系统（Inter-RAT）的切换和重选、UE的测量及对测量报告的控制。RRC将依据测量结果来判断是否启动切换和重选，是启动小区间的切换和重选，还是启动系统间的切换和重选。

2）NAS层

NAS信令是指UE和MME之间交互的信令，eNodeB只是负责NAS信令透明传输，不解释、不分析。NAS信令主要承载的是SAE控制信息、移动性管理信息、安全机制配置和控制等内容。

3.6 物理信道

协议的层与层之间有许多业务接入点，以便接收不同类别的信息，狭义地讲，不同协议层之间的业务接入点（SAP）就是信道。

LTE采用和通用移动通信系统（UMTS）相同的三种信道：逻辑信道、传输信道与物理信道。从协议栈的角度来看，逻辑信道是MAC层和RLC层之间的SAP，传输信道是物理层和MAC层之间的SAP，物理信道属于物理层，用于在空中接口进行数据传送。

3.6.1 逻辑信道

逻辑信道关注的是传输什么内容，什么类别的信息。MAC层使用逻辑信道与高层进行通信。

逻辑信道通常分为两类：控制信道和业务信道。控制信道只用于控制面信息的传送，如协调、管理、控制类信息；业务信道只用于用户面信息的传送，如高层交给底层传送的语言类、数据类的数据包。根据传输信息的类型，逻辑信道又可划分为多种类型，并根据不同的数据类型，提供不同的传输服务。

TD-LTE定义的控制信道主要有如下5种类型：

（1）广播控制信道（BCCH）：该信道属于下行信道，用于传输广播系统控制信息。

（2）寻呼控制信道（PCCH）：该信道属于下行信道，用于传输寻呼信息和改变通知消息的系统信息。当网络侧没有用户终端所在小区信息的时候，使用该信道寻呼终端。

（3）公共控制信道（CCCH）：该信道包括上行和下行，当终端和网络间没有RRC连接时，终端级别控制信息的传输使用该信道。

（4）专用控制信道（DCCH）：该信道为点到点的双向信道，用于传输终端侧和网络侧存在RRC连接时的专用控制信息。

（5）多播控制信道（MCCH）：该信道为点到多点的下行信道，用于UE接收多媒体广播多播业务（MBMS）。

TD-LTE定义的业务信道主要有如下两种类型：

（1）专用业务信道（DTCH）：该信道可以为单向的也可以是双向的，针对单个用户提供点到点的业务传输。

（2）多播业务信道（MTCH）：该信道为点到多点的下行信道。用户只会使用该信道来接收MBMS业务。

3.6.2 传输信道

传输信道描述了数据在无线接口上是如何进行传输的，以及所传输的数据特征。如数据如何被保护以防止传输错误、信道编码类型、循环冗余校验（CRC）保护或者交织、数据包的大小等。所有的这些信息集就是我们所熟知的“传输格式”。

传输信道分为上行传输信道和下行传输信道。

TD-LTE定义的下行传输信道主要有如下4种类型：

（1）广播信道（BCH）：用于广播系统信息和小区的特定信息。使用固定的预先定义好的固定格式、固定发送周期、固定调制编码方式，在整个小区覆盖区域内广播。

（2）寻呼信道（PCH）：当网络不知道UE所处小区位置时，用于发送给UE的控制信息。能够支持终端非连续接收以达到节电目的；能在整个小区覆盖区域发送。

（3）下行共享信道（DL-SCH）：用于传输下行用户控制信息或业务数据。能够使用混合自动重传请求（HARQ）；支持自适应编码方式调整（AMC）；支持动态调整传输功率实现链路自适应；能够在整个小区内发送；能够使用波束赋形；支持动态或半静态资源分配；支持终端非连续接收以达到节电目的；支持MBMS业务传输。

（4）多播信道（MCH）：用于MBMS用户控制信息的传输。能够在整个小区覆盖区域内发送；对于单频点网络支持多小区的MBMS传输的合并；使用半静态资源分配。

TD-LTE定义的上行传输信道主要有如下两种类型：

（1）随机接入信道（RACH）：RACH在终端接入网络开始处理业务之前使用。由于终端和网络还没有正式建立连接，RACH使用开环功率控制。

（2）上行共享信道（UL-SCH）：用于传输下行用户控制信息或业务数据。能够使用波束赋形；有通过调整发射功率、编码和潜在的调制模式适应链路条件变化的能力；能够使用HARQ；支持动态或半静态资源分配。

3.6.3 物理信道

物理信道是空中接口的承载实体，它对应实际的射频资源，如时隙（时间）、子载波（频率）、天线口（空间），物理信道就是通过特定的时域、频域、空域，把确定好编码交织方式、调制方式的信号在无线环境中传送的无线信道。

1．物理信道处理过程

物理信道一般要进行两大处理过程：比特级处理和符号级处理。

从发送端的角度看，比特级的处理是物理信道数据处理的前端，主要是在二进制比特数据流上添加CRC校验；进行信道编码、交织、速率匹配以及加扰。

加扰之后进行的是符号级处理，包括调制、层映射、预编码、资源块映射、天线发射等过程。

提示：加扰是数字信号的加工处理方法，就是用扰码与原始信号相乘，从而得到新的信号。与原始信号相比，新的信号在时间上、频率上被打散。因此，从广义上说，加扰也是一种调制技术。加扰也有一个逆操作，就是解扰。

在接收端，先进行的是符号级处理，再进行比特级处理，这与发送端处理的先后顺序不同。上、下行物理信道采用的多址接入方式不同，MIMO 实现方式也可能不同，所以上、下行物理信道处理过程有所区别。下行物理信道一般处理过程如图 3-5 所示。

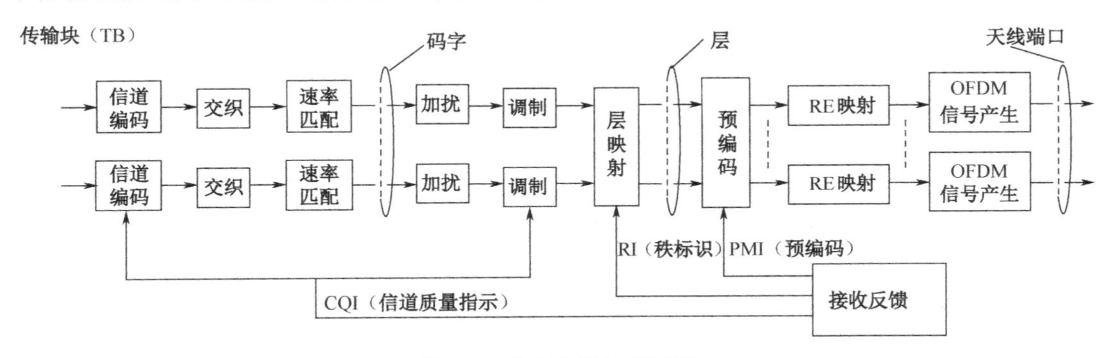

图 3-5　物理信道处理过程

（1）信道编码的目的是使数据流具有纠错能力和抗干扰能力，提高了无线通信的可靠性。

（2）交织的过程是打乱原来的比特流顺序。这样连续的深衰落对信息的影响实际是作用在打乱顺序的比特数据流上的；在恢复原来的顺序后，这个影响就不是连续的，而变成离散的了，这样就可以方便地根据冗余比特恢复原始数据。

（3）速率适配。

（4）加扰是对编码后的比特数据与扰码序列进行运算。扰码序列是一种 PN 序列（Pseudo-Noise Sequence，伪噪声序列）。PN 扰码可以将数据间的干扰随机化，可以对抗干扰；同时使用 PN 序列加扰起到了保密的作用，防止数据被窃取。

（5）调制是将比特数据流映射到复平面上的过程，也称为复数调制。QAM（正交幅相调制）是幅度、相位联合调制的技术，它同时利用了载波的幅度和相位来传递比特信息。

（6）传输块（TB）经过一路信道编码、交织、速率适配等处理过程，就是一个码字。一个码字是从传输信道到物理层的一个独立的编码数据流。同一码字的编码、调制方式是相同的，不同的码字对应不同的编码、调制方式。

码字的数量受限于信道矩阵的“秩”。信道矩阵的秩是受无线环境条件制约的，是相互独立、彼此正交的空间信道个数，信道矩阵的秩取决于 UE 的天线数目、信道质量。码字的数目由信道矩阵秩的自适应过程来控制。目前由于 LTE 系统接收端最多支持 2 个天线，能够发送的相互独立的编码、调制数据流的数量最多为 2，因此码字的最大值为 2。

（7）层映射用于重排码字数据，即按照一定的规则将编码调制好的数据流（码字流）重新映射到多个层（新的数据流）。层是码字和天线的中间过渡。

不同的层可以传输相同或者不同的比特信息。不同的层传输相同的比特信息是一种分集效果；不同的层传输不同的比特信息是一种复用的效果。

层数目一定小于或等于天线端口数量，一定小于或等于信道矩阵秩的大小，一定大于或等于码字数目。**在多数情况下，层数目等于信道矩阵秩的大小。**

（8）预编码过程是将层数据按照一定规则映射到不同的天线端口（或称天线口）上。

预编码过程同样有分集和复用的区别，也有开环和闭环的差别。这里开环和闭环的差别在于是否使用接收端反馈的信道状态信息（CSI，信道状态信息是对无线环境瞬时衰落的估计），预编码过程使用接收端反馈的 CSI 信息选择预编码的方式，以便消除数据流之间的干扰，这就是闭环预编码；如果不使用 CSI，自行确定预编码方式，这就是开环预编码。

闭环空分复用一般采用基于码本的预编码矩阵选择机制，码本的集合就是预编码矩阵的选择资源池，在这个资源池中，每一个码本都有自己的序号。

（9）接收反馈。对于 MIMO 系统，可以调整的部分有编码方式、调制方式、层数目、预编码矩阵。MIMO 系统要想实现与无线环境的变化相适应的动作，需要用户端的一些反馈，如图 3-5 所示，包括信道质量指示（CQI）反馈、秩标识（RI）反馈、预编码（PMI）反馈，这些反馈都是和信道状态信息相关的内容。

① CQI：CQI 决定了编码和调制的方式，通过判断 CQI 的大小，来实现自适应调制编码（AMC）。CQI 值可以由信道条件、噪声和干扰估计计算得到。

反馈的 CQI 值大了，选取高阶的调制方式（如 64QAM），采用冗余度较小的编码方式（3/4 编码），于是系统的吞吐量就大了；相反，反馈的 CQI 值小了，选取低阶的调制方式（如 QPSK），采用冗余度较大的编码方式（1/4 编码），于是系统的吞吐量就小了。

只有一个码字的时候，只须反馈一个 CQI 值。但采用两个码字的 MIMO 系统，则要反馈两个 CQI 值。

② RI（秩标识）：空间信道秩的大小描述了发送端和接收端空间信道的最大不相关的数据传送通道数目。空间信道的秩是不断变化的，秩的大小决定了层映射方式的选择空间，秩的自适应也就是层映射的自适应。用户的秩标识（RI）是通过上、下行链路的控制信息来反馈的。

③ PMI（预编码矩阵标识）：PMI 决定了从层数据流到天线端口的对应关系。在基于码本的闭环空分复用和闭环发射分集模式下，层数目和天线端口数确定了，预编码的可选码本的集合就确定了。可根据用户反馈的 PMI，选择性能最优的预编码矩阵。

（10）天线端口。天线端口指用于传输的逻辑端口，与物理天线不存在定义上的一一对应关系。

在下行链路中，天线端口与下行参考信号（Reference Signal）是一一对应的。如果通过多个物理天线来传输同一个参考信号，那么这些物理天线就对应同一个天线端口；而如果有两个不同的参考信号是从同一个物理天线传输的，那么这个物理天线就对应两个独立的天线端口。

R9 协议定义了四种下行参考信号，天线端口与这些参考信号的对应关系如下。

① 小区特定参考信号（CRS），或小区专用参考信号。LTE 定义了最多 4 个小区级天线端口，因此 UE 能得到四个独立的信道估计，每个天线端口分别对应特定的参考信号模式。

CRS 支持 1 个天线、2 个天线、4 个天线三种端口配置，对应的端口号分别是：p=0，p={0，1}，p= {0，1，2，3}。

设计小区特定参考信号的目的并不是为了承载用户数据，而是在于提供一种技术手段，可以让终端进行下行信道的估计。终端可以通过对小区特定参考信号的测量，得到下行 CQI、PMI、RI 等信息。

② MBSFN（多播/组播单频网络）参考信号（MBSFN Reference Signal），MBSFN 参考信号只在分配给 MBSFN 传输的子帧中传输。MBSFN 参考信号只在天线端口 p=4 中传

输。这种信号用得不多。

③ UE 特定参考信号（UE-Specific Reference Signal），或 UE 专用参考信号，或解调参考信号（Demodulation Reference Signal，DM-RS）。

UE 专用参考信号一般用于波束赋形（Beam Forming），此时，基站（eNodeB）一般使用一个物理天线阵列来产生定向到一个终端的波束，这个波束代表一个不同的信道，因此需要根据终端专用参考信号进行信道估计和数据解调。

单流波束赋形时，通过天线端口 p=4 传输；双流波束赋形时，通过天线端口 p=7 和 p=8 传输。

④ 定位参考信号（Positioning Reference Signals），只在天线端口 p=6 传输。这种信号用得不多。

总之，一个天线端口就是一个信道，终端需要根据这个天线端口对应的参考信号进行信道估计和数据解调。

（11）码字个数、秩和天线端口数之间的关系：

传输块（TB）个数=码字个数≤秩≤天线端口数。

2．物理信道分类和主要功能

物理信道根据物理信道所承载的上层信息的不同，定义了不同类型。

物理层位于无线接口协议的最底层，提供物理介质中比特数据流传输所需要的所有功能。物理信道可分为上行物理信道和下行物理信道。

TD-LTE 定义的下行物理信道主要有如下 6 种类型：

（1）物理下行共享信道（PDSCH）：用于承载下行用户信息和高层信令。

（2）物理广播信道（PBCH）：用于承载主系统信息块信息，传输用于初始接入的参数。

（3）物理多播信道（PMCH）：用于承载多媒体/多播信息。

（4）物理控制格式指示信道（PCFICH）：用于承载该子帧上控制区域大小的信息。

（5）物理下行控制信道（PDCCH）：用于承载下行控制的信息，如上行调度指令、下行数据传输指令、公共控制信息等。

（6）物理 HARQ 指示信道（PHICH）：用于承载对于终端上行数据的 ACK/NACK 反馈信息，和 HARQ 机制有关。

TD-LTE 定义的上行物理信道主要有如下 3 种类型：

（1）物理上行共享信道（PUSCH）：用于承载上行用户信息和高层信令。

（2）物理上行控制信道（PUCCH）：用于承载上行控制信息。

（3）物理随机接入信道（PRACH）：用于承载随机接入前道序列的发送，基站通过对序列的检测以及后续的信令交流，建立起上行同步。

3．下行物理信道

1）物理广播信道（PBCH）

通常蜂窝系统广播信道携带了最基本的系统信息，通过它告诉终端其他信道配置情况。因此获得广播信道（BCH）是接入到系统的关键步骤，在 LTE 也是如此，广播信息分成主消息块（MIB）和系统信息块（SIB）两部分。MIB 包含非常少的系统参数，并且发送的频率非常高，它承载在物理广播信道上，SIB 将这些信息复用到一块，在物理层使用物理下行共享信道（PDSCH）发送。

（1）传送内容。PBCH 传送的系统广播信息包括 LTE 下行系统带宽、SFN（系统帧号）、PHICH 指示信息、天线配置信息等。

（2）盲检测。不论 LTE 系统带宽如何，PBCH 在频域上总是映射到系统带宽的中心 72 个子载波上，在时域上总是映射到每 1 帧的第一个子帧的第 2 个时隙的前 4 个符号，如图 3-6 所示。因此 UE 采用盲解获取 PBCH 承载的信息。

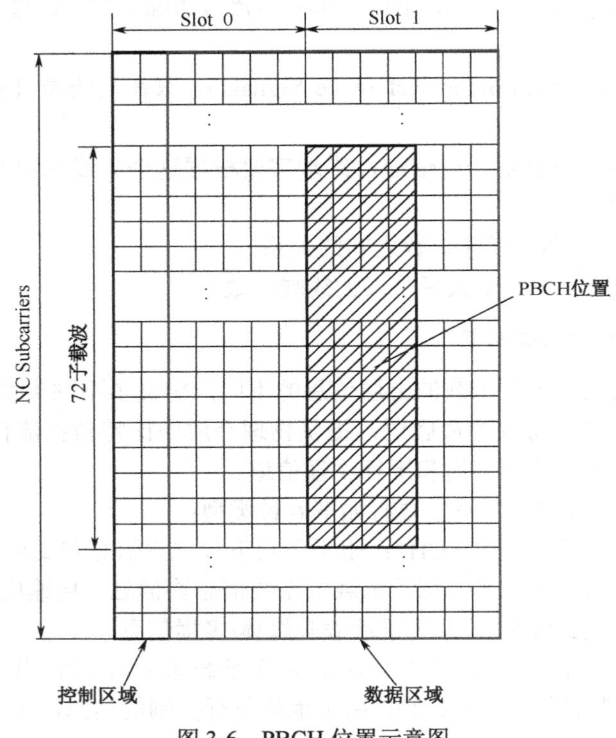

图 3-6　PBCH 位置示意图

（3）低系统负荷。PBCH 承载的内容限制在非常少的范围，只传输一些关键的参数，而实际只使用 14 个比特，预留 10 个比特。

（4）可靠性接收。MIB 信息为 24bit，经过 CRC，即循环冗余校验（包括 CRC Mask）之后为 40bit，再经过 1/3 卷积编码后为 120bit，经过速率匹配后为 1920bit（Normal CP，Extended CP 为 1728bit），这些比特数据加扰后通过 4 个无线帧发射出去。这样 40ms 相应的编码率只有 1/48。

MIB 主要通过前向纠错机制（FEC）、时间分集与天线分集来实现。时间分集是让 PBCH 在 40ms 里面重复 4 次，每 10ms 发送一个可以自解码的 PBCH，当然也可以合并解码，因此在 40ms 里面都丢失的可能性就非常低了。

2）物理控制格式指示信道（PCFICH）

PCFICH 专门用来指示物理下行控制信道（PDCCH）使用的资源情况，PCFICH 携带一个子帧中用于传输 PDCCH 的 OFDM 符号数的信息。在通常情况下 PDCCH 使用的 OFDM 符号数有三种可能：1、2、3，当带宽小于 10 个 RB 时，则使用的 OFDM 符号数为 2，3，

4，也就是最多可以使用 4 个符号。

为了获得频率分集，承载 PCFICH 的 16 个资源粒子分布到整个频带，这一步是预先跟小区以及系统带宽预定义的模式进行映射的，因此 UE 可以很容易地定位到这些资源，这也有助于获得 PDCCH 资源使用情况。

3）物理 HARQ 指示信道（PHICH）

PHICH 用于 eNodeB 向 UE 反馈与物理上行共享信道（PUSCH）相关的 ACK/NACK 信息。

4）物理下行控制信道（PDCCH）

（1）PDCCH 格式。通过 PCFICH 指示用多少个 OFDM 符号传输 PDCCH，PDCCH 携带了调度分配信息，一个物理控制信道由一个或者几个连续控制信息单元（CCE）集合组成，根据 PDCCH 中包含 CCE 的个数，可以将 PDCCH 分为四种格式，如表 3-3 所示。

表 3-3　PDCCH 的格式

PDCCH格式	CCE个数	REG个数	PDCCH比特数量
0	1	9	72
1	2	18	144
2	4	36	288
3	8	72	576

不同的 PDCCH 格式使用的 CCE 数不一样，这样承载的比特数不一样，可以获得不同的编码率，在不同的信道质量下可以使用不同的 CCE 数，从而可以更好地利用控制信道资源。

格式 0 主要用于 PUSCH 资源分配信息。格式 1 及其变种主要用于 1 个码字的 PDSCH。格式 2 及其变种主要用于 2 个码字的 PDSCH。格式 3 及其变种主要用于上行功率控制信息。

UE 一般不知道当前 DCI 传送的是什么格式的信息，也不知道自己需要的信息在哪个位置。但是 UE 知道自己当前在期待什么信息，例如在 Idle 态，UE 期待的信息是 Paging，SI；发起 Random Access 后期待的是 RACH Response；在有上行数据等待发送的时候期待 UL Grant 等。对于不同的期望信息，UE 用相应的 X-RNTI 去和 CCE 信息进行循环冗余校验（CRC），如果成功，那么 UE 就知道这个信息是自己需要的，也知道相应的 DCI 格式、调制方式，从而进一步解出 DCI 内容。这就是所谓的“盲检”过程。

那么 UE 是不是从第 1 个 CCE 开始，一个接一个地盲检过去呢？这也未免太没效率了。事实上协议首先划分了 CCE 公共搜索空间（Common Search Space）和 UE 特定搜索空间（UE-Specific Search Space），对于不同的信息在不同的空间里搜索。

另外对于某些格式的信息，一个 CCE 是不够承载的，可能需要多个 CCE，因此协议规定了所谓的 CCE Aggregation Level（取值为 1，2，4，8）。例如对于位于公共空间里的信息，Aggregation Level 只有 4，8 两种取值，那么 UE 搜索的时候就先按 4 CCE 为粒度搜索一遍，再按 8 CCE 为粒度搜索一遍就可以了。

盲检次数不是 22 而是 44，是因为对于每种 Transmission Mode，都有要检测两种不同大小的 DCI 格式，比如对于 Transmission Mode 1，UE 需要检测 DCI 0/1A 和 DCI 1。DCI0 与 DCI 1A 大小相同，而 DCI 1 与 DCI 0/1A 的大小是不一样的，所以 UE 对这两种规格都要检测一次，才能确定到底收到的是 DCI 0/1A，还是 DCI 1。而 DCI 0/1A 可以通过一个 Flag

来区别。因为是两种规格，22 就需要乘以 2。

（2）DCI 格式。不同的 DCI 格式可以用来承载不同的信息，用来携带上行或者下行调度相关的信息，这些格式通过 PDCCH 来承载，存在如表 3-4 所示的几种 DCI 格式。

表 3-4　DCI 格式

DCI格式编号	作　用
0	用于传输 UL-SCH 调度分配信息
1	用于传输 DL-SCH 的 SIMO 操作调度分配信息
1A	用于传输 DL-SCH 的 SIMO 操作的压缩调度分配信息，一般用于广播消息、RAR 以及呼叫等相关操作
1B	用于闭环 MIMO rank=1 时的调度分配，它可以支持连续的资源分配或者基于分布式虚拟资源块的连续资源分配
1C	主要用于下行调度呼叫，RAR 以及广播消息指示
1D	用于多用户 MIMO 调度信息，它的资源分配表示跟 1B 类似
2	用于 DL-SCH MIMO 调度
3	用于传输 PUCCH 以及 PUSCH 的 TPC 控制信息，采用 2 bit 表示的功率调整
3A	用于传输 PUCCH 以及 PUSCH 的 TPC 控制信息，采用单比特表示的功率调整

（3）Aggregation Level。采用哪个 Level，取决于要达到怎样的传输可靠性，由于各种格式要传输的比特信息相差不远，而不同的 Level 获得的编码率按级成倍递减，那么传输的可靠性就越高。一般来说对于公共控制信息，例如 BCCH 的广播消息应该采用更大的 Aggregation Level，这样用户更可能成功接收，而对于用户处于比较好的信道环境，那么可以采用较小的 Aggregation Level，如表 3-5 所示。

表 3-5　Aggregation Level

搜索空间			候选PDCCH数
类　型	Aggregation Level	大小（CCE）	
UE 专属	1	6	6
	2	12	6
	4	8	2
	8	16	2
公共	4	16	4
	8	16	2

5）物理下行共享信道（PDSCH）

PDSCH 是 LTE 承载主要用户数据的下行链路通道，所有的用户数据都可以使用，除此之外，PDSCH 还包括没有在 PBCH 中传输的系统广播消息和寻呼信道。

UE 先收听物理控制格式指示信道（PCFICH）信息，PCFICH 用于描述物理下行控制信道的控制信息的放置位置和数量，然后 UE 再去接收物理下行控制信道（PDCCH）的信息，进而接收 PDSCH 的信息。

PMCH 介绍略。

4．上行物理信道

1）物理上行共享信道（PUSCH）

PUSCH 承载的信息有 3 类：第 1 类是数据信息，第 2 类是控制信息，第 3 类是参考信号。

控制信息包括 HARQ ACK/NACK 信息，还承载调度请求（Scheduling Request）、信道质量指示（Channel Quality Indicator）、PMI 和 RI（Rank Indicator）等信息。

上行参考信号（RS）包括解调参考信号（DMRS）和探测参考信号（SRS）。参考信号用于让发送端或者接收端大致了解无线信道的一些特性。

PUSCH 可以根据无线环境的好坏选择合适的调制方式。当信号质量好的时候，选择高阶的调制方式，如 64QAM；当信号质量不好的时候，选择低阶的调制方式，如 QPSK。

2）物理上行控制信道（PUCCH）

PUCCH 承载着下行传输对应的 HARQ ACK/NACK 信息，还承载调度请求（Scheduling Request）、信道质量指示（Channel Quality Indicator）、PMI 和 RI（Rank Indicator）等信息。

PUCCH 处于上行带宽的边缘，不与 PUSCH 同时传输。

3）物理随机接入信道（PRACH）

用于承载随机接入前道序列的发送，基站通过对序列的检测以及后续的信令交流，建立起上行同步。

PRACH 采用 Zadoff-Chu 随机序列（ZC 序列）。ZC 序列是自相关特性较好的一种序列，在一点处自相关值最大，在其他处自相关值为 0。ZC 序列具有恒定幅值的互相关特性和较低的峰均比。

在 LTE 中，发送端和接收端的子载波频率容易出现偏差，接收端需要对这个频移进行估计，使用 ZC 序列可以进行频移的粗略估计。

3.7 物理信号

下行物理信号对应于一组资源粒子（RE），这些 RE 不承载来自上层的信息。这些信号包括参考信号（Reference Signal）和同步信号（Synchronization Signal）。

3.7.1 下行参考信号

LTE（Rel.8）中包括三种类型的下行参考信号，分别是小区专用参考信号（Cell-Specific RS）、MBSFN（多播/组播单频网络）参考信号和 UE 专用参考信号。

1）小区专用参考信号

小区专用的下行参考信号可用于以下用途：

（1）下行信道质量测量。

（2）下行信道估计，用于 UE 端的相干检测和解调。

下行参考信号在每一个非 MBSFN 的子帧上传输，LTE（Rel.8）中支持至多 4 个小区专用的参考信号，天线端口 0 和 1 的参考信号位于每个 0.5ms 时隙的第 1 个和倒数第 3 个 OFDM 符号。天线端口 2 和 3 的参考信号位于每个 Slot 的第 2 个 OFDM 符号。在频域上，对于每个天线端口而言，每 6 个子载波插入一个参考信号，天线端口 0 和 1（天线端口 2 和 3）在频域上互相交错，CP 正常的情况下，1，2 和 4 个天线端口的参考信号（RS）分布见课件。

如果一个时隙中的某一资源粒子被某一天线端口用来传输参考信号，那么其他的天线端口上必须将此资源粒子设置为 0，以降低干扰。

在频域上，参考信号的密度是在信道估计性能和参考信号开销之间求取平衡的结果，密度过疏则信道估计性能（频域的插值）无法接受；过密则会造成 RS 开销过大。参考信号的时域密度也是根据相同的原理确定的，既需要在典型的运动速度下获得满意的信道估计性能，RS 的开销又不是很大。

从课件图示还可以看出，参考信号 2 和 3 的密度是参考信号 0 和 1 的一半，这样主要是为了减少参考信号的系统开销。较密的参考信号有利于高速移动用户的信道估计，如果小区中存在较多的高速移动用户，则不太可能使用 4 个天线端口进行传输。

2）MBSFN 参考信号

MBSFN 参考信号在 MBSFN 子帧中传送。在多播业务情况下用于下行测量、同步，以及解调 MBSFN 数据。

3）UE 专用参考信号

终端专用参考信号只在分配给传输模式 7 的终端的资源块上传输，在这些资源块上，小区级参考信号也在传输，这种传输模式下，终端根据终端专用参考信号进行信道估计和数据解调。终端专用参考信号一般用于波束赋形（Beam Forming），此时，基站（eNodeB）一般使用一个物理天线阵列来产生定向到一个终端的波束，这个波束代表一个不同的信道，因此需要根据终端专用参考信号进行信道估计和数据解调。

每一个下行天线端口都传输一个参考信号。天线端口是指用于传输的逻辑端口，它可以对应一个或多个实际的物理天线。天线端口的定义是从接收端的角度来定义的，即如果接收端需要区分资源在空间上的差别，就需要定义多个天线端口。对于 UE 来说，其接收到的某天线端口对应的参考信号就定义了相应的天线端口。尽管此参考信号可能是由多个物理天线传输的信号复合而成。在 LTE 中，天线端口 0～3 对应小区专用的参考信号，天线端口 4 对应 MBSFN 参考信号，天线端口 5 对应 UE 专用的参考信号。

3.7.2 小区上行参考信号

上行参考信号的实现机理类似于下行参考信号，也是在特定时频单元中发送一串伪随机码，用于 eUTRAN 与 UE 的同步以及 eUTRAN 对上行信道进行估计。

上行参考信号包含两种：

（1）解调参考信号（DMRS）。DMRS 是上行共享信道（PUSCH）和上行控制信道（PUCCH）传输时的导频信号，此时，UE 与 eUTRAN 已经建立业务连接，便于 eUTRAN 解调上行信息的参考信号。DMRS 可以伴随 PUSCH 传输，也可以伴随 PUCCH 传输，占用的时隙位置及数量和 PUSCH、PUCCH 的不同格式有关。

（2）环境参考信号（SRS）。SRS 是处于空闲态的 UE 发出的 RS，它不是某个信道的参考信号，而是无线环境的一种参考导频信号，这时 UE 没有业务连接，仍然给 eUTRAN 汇报信道环境信息。

伴随 PUSCH 传输的 DMRS 约定好的出现位置是每个时隙的第 4 个符号。当 PUCCH 携带上行确认（ACK）信息的时候，伴随的 DMRS 占用每个时隙的连续 3 个符号；当 PUCCH 携带上行信道质量指示（CQI）信息的时候，伴随的 DMRS 占用每个时隙的 2 个符号。

环境参考信息（SRS）由多少个 UE 发送，发送的周期、发送的带宽是多大可由系统调度配置。SRS 一般在每个子帧的最后一个符号发送。

【思考与复习题】

一、填空题

（1）LTE 中，常规 CP 的时间长度为________μs。
（2）LTE 中，子载波的带宽为________kHz。
（3）协议规定，一个子帧的时长为________ms，一个无线帧的时长为________ms。
（4）LTE 的随机接入采用 Preamble 码，一共有________个。
（5）LTE 下行有________参考信号、________参考信号、________参考信号。

二、判断题

（1）PDSCH 只用来承载业务数据，不能用于承载控制信息。（ ）
（2）LTE 系统采用常规 CP 长度时每时隙含 7 个 OFDM 符号。（ ）
（3）CRS 在各天线端口时频资源上均匀规则地布置是为了评估无线信道实时动态的变化。（ ）
（4）LTE 上下行传输使用的最小资源单位是 RE。（ ）
（5）1 个无线帧包含 10 个时隙。（ ）
（6）LTE 下行信道有功率控制。（ ）
（7）LTE 上行信道有功率控制。（ ）

三、单项选择题

（1）下行公共控制信道资源映射的单位是（ ）。
A．RE　B．REG　C．CCE　D．RB
（2）一个 CCE 对应（ ）个 REG。
A．1　B．3　C．9　D．12
（3）20MHz 小区支持的子载波个数为（ ）。
A．300　B．600　C．900　D．1200
（4）使用常规 CP 时，一个 RB 包含了（ ）个 RE。
A．12　B．60　C．72　D．84
（5）LTE 系统承载 HARQ 信息的物理信道是（ ）。
A．PBCH　B．PCFICH　C．PHICH　D．PDCCH
（6）LTE 系统承载 DCI 指示信息的物理信道是（ ）。
A．PDCCH　B．PUCCH　C．PUSCH　D．PDSCH
（7）LTE 中的业务最小调度单位为（ ）。
A．RE　B．PRB　C．REG　D．CCE
（8）LTE 中 DWPTS 最多可占用（ ）个 OFDM 符号。
A．9　B．10　C．11　D．12

（9）LTE 物理层的功能不包括（　　）。
A．编码的传输信道向物理信道映射　B．传输信道的纠错编码/译码
C．物理信道调制与解调　D．HARQ 重传调度

四、多项选择题

（1）LTE 上行物信道主要有（　　）。
A．物理上行共享信道 PUSCH　B．物理随机接入信道 PRACH
C．物理上行控制信道 PUCCH　D．物理广播信道 PBCH

（2）下列哪些属于 LTE 上行的参考信号？（　　）
A．CRS　B．DMRS　C．DRS　D．SRS

（3）LTE 系统承载系统信息的物理信道是（　　）。
A．PBCH　B．PCFICH　C．PHICH　D．PDSCH

（4）下列哪些属于 LTE 系统的物理资源？（　　）
A．时隙　B．子载波　C．天线端口　D．码道

五、问答题

（1）请写出 LTE 物理资源 RE、RB、REG、CCE 的对应的时频资源数目。

（2）LTE 物理层数据域的一个 RE 最多可承载多少比特？一个 RB（常规 CP）最多可承载多少比特（不考虑 RS 开销）？

优 化 篇

第4章 系统消息

系统消息在整个小区内广播，供RRC空闲状态和RRC连接状态下的UE获取非接入层（NAS）和接入层（AS）的信息。

系统消息是连接UE和网络的纽带，UE与eUTRAN之间通过系统消息的传递，完成无线通信各类业务的物理过程。

4.1 系统消息的组成

LTE系统消息包括1个主消息块（MIB）和多个系统信息块（SIB），MIB在物理广播信道上广播，SIB通过物理下行共享信道的RRC消息下发。SIB1由“System Information Block Type 1”消息承载，SIB2和其他SIB由“System Information（SI）”消息承载。一个SI消息可以包含一个或多个SIB。

1．MIB

获得下行同步后用户首先要做的就是寻找MIB消息，MIB中包含着UE要从小区获得的下列至关重要的信息。

（1）下行信道带宽。

（2）物理HARQ指示信道（PHICH）配置。PHICH中包含着上行HARQ ACK/NACK信息。

（3）系统帧号SFN（System Frame Number，协助同步和作为时间参考）。

（4）eNB通过物理广播信道（PBCH）的CRC（循环冗余校验）掩码通报天线配置数量（1，2或4）。

2．SIB1

SIB1在“System Information Block Type1”消息中，包含UE小区接入需要的信息以及其他SIB的调度信息：

（1）网络的公共陆地移动网络（PLMN）识别号。

（2）跟踪区域码（TAC）和小区ID。

（3）小区禁止状态，指示用户是否能驻留在小区里。

（4）$Q_{RxLevMin}$（小区选择的标准指示需要的最小接受水平）。

（5）其他SIB的传输时间和周期。

3．SIB2

SIB2包含所有UE通用的无线资源配置信息：

（1）上行载频，上行信道带宽（用RB数量表示：n25、n50）。

（2）无线接入信道（RACH）配置，帮助 UE 开始无线接入过程，如前导码信息，用 Frame 表示的传输时间和子帧号（PRACH-Config Info），以及初始发射功率和功率提升的步长（Power Ramping Parameters）。

（3）寻呼配置，如寻呼周期。

（4）上行功控配置，如 P0-Nominal PUSCH/PUCCH。

（5）Sounding 参考信号配置。

（6）物理上行控制信道（PUCCH）配置，支持 ACK/NACK 传输，调度请求和 CQI 报告。

（7）物理上行共享信道（PUSCH）配置，如调频。

4．SIB3

SIB3 包含通用的频率内、频率间、异系统小区重选所需的信息，这个信息会应用在所有场景中。

（1）$S_{\mathrm{IntraSearch}}$：开始同频测量的门限，当服务小区的 $S_{\mathrm{ServingCell}}$（也就是本小区的小区选择条件）高于 $S_{\mathrm{IntraSearch}}$，用户不会进行测量，这样可以节省电池消耗。

（2）$S_{\mathrm{NonIntraSearch}}$：开始异频和异系统测量的门限。

（3）Q_{RxLevMin}：小区需要的最低信号接收水平。

（4）小区重现优先级：绝对频率优先级 eUTRAN 、UTRAN、GERAN、CDMA2000 HRPD 或 CDMA2000 1xRTT。

（5）Q_{Hyst}：计算小区排名标准的本小区磁滞值，用参考信号接收功率（RSRP）计算。

（6）$T_{\mathrm{Reselection\ EUTRA}}$：EUTRA 小区重选计数器。$T_{\mathrm{Reselection\ EUTRA}}$ 和 Q_{Hyst} 可以配置早或者晚出发小区重选。

5．SIB4

SIB4 包含 LTE 同频小区重选的邻区信息，如邻区列表、邻区黑名单、封闭用户群组（CSG）的物理小区标识号（PCI），CSG 用于支持 Home eNB。

6．SIB5

SIB5 包含 LTE 异频小区重选的邻区信息，如：邻区列表、载波频率、小区重选优先级、用户从当前服务小区到其他高/低优先级频率的门限等。

提示：3GPP 规定 LTE 邻区查找可以不明确给出邻区列表，UE 可以进行邻区盲检，广播 LTE 邻区列表是可选项而非必选项。

在 eUTRAN 中，SIB 6、7、8 分别包含到 UTRAN、GERAN 和 CDMA2000 的异系统小区重选信息。SIB1 和 SIB3 也承载异系统相关的信息。

7．SIB6

SIB6 包含到 UTRAN 的异系统切换所需的信息：

（1）载频列表：UTRAN 邻区的载波频率列表。

（2）小区重选优先级：绝对优先级。

（3）Q_{RxLevMin}：最小所需接收功率水平。

（4）$Thresh_{\mathrm{X\text{-}high}}/Thresh_{\mathrm{X\text{-}low}}$：从当前服务载频重选到优先级高/低的频率时的门限值。

（5）$T_{\text{Reselection URTA}}$：UTRAN 小区重选的计数器。

（6）和速度相关的小区重选参数。

在 UTRAN 网络中，在 3GPP R8 中新增异系统相关的信息除了 SIB3、SIB4、SIB19 还会在 SIB6、SIB18、SIB19 上广播。

8．SIB7

SIB7 包含到 GERAN 的异系统切换所需的信息：

（1）载频列表：GERAN 邻小区的载波频率列表。

（2）小区重选优先级：绝对优先级。

（3）Q_{RxLevMin}：最小所需接收功率水平。

（4）$Thresh_{\text{X-high}}/Thresh_{\text{X-low}}$：从当前服务载频重选到优先级高/低的频率时的门限值。

（5）$T_{\text{Reselection GETA}}$：GERAN 小区重选的计数器。

（6）和速度相关的小区重选参数。

在 GSM 和 GERAN 中为 LTE 相关的小区重选参数重新修订了系统消息。

9．SIB8

SIB8 包含到 EHRPD 的异系统小区重选信息，如连到 1xEV-DO Rev.A：

（1）搜寻 EHRPD 的消息：载频，PN 同步的系统时钟，查找窗口大小。

（2）到 EHRPD 的预注册信息（可选）：预注册过程可将服务中断时间最小化，用户在还连接至 eUTRAN 网络的时候就进行 CDMA2000 EHRPD 的预注册，从而加快切换时间，反之从 EHPRD 到 eUTRAN 亦然。预注册在切换之前发生。

（3）小区重选门限和参数：$Thresh_{\text{X-high}}$、$Thresh_{\text{X-low}}$、$T_{\text{reselection CDMA2000}}$，以及其他与以及其他与速度相关的重选参数。eUTRAN 可以通过 UE 不同系统的重选优先级设置小区重选参数。

（4）用于检测潜在 EHRPD 目标小区的邻区列表。

10．SIB9

SIB9 包含 Home eNB 的名称，Home eNB 是微微小区，用于居民区或小商业区域的小型基站。

11．SIB10

SIB10 主要用于公众通知（ETWS，地震海啸预警系统），寻呼过程用于装有 ETWS 的手机（处于 RRC 空闲或者 RRC 连接状态）监听 SIB10 和 SIB11。

12．SIB11

SIB11 用于 ETWS 第 2 次通知。

4.2 系统消息的调度

协议规定了 MIB 和 SIB1 的传输时间和周期。用户何时去监听 MIB 和 SIB1（其他 SIB 的传输时间和周期由 SIB1 定义），每个信息块如何发送、何时发送，这就是系统消息的调度。

1．主消息块（MIB）的调度

MIB 的传输周期是 40 毫秒，每 40 毫秒系统帧号（SFN）模 4 等于 0 的时候发送新的 MIB，在 40ms 周期内，每 10ms 重复发送一次相同的 MIB（SFN 域内的 MIB 不发生变化，SFN=4*n*，4*n*+1，4*n*+2，4*n*+3），MIB 只在子帧#0 发送，在 MIB 的 SFN 域，10 比特的前 8 比特表示实际的 SFN 的前 8 位，后 2 比特表示重复次数，00 是第 1 次，01 是第 2 次，以此类推，如图 4-1 所示。

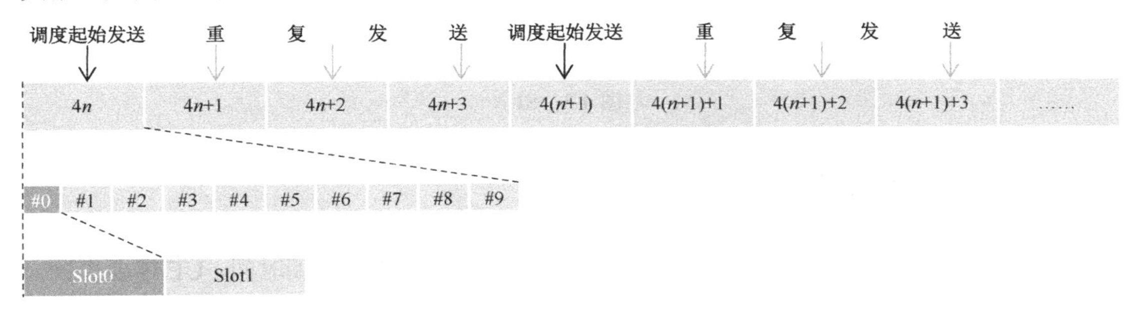

图 4-1　MIB

时域上，MIB 固定占用#0 子帧的 Slot1 发送；频域上，占用中间的 6 个 RB。

2．SIB1 的调度

SIB1 的发送周期是 80 毫秒。在 SFN 模 8=0 的无线帧进行起始发送，在 SFN 模 2=0 的无线帧重复发送。新的 SIB1 每 80ms 发送一次，在 80ms 周期内，每 20ms 重复一次。SIB1 只在子帧#5 上发送，如图 4-2 所示。

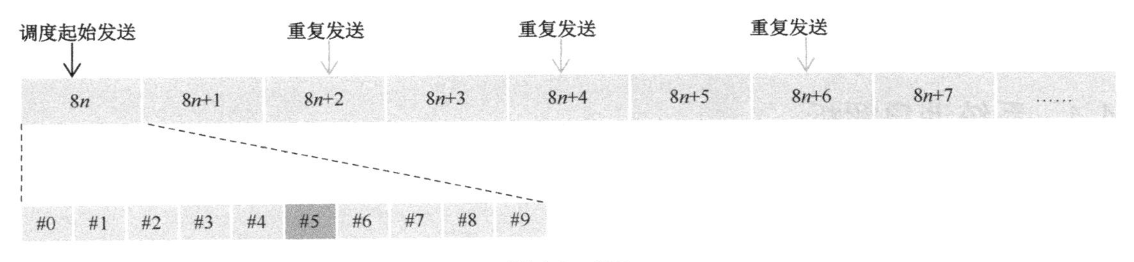

图 4-2　SIB

3．SIB2 的调度

SIB2 及以下的消息周期可配 8/16/32/64/128/256/512 个无线帧。这些 SIB 可以组合成一套系统消息（SI），用不同的周期发送，SI 组内的 SIB 消息周期相同。

为了保证 SIB 被用户正确接收，定义了 SI 窗口，保证多个传输的 SI 消息都在这个窗口内。SI 窗口的长度可以是 1/2/5/10/15/20/40 毫秒。在一个 SI 窗口内只能传一个 SI 消息，但是可以重复多次。当用户要获取 SI 消息时，它监听 SI 窗口的起始时间，直到 SI 被正确接收。

图 4-3 显示了 SIB2、SIB3、SIB6、SIB7 组合的 SI 消息重复周期的配置，这里我们使用两个 SI 消息，SI1 包含 SIB2 和 SIB3，周期是 16 个无线帧，SI2 包含 SIB6 和 SIB7，周期是 64 个无线帧。一个 SI 窗口的长度是 10ms，即一个无线帧长。

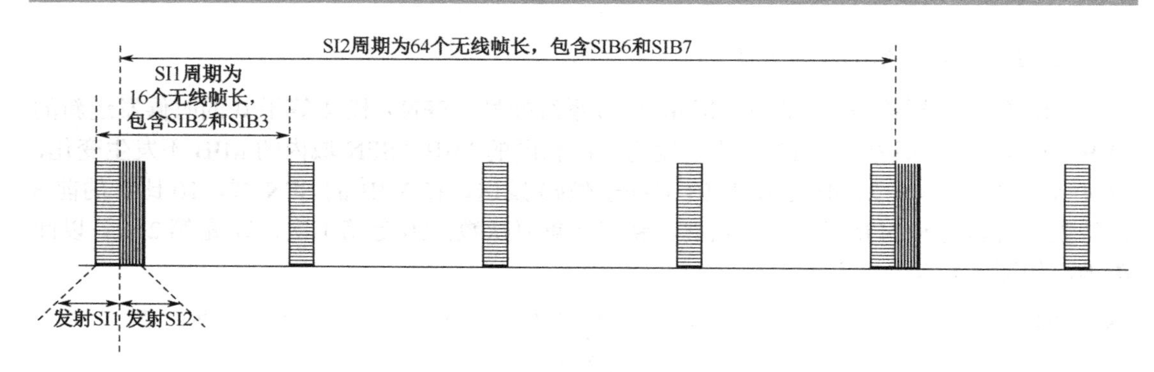

图 4-3　SI

4.3　系统消息更新

SIB1 中会带一个 DRX（非连续接收）周期，每过一个 DRX 周期时间，UE 需要去读一次 PICH，如果有发给此 UE 的 PI 的话，就转去物理下行共享信道（PDSCH）上接收 Paging，Paging 会告诉 UE 是否为系统消息变更。如果是系统消息变更，则 UE 开始接收系统消息，首先接收 MIB，比较系统消息的 Value Tag 值，然后接收 Value Tag 发生变化的系统消息。

LTE 系统支持两种系统信息变更的通知方式：

（1）寻呼消息。网络侧使用寻呼消息通知空闲状态和连接状态的 UE 系统信息改变，UE 在下一个修改周期开始时监听新的系统消息。

（2）系统信息变更标签。SIB1 中携带 Value Tag（系统信息变更标签）信息，如果 UE 读取的变更标签和之前存储的不同，则表示系统信息发生变更，需要重新读取；UE 存储系统信息的有效期为 3 小时，超过该时间，UE 需要重新读取系统信息。

4.4　系统消息解析

1．MIB 解析

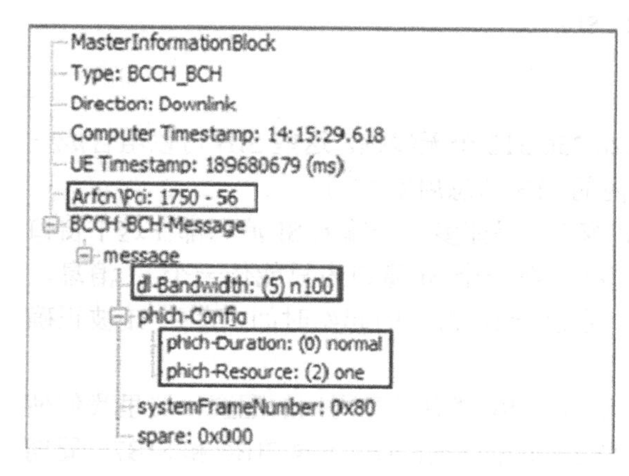

图 4-4　MIB 解析

主信息块（MIB）消息主要显示 UE 小区的一些基本信息，如带宽、物理 HARQ 指示信道（PHICH）的配置信息，如图 4-4 所示。

（1）服务小区的频点和物理小区标识号（PCI）。

（2）下行的带宽，取值范围：0～5，对应 6 种带宽（1.4、3、5、10、15、20）。

（3）PHICH 的配置信息，PHICH-Duration 的取值（Normal、Extended），告诉 UE 系统 PHICH 符号长度，可选常规或扩展。

（4）PHICH-Resoure 的取值（1/6、1/2、1、2）。

2．SIB1 解析

如图 4-5 所示。

（1）cellBarred 为小区禁止接入指示（Barred，Not Barred，对应 0，1）。

（2）intraFreqReseletion 为是否可以同频小区重选的指示（Allowed，Not Allowed，对应值 0，1）。

（3）q_RxlevMin 为 eUTRAN 小区选择所需要的最小接收电平，取值范围（-140～44）dBm Step 2dBm。

3．SIB2 解析

如图 4-6 所示。

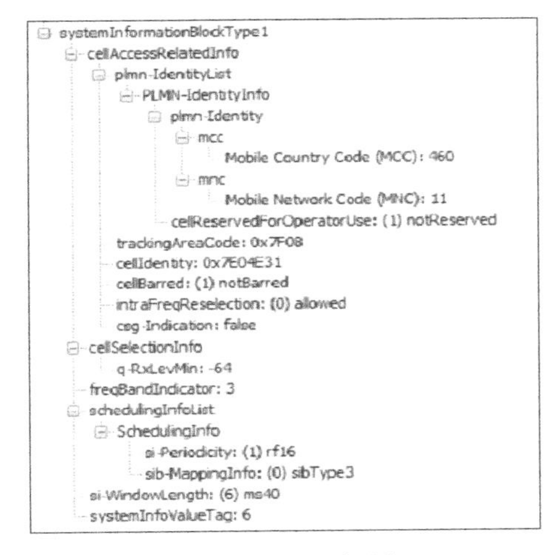

图 4-5　SIB1 解析

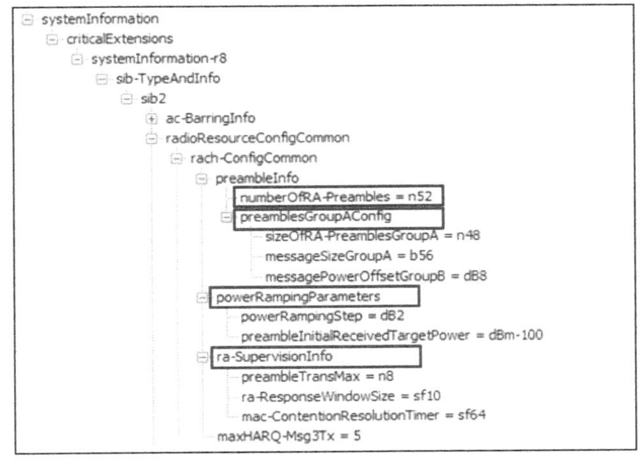

图 4-6　SIB2 解析

（1）基于冲突的随机接入前导的签名个数，取值为 0～15，显示范围：4、8、12…64。

（2）Group A 中前导签名个数，取值为 0～14，显示范围：4、8、12…60。

（3）PRACH 的功率攀升步长，取值 0～3，显示范围：0、2、4、6dB；PRACH 初始前缀目标接收功率，取值 0～15，范围：-120、-118、-116…-90。

（4）PRACH 前缀重传的最大次数，取值为 0～10，取值范围：3、4、5、6、7、8、10、20、50、100、200；UE 对随机接入前缀响应接收的搜索窗口，取值为 0～10，范围：3、4、5、6、7、8、10。

（5）单个 RE 的参考信号的功率信息：每个逻辑天线端口的小区参考信号的功率值。参数设置值为 18，即 RS 信号功率为 18dBm。

（6）PUSCH 配置信息，如：Hopping Mode 为 PUSCH 的跳频模式指示，可设置模式为 Only Inter-Subframe，Both Intra and Inter-Subframe。

（7）上行功率配置信息，其中 p0-Nominal PUSCH 为 PUSCH 的名义上的期望接收功率，一般按照实际环境设置绝对值，如图 4-7 中期望为-67dBm；p0-Nominal PUCCH 为 PUCCH 的名义上的期望接收功率，一般按照实际环境设置绝对值，如图 4-7 中期望为-105dBm。

4．SIB3 解析

SIB3 消息包含了小区重选信息（公共参数，适用于同频、异频、异系统），如图 4-8 所示。

（1）q-Hyst：小区重选的迟滞值。在进行 R 准则计算时，需要邻小区的参考信号接收功率（RSRP）减去 q-Hyst 仍然大于主服务小区 RSRP 值。

（2）s-NonIntraSearch：异频开始测量的门限值，当服务小区的 *S* 值小于该值时进行异频测量，重选到高优先级。

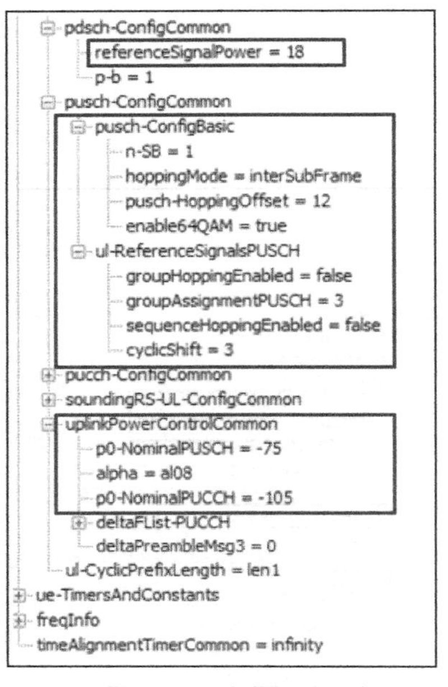

图 4-7　上行功率配置信息

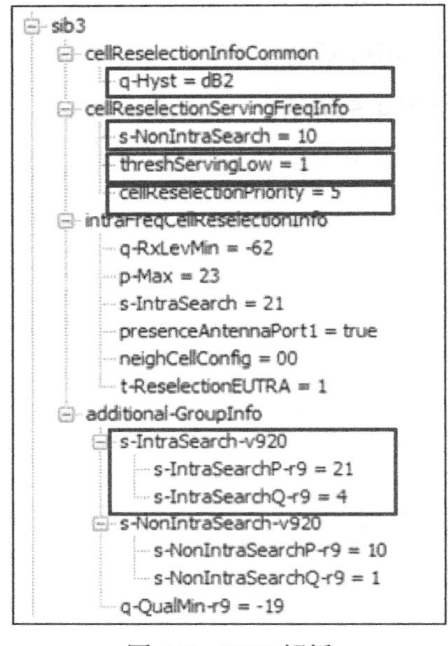

图 4-8　SIB3 解析

（3）threshServingLow：服务小区的 *S* 值低于该门限时，重选到低优先级的小区。

（4）cellReselectionPriority：定义了服务小区在异频小区重选中的优先级，取值为 0～7，0 级优先级最低，7 级最高。

（5）s-IntraSearch：同频测量的门限，当服务小区的 *S* 值小于该值时启动同频测量。

【思考与复习题】

一、填空题

（1）TD-LTE 系统中，携带公共无线资源配置的系统消息是________。

（2）________包含通用的频率内、频率间、异系统小区重选所需的信息，这个信息会应用在所有场景中。

二、判断题

（1）TD-LTE 系统中，出于省电的考虑，当 UE 一直驻留在一个小区时，只要系统消

息不更新就不需要再次读取。（　　）

（2）SIB4 包含 LTE 同频小区重选的邻区信息。（　　）

（3）SIB5 包含 LTE 异频小区重选的邻区信息。（　　）

（4）BCH 的 TTI 为 20ms，所以 NodeB 每 20ms 发送一次系统消息。（　　）

三、单项选择题

（1）LTE 中系统信息中，其他信息块的调度信息是在哪个系统消息中？（　　）

A．MIB　　B．SIB1　　C．SB1　　D．SB2

（2）LTE 中系统信息中，下行系统带宽和系统帧号信息是在哪个系统消息中？（　　）

A．MIB　　B．SIB1　　C．SIB2　　D．SIB3。

（3）LTE 中系统信息中，小区选择和驻留信息是在哪个系统消息中？（　　）

A．MIB　　B．SIB1　　C．SIB2　　D．SIB3

（4）LTE 中系统信息中，小区重选公共参数信息是在哪个系统消息中（　　）。

A．MIB　　B．SIB1　　C．SIB2　　D．SIB3

（5）LTE 中，SIB1 使用下面哪个传输信道进行承载？（　　）

A．BCH　　B．PBCH　　C．DL-SCH　　D．DCH

四、多项选择题

（1）TD-LTE 系统中，MIB 消息的内容包括（　　）。

A．系统下行带宽　　B．系统上行带宽

C．PHICH 配置信息　　D．系统帧号

（2）TD-LTE 系统中，携带异频或异系统邻区的系统消息包括（　　）。

A．SIB5　　B．SIB6　　C．SIB7　　D．SIB8

（3）TD-LTE 系统中，UE 获取系统消息更新的方式包括（　　）。

A．寻呼　　B．SI 中 Value Tag

C．SB 中 Value Tag　　D．SIB1 中 Value Tag。

（4）TD-LTE 系统中，UE 需要获取系统消息的过程包括（　　）。

A．小区选择和重选时　　B．切换完成时

C．重新回到服务区时　　D．接收到系统消息变更指示时

五、问答题

（1）在 LTE 中，当系统消息发生变化时，如何通知 UE？

（2）在 LTE 系统中，UE 在哪些情况下会主动地读取系统消息？

第 5 章　LTE 系统移动性管理

5.1　PLMN（公共陆地移动网）选择

移动性管理是 LTE 系统必备的机制，它能够辅助 LTE 系统实现负载均衡，提高用户体验以及系统整体性能。

移动性管理主要分为两大类：分别是空闲状态下的移动性管理和连接状态下的移动性管理。空闲状态下的移动性管理主要通过小区选择和重选来实现，由 UE 控制；连接状态下的移动性管理主要通过小区切换来实现，由 eNodeB 控制。

空闲态管理能够保障 UE 接入的成功率和服务质量，保证 UE 驻留在一个信号质量更好的小区。

在 LTE 无线网络中，UE 的各种管理过程确保了 LTE 业务的开展和持续，因此每一个过程都环环相扣，缺一不可，就像一条自行车链条，缺了哪一环，车都骑不了。今天我们介绍一下这链条中的第 1 环：PLMN 选择。

5.1.1　PLMN 选择包括的两个阶段

第 1 阶段是 UE 自主选择 PLMN，第 2 阶段是 PLMN 注册。其中第 1 个阶段又可以分成自动选择和手动选择两种方式。

自动选择是指 UE 根据事先设好的 PLMN 优先级准则，自主完成 PLMN 的搜索和选择。绝大多数 UE 采用自动选择方式。

手动选择是指 UE 将满足条件的所有的 PLMN 以列表形式呈现给用户，由用户来选择其中的一个。

PLMN 注册：完成 PLMN 选择后，在后续的网络附着过程中，UE 会把选择的 PLMN 注册到核心网，如果注册成功，则本次 PLMN 选择结束；如果注册失败，则返回自主 PLMN 选择过程，重新选择一个 PLMN。

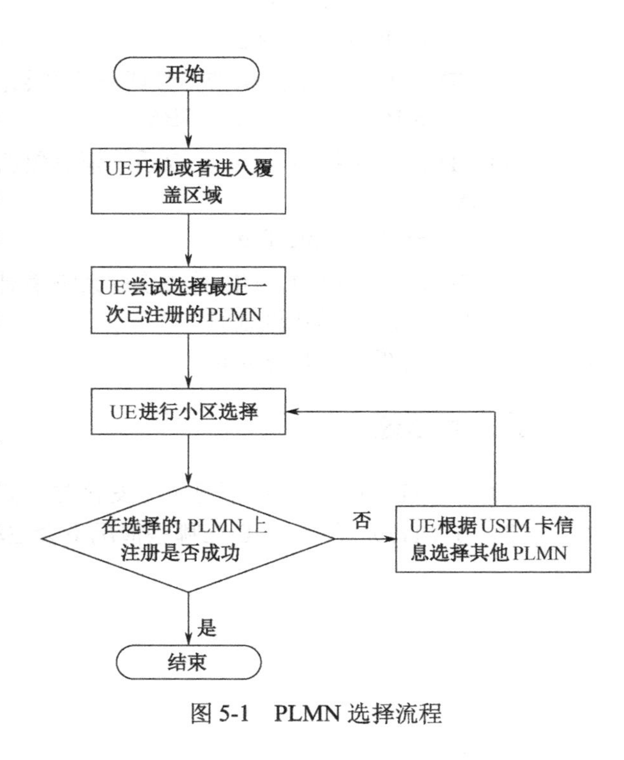

图 5-1　PLMN 选择流程

5.1.2　PLMN 选择流程

UE 进行 PLMN 选择的大体流程如图 5-1 所示。当 UE 开机或者从无覆盖的区域进入覆盖区域时，首先选择最近一次已注册过的 PLMN（已注册过的 PLMN 称为 RPLMN，Registered PLMN），并尝试在这个 RPLMN 注册。如果注册最近一次的 RPLMN 成功，则将 PLMN 信息显示出来，开始接受运营商服务；如果没有最近一次的 RPLMN 或最近一次的 RPLMN 注册不成功，UE 会根据 USIM 卡中的关于 PLMN 优先级信息，通过自动或者手动的方式继续选择其他 PLMN。

5.1.3 PLMN 分类

（1）HPLMN（Home PLMN）：归属 PLMN。UE 开户的 PLMN，UE 的 HPLMN 只有一个。PLMN 网络代码为 46000，属于 UE 的 HPLMN。

（2）EHPLMN（Equivalent Home PLMN）：等价归属 PLMN，等价归属 PLMN 信息存储在 USIM 卡中。

以中国移动来说，PLMN 网络代码为 46002 和 46007，属于 EHPLMN。

（3）VPLMN（Visited PLMN）：拜访 PLMN。表示 UE 当前所在的 PLMN。比如中国移动的用户漫游到外国，那就将用户相关信息保存到一个拜访 PLMN。

（4）RPLMN（Registered PLMN）：注册 PLMN。UE 通过跟踪区更新过程注册成功的 PLMN。

5.1.4 PLMN 优先级选择顺序

首先是 RPLMN，其次是 HPLMN 或 EHPLMN，最后是 VPLMN。当然，在国内，HPLMN、VPLMN 和 RPLMN 同属于一个网络。

上面讲述了 UE 的 USIM 卡中存储了最近一次已注册过的 RPLMN 的选择过程。那么 UE 在下面两种场景下如何进行选择呢？

场景 1： USIM 中没有 RPLMN 信息，UE 初始进行 PLMN 选择。

这种情况一般是新的 UE 初次开机，USIM 卡没有 RPLMN 信息。

（1）UE 通过 AS 层（接入）初始进行小区查询，从 SIB1 中读取所有的 PLMN，并且向 UE 的 NAS 层报告。

（2）UE 的 NAS 层将根据这种被预定义的优先级来选择其中的一个。

场景 2： UE 的上一个 VPLMN 存在于 USIM 中。

在场景 2 情况下，UE 将选择这个 PLMN，并且开始上一个频率的小区搜索；如果没有找到可用的小区，这时 UE 将回到初始的 PLMN 选择。

无论是自动模式还是手动模式，AS 层都要能够将网络中现有的 PLMN 列表报告给 NAS 层，为此，AS 层根据自身的能力和设置，进行全频段的搜索，在每一个频点上搜索信号最强的小区，读取其系统信息，报告给 NAS 层，由 NAS 层来决定 PLMN 搜索是否继续进行。对于 eUTRAN 的小区，RSRP≥-110dBm 的 PLMN 称为高质量的 PLMN（High Quality PLMN），对于不满足高质量条件的 PLMN，AS 层在上报过程中会同时报告 PLMN ID 和 RSRP 的值。

5.2 小区搜索及读取广播消息

UE 开机后需要做的第 1 件事就是小区 PLMN 的选择，在 PLMN 的选择之后，UE 将进行小区搜索以及读取广播消息过程。

5.2.1 小区搜索的含义

在 LTE 系统中，小区搜索就是 UE 和小区取得时间和频率同步，并检测小区 ID 的过程。

UE 通过小区搜索过程来识别小区，并获得下行同步，进而 UE 可以读取小区广播信息并驻留，使用网络提供的各种服务。

小区搜索过程是 LTE 系统关键步骤。它是 UE 与 eNodeB 建立通信链路的前提。小区搜索过程在初始接入和切换中都会用到。

5.2.2 小区搜索过程

小区搜索过程主要包含 4 个步骤，如图 5-2 所示。

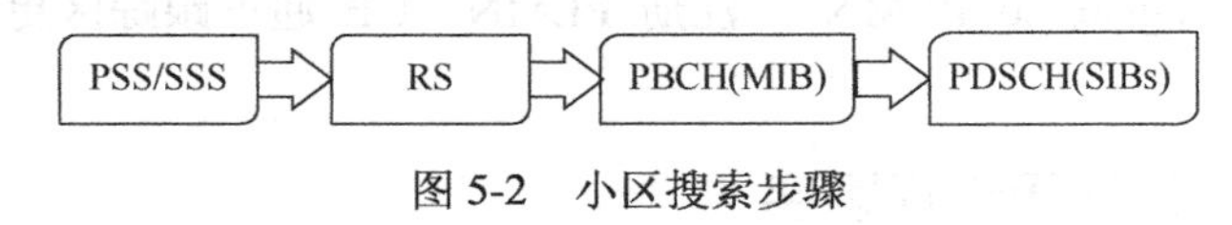

图 5-2 小区搜索步骤

首先，UE 解调主同步信号 PSS 实现符号同步，并获得小区组内 ID；UE 解调辅同步信号 SSS 完成帧定时，并获得小区组 ID。

其次，UE 接收下行参考信号 RS，进行精确的时频同步。

然后，UE 接收小区广播信息 PBCH，得到下行系统带宽、天线配置和系统帧号。

最后，UE 接收具体的系统消息，如 PLMN ID、上下行子帧匹配。

1. 时间同步

在 LTE 的小区搜索过程中，利用特别设计的两个同步信号（主同步信号和辅同步信号）分别取得小区识别信息，从而得到目前终端所要接入的小区识别码。

时间同步检测是小区初次搜索中的第 1 步，其基本原理是使用本地同步序列和接收信号进行同步相关，进而获得期望的峰值，根据峰值判断出同步信号的位置。TDD-LTE 系统中的时域同步检测分为两个步骤：第 1 步是检测主同步信号，在检测出主同步信号后，根据主同步信号和辅同步信号之间的固定关系，进行第 2 步的检测，即检测辅同步信号。

当终端处于初始接入状态时，接入小区的带宽是未知的，主同步信号和辅同步信号处于整个带宽的中央，并占用 1.08MHz 的带宽，因此，在初始接入时，UE 首先在其支持的工作频段内以 100kHz 间隔的频栅进行扫描，并在每个频点上进行主同步信号的检测。在这一过程中，终端仅仅检测 1.08MHz 的频带上是否存在主同步信号。

尽管 TDD-LTE 系统支持多种传输带宽，但是 PSS 和 SSS 信号在频域上总是处于整个系统带宽中央 1.08MHz（6 个 RB 块）的位置。

图 5-3 给出了 PSS 和 SSS 的位置示意。其中，PSS 位于特殊子帧，即 DwPTS 的第 3 个符号，SSS 占用子帧 0/5 的最后一个符号。PSS 和 SSS 信号的位置相对固定，与 TDD 系统的上下行子帧配置、小区覆盖大小等因素无关。

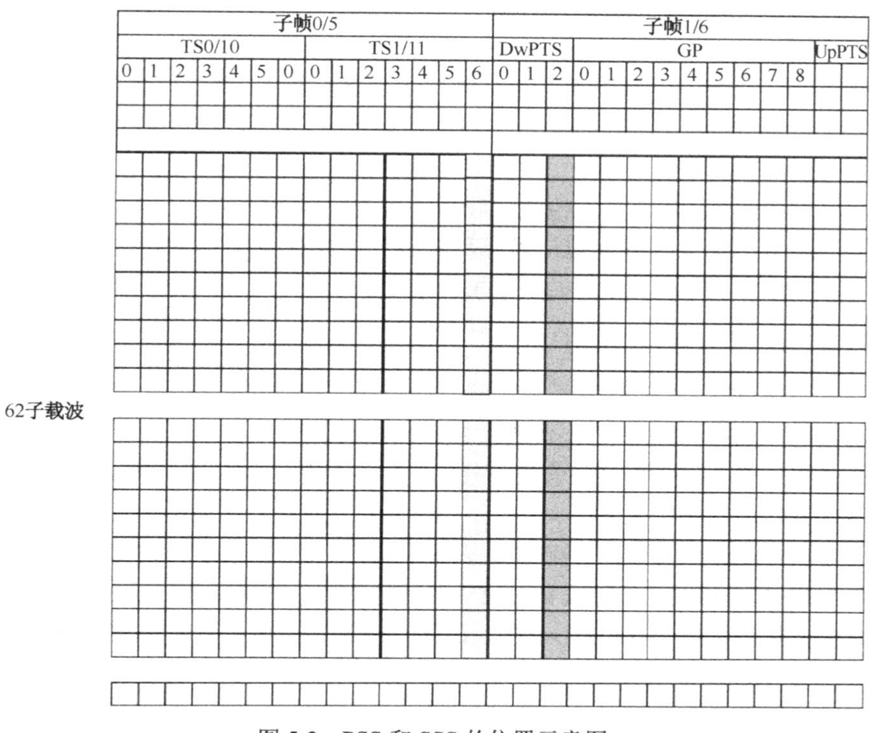

图 5-3 PSS 和 SSS 的位置示意图

TD-LTE 中的主同步信号采用 Zadoff-Chu 序列，辅同步信号采用 M 序列。小区 ID 号 $N_{\mathrm{ID}}^{\mathrm{Cell}}$ 由主同步序列编号 $N_{\mathrm{ID}}^{(2)}$ 和辅同步序列编号 $N_{\mathrm{ID}}^{(1)}$ 共同决定，具体关系为： $N_{\mathrm{ID}}^{\mathrm{Cell}}=3N_{\mathrm{ID}}^{(1)}+N_{\mathrm{ID}}^{(2)}$，如图 5-4 所示。

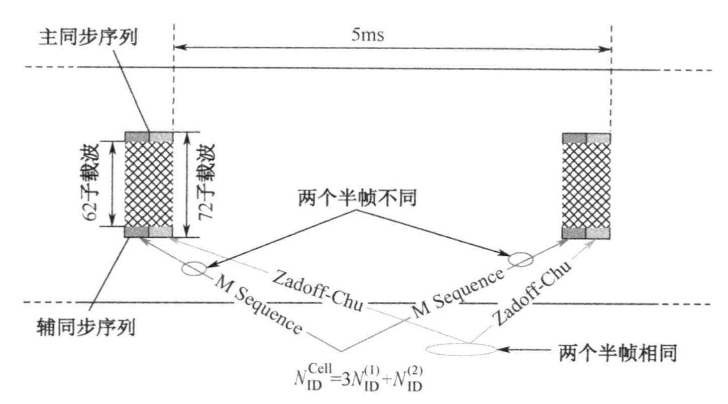

图 5-4 主同步序列编号和辅同步序列编号

$N_{\mathrm{ID}}^{(1)}$ 是物理小区标识组（0 到 167），它由辅同步信号采用 M 序列产生。

$N_{\mathrm{ID}}^{(2)}$ 是组内标识（0，1，2），它由主同步信号采用 Zadoff-Chu 序列产生。

这样组成了 504 个不同的物理层小区标识。UE 搜索完主同步信号和辅同步信号之后就可以确定本小区的 Cell ID，也就是物理小区标识（PCI）。

2．频率同步

为了确保下行信号的正确接收，在小区初次搜索过程中，在完成时间同步后，若想进行更精细化的频谱同步，可通过辅同步序列、导频序列、CP 等信号来进行频移估计，对频率偏移进行纠正。

通过 PSS 和 SSS 同步，UE 能检测到物理小区 ID，可以知道小区参考信号 CRS 的时频资源位置。但是为了确保收发两端信号频移一致性，实现频率同步，还需要通过解调小区参考信号 CRS 来进一步提高时隙与频率同步精确度，同时为解调 PBCH 做信道估计。

3．解调物理广播信道（PBCH）

经过前述步骤以后，UE 获得了 PCI 并获得与小区精确时频同步，但 UE 接入系统还需要小区系统信息，包括系统带宽、系统帧号、天线端口号、小区选择和驻留以及重选等重要信息，这些信息由 MIB 和 SIB 承载，分别映射在物理广播信道（PBCH）和物理下行共享信道（PDSCH）。

在时域上 PBCH 位于一个无线帧内#0 子帧第 2 个时隙（即 Slot1）的前 4 个 OFDM 符号上（对 FDD 和 TDD 都是相同的，除去参考信号占用的 RE）。在频域上，PBCH 与 PSCH、SSCH 一样，占据系统带宽中央的 1.08MHz（DC 子载波除外），全部占用带宽内的 72 个子载波。

PBCH 信息的更新周期为 40ms，在 40ms 周期内传送 4 次。这 4 个 PBCH 内容相同，且都能够独立解码，首次传输位于 SFN Mod 4=0 的无线帧，如图 5-5 所示。

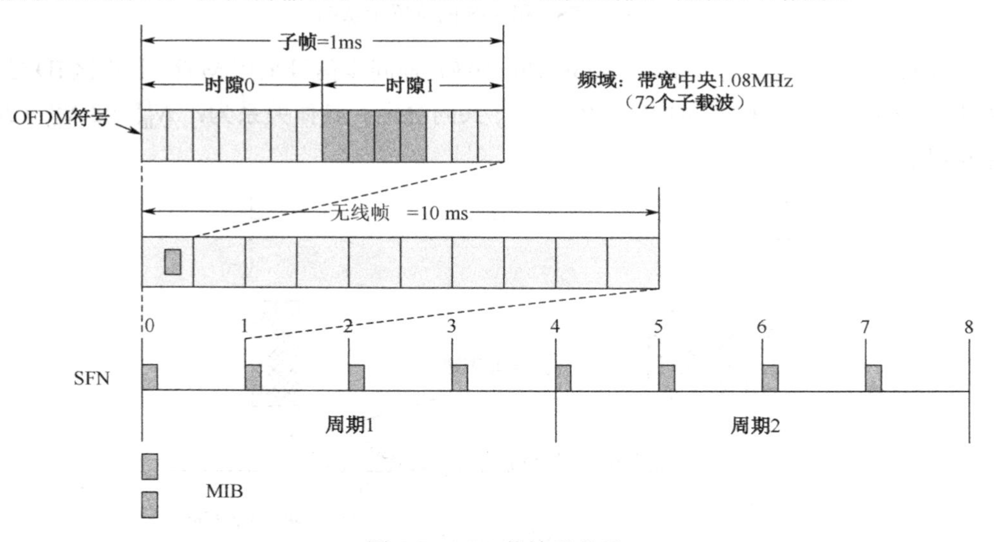

图 5-5 MIB 传输示意图

MIB 携带系统帧号（SFN）、下行系统带宽和物理 HARQ 指示信道配置信息，隐含着天线端口数信息。

4．解调 PDSCH

要完成小区搜索，仅仅接收主消息块是不够的，还需要接收系统信息块，即 UE 接收承载在物理下行共享信道上的 BCCH 信息。UE 在接收 SIB 信息时首先接收 SIB1 信息。SIB1 采用固定周期调度，调度周期 80ms。第 1 次传输在 SFN 满足 SFN Mod 8 = 0 无线帧上的#5

子帧传输，并且在 SFN 满足 SFN Mod 2 = 0 的其他无线帧（即偶数帧）的#5 子帧上重复传输，如图 5-6 所示。

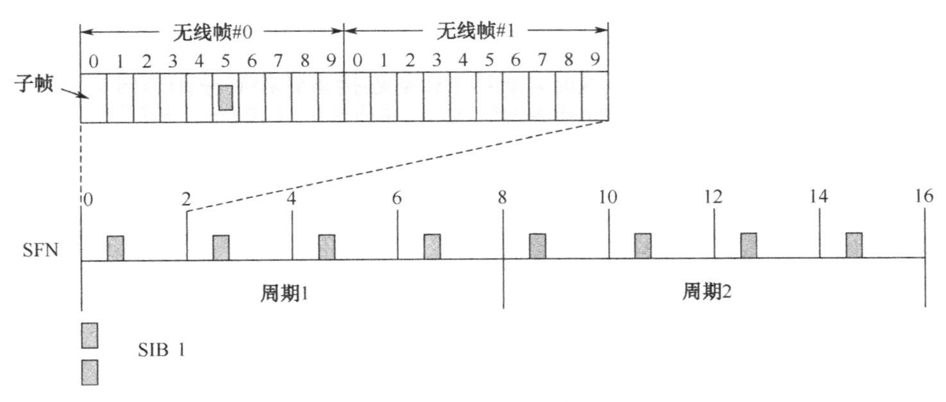

图 5-6　SIB1 传输示意图

SIB1 中的 Scheduling Info List 携带所有 SI 的调度信息，接收 SIB1 以后，即可接收其他 SI 消息。

除 SIB1 以外，SIB2～SIB11 通过系统信息（SI）进行传输。

每个 SI 消息包含了一个或多个除 SIB1 外的拥有相同调度需求的 SIB（这些 SIB 有相同的传输周期），如图 5-7 所示。一个 SI 消息包含哪些 SIB 是通过 Scheduling Info List 指定的。每个 SIB 与唯一的一个 SI 消息相关联。

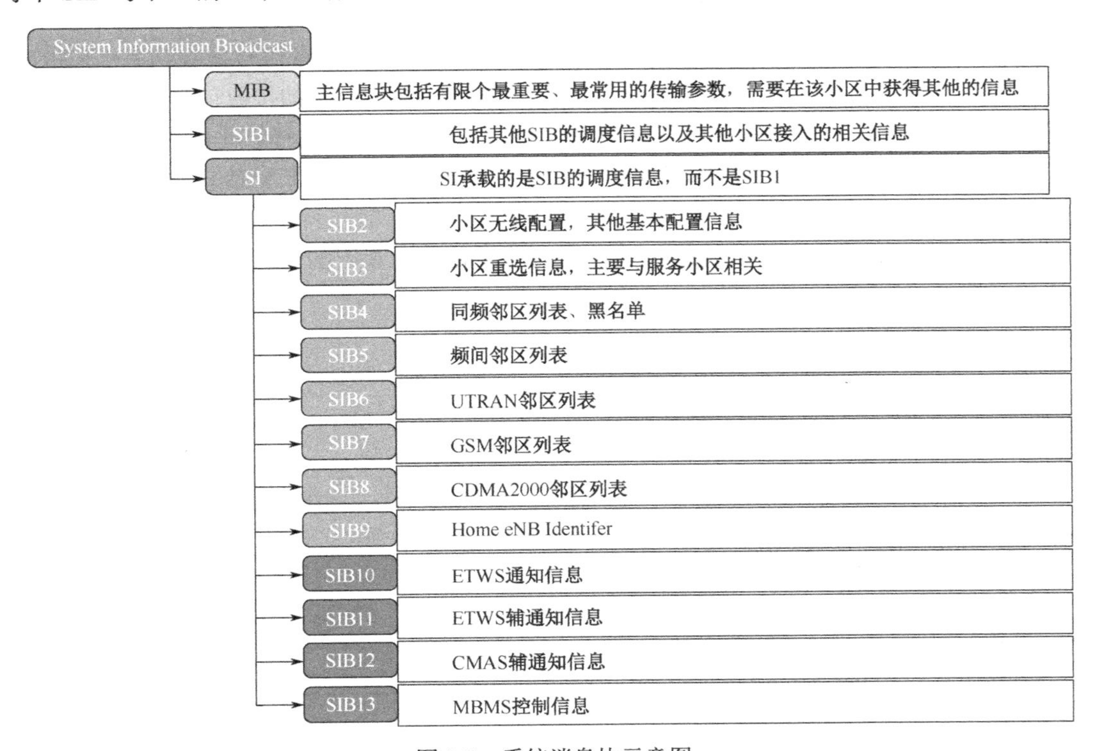

图 5-7　系统消息块示意图

5.3 LTE 小区选择

5.3.1 小区选择含义

当手机开机或从盲区进入覆盖区时，或当 UE 从连接态转换到空闲态时，手机将寻找一个公共陆地移动网，并选择合适的小区驻留，这个过程称为“小区选择”。

所谓合适的小区就是 UE 可驻留并获得正常服务的小区。小区选择可以分为初始小区选择和储存信息小区选择。

对于初始小区选择过程，UE 事先并不知道 LTE 信道信息，因此，UE 搜索所有 LTE 带宽内的信道，以寻找一个合适的小区。在每个信道上，物理层首先搜索信号强度最强的小区并根据小区搜索过程读取该小区的系统信息，一旦找到合适的小区，则小区选择过程就终止了。

对于储存信息小区选择过程，UE 存有先前接收到的小区列表，包括信道信息和可选的小区参数等。UE 搜索小区列表中的第 1 个小区，并通过小区搜索过程读取该小区的系统信息，若该小区是合适的小区，则终端选择该小区，小区选择过程完成。如果该小区不是合适的小区，则搜索小区列表中的下个小区，以此类推。如果列表中的所有小区都不是合适小区，则启动初始小区选择流程。

5.3.2 小区选择规则

1．小区选择规则的前提条件

在小区选择时，LTE 小区参考信号的接收功率测量值，即参考信号接收功率（RSRP）的值必须高于配置的小区最小接收电平 $Q_{rxlevmin}$，且小区参考信号的接收信号质量（RSRQ）的值必须高于配置的小区最低接收信号质量 $Q_{qualmin}$，UE 才能够选择该小区驻留。

RSRP 是指在某个符号内承载参考信号的所有 RE（资源粒子）上接收到的信号功率的平均值。

RSRQ 是 RSRP 和 RSSI 的比值，当然因为两者测量所基于的带宽可能不同，会用一个系数来调整。

2．小区选择规则

小区选择规则的判决公式为：$S_{rxlev}>0$ 且 $S_{qual}>0$。

其中：

$$S_{rxlev}=Q_{rxlevmeas}-(Q_{rxlevmin}+Q_{rxlevminoffset})-P_{compensation}$$

$$S_{qual}=Q_{qualmeas}-(Q_{qualmin}+Q_{qualminoffset})$$

下面详细解释一下各个参数的含义，见表 5-1。

表 5-1　小区选择各参数信义

参数名称	参数含义	单位
S_{rxlev}	UE 在小区选择过程中计算得到的电平值	dBm
S_{qual}	UE 在小区选择过程中计算得到的质量值	dB

续表

参数名称	参数含义	单位
$Q_{rxlevmeas}$	测量得到的接收电平值，该值为测量到的 RSRP	dBm
$Q_{rxlevmin}$	指驻留该小区需要的最小接收电平值，该值在 SIB1 的 Q-RxLevMin 中指示	dBm
$Q_{rxlevminoffset}$	小区最小接收信号电平偏置值。当 UE 驻留在 VPLMN 小区时，将根据更高优先级 PLMN 的小区留给它的这个参数值，来进行小区选择判决。这个参数只有在 UE 尝试选择更高优先级 PLMN 的小区时才会用到	dB
$P_{compensation}$	取值为 Max（P_{EMAX}–P_{UMAX}，0），其中 P_{EMAX} 为终端在接入该小区时，系统设定的最大允许发送功率；P_{UMAX} 是指根据终端等级规定的最大输出功率	dBm
$Q_{qualmeas}$	测量得到的小区接收信号质量，即 RSRQ	dB
$Q_{qualmin}$	在 eNodeB 中配置的小区最低接收信号质量值	dB
$Q_{qualminoffset}$	小区最低接收信号质量偏置值。这个参数只有在 UE 尝试选择更高优先级的 PLMN 小区时才会用到，就是当 UE 驻留在 VPLMN 小区时，将根据更高优先级 PLMN 的小区留给它的这个参数值，来进行小区选择判决	dB

5.4 小区重选

5.4.1 LTE 小区重选含义

小区重选（Cell Reselection）指 UE 在空闲模式下通过监测邻区和当前小区的信号质量以选择一个最好的小区提供服务信号的过程。

小区重选包含系统内小区测量、重选和系统间小区测量、重选。

（1）系统内小区测量及重选：

① 同频小区测量、重选。

② 异频小区测量、重选。

（2）系统间小区测量及重选：LTE 中，SIB3～SIB8 包含了小区重选的相关信息。

5.4.2 小区重选时机

（1）开机驻留到合适小区即开始小区重选。

LTE 驻留到合适的小区，停留适当的时间（1 秒钟）后，就可以进行小区重选的过程。通过小区重选，可以最大程度地保证空闲模式下的 UE 驻留在合适的小区。

（2）处于 RRC_IDLE 状态下 UE 发生位置移动时。

5.4.3 重选优先级

与 2G/3G 网络不同，LTE 系统中引入了重选优先级的概念，在 LTE 系统，网络可配置不同频点或频率组的优先级，在空闲态时通过广播在系统消息中告诉 UE，对应参数为 Cell Reselection Priority，取值为（0～7）。在连接态时，重选优先级也可以通过 RRC Connection

Release 消息告诉 UE，此时 UE 忽略广播消息中的优先级信息，以该信息为准。

（1）优先级配置单位是频点，因此相同载频的不同小区具有相同的优先级。

（2）通过配置各频点的优先级，网络能更方便地引导终端重选到高优先级的小区驻留，达到均衡网络负荷、提升资源利用率，保障 UE 信号质量等目的。

5.4.4 小区重选测量启动条件

UE 成功驻留后，将持续进行本小区测量。

对于重选优先级高于服务小区的载频，UE 始终对其测量。

对于重选优先级等于或者低于服务小区的载频，为了最大化 UE 电池寿命，UE 不需要在所有时刻都进行频繁的邻小区监测（测量），除非服务小区质量下降为低于规定的门限值。具体来说，仅当服务小区的参数 S（S 值的计算方法与小区选择时一致）小于系统广播参数 $S_{intrasearch}$ 时 UE 才启动同频测量。

RRC 层根据 RSRP 测量结果计算 S_{rxlev}，并将其与 $S_{intrasearch}$ 和 $S_{nonintrasearch}$ 比较，作为是否启动邻区测量的判决条件。

$$S_{rxlev}=\text{当服务小区 RSRP}-Q_{rxlevmin}-Q_{rxlevminoffset}-\text{Max}(P_{MaxOwnCell}-23，0)$$

1．同频小区之间

当服务小区 $S_{rxlev} \leqslant S_{intrasearch}$ 或系统消息中 $S_{intrasearch}$ 为空时 ，UE 必须进行同频测量。

当服务小区 $S_{rxlev} > S_{intrasearch}$ 时，UE 自行决定是否进行同频测量。

2．异频小区之间

当服务小区 $S_{rxlev} \leqslant S_{nonintrasearch}$ 或系统消息中 $S_{nonintrasearch}$ 为空时，UE 必须进行异频测量。

当服务小区 $S_{rxlev} > S_{nonintrasearch}$ 时，UE 自行决定是否进行异频测量。

5.4.5 同频小区、同优先级异频小区重选判决

对候选小区根据信道质量高低进行 R 准则排序，选择最优小区。

根据 R 值计算结果，对于重选优先级等于当前服务载频的邻小区，应同时满足如下两个条件：

（1）邻小区 R_n 大于服务小区 R_s，并持续 $T_{reselection}$ 时长。

（2）UE 已在当前服务小区驻留超过 1s 以上，则触发向邻小区的重选流程。

R 准则表述如下：

$$\text{服务小区 } R_s=Q_{meas,s}+Q_{Hyst}$$

$$\text{邻小区 } R_n=Q_{meas,n}-Q_{offset}$$

同频小区及同优先级异频小区重选判决如图 5-8 所示。

小区重选涉及的参数如表 5-2 所示。

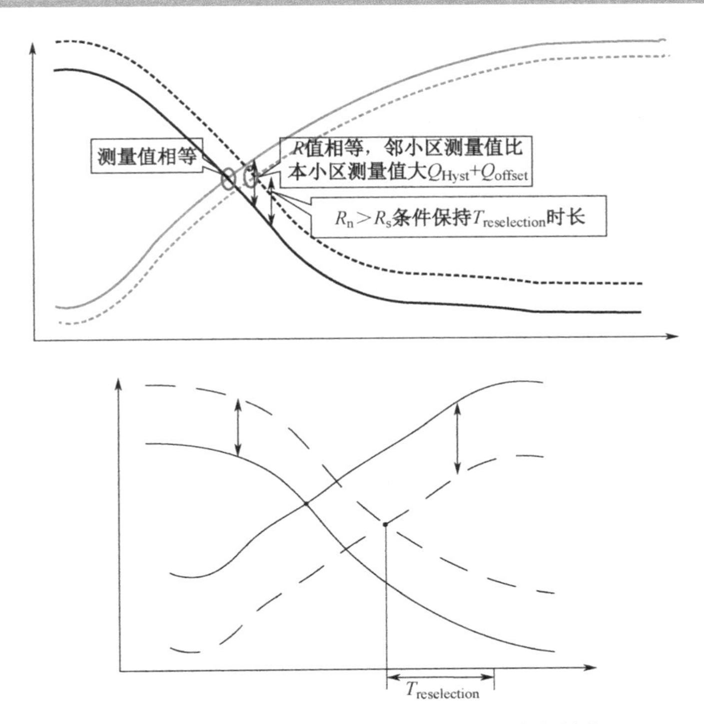

图 5-8 同频小区及同优先级异频小区重选判决

表 5-2 小区重选参数

参数名称	单位	参数含义
$Q_{meas,s}$	dBm	UE测量到的服务小区RSRP实际值
$Q_{meas,n}$	dBm	UE测量到的邻小区RSRP实际值
Q_{Hyst}	dB	服务小区的重选迟滞，常用值：2。 可使服务小区的信号强度被高估，延迟小区重选
Q_{offset}	dB	被测邻小区的偏置值：包括不同小区间的偏置$Q_{offset't}$和不同频率之间的偏置$Q_{offsetfrequency}$，常用值：0。 可使相邻小区的信号或质量被低估，延迟小区重选；还可根据不同小区、载频设置不同偏置，影响排队结果，以控制重选的方向
$T_{reselection}$	s	该参数指示了同优先级小区重选的定时器时长，用于避免乒乓效应

5.4.6 低优先级小区到高优先级小区重选判决准则

为平衡不同频点之间的随机接入负荷，LTE 引入了基于优先级的小区重选过程，让 UE 处于空闲状态下进行小区驻留时尽量使其均匀分布，UE 在某个频点上将选择信道质量最好的小区，以便得到更好的网络服务。

当同时满足以下条件，UE 重选至高优先级的异频小区：

（1）UE 在当前小区驻留超过 1s。

（2）高优先级邻区的 $S_{nonservingcell} > Thresh_{x,high}$。

（3）在一段时间（$T_{reselection\text{-}EUTRA}$）内，$S_{nonservingcell}$ 一直高于该阈值（$Thresh_{x,high}$）。

对于异频段且设置高优先级的小区，规定不设置任何测量门限，不考虑当前服务小区信号强度，对高优先级异频小区始终保持测量。

5.4.7　高优先级小区到低优先级小区重选判决准则

当同时满足以下条件，UE 重选至低优先级的异频小区：

（1）UE 驻留在当前小区超过 1s。

（2）高优先级和同优先级频率层上没有其他合适的小区。

（3）$S_{servingcell} < Thresh_{serving,low}$。

（4）低优先级邻区的 $S_{nonservingcell,x} > Thresh_{x,low}$。

（5）在一段时间（$T_{reselection\text{-}EUTRA}$）内，$S_{nonservingcell,x}$ 一直高于该阈值（$Thresh_{x,low}$）。

当然，对于异频段且设置低优先级的小区，UE 所驻留的服务小区信号强度要低于设置的异频异系统测量启动门限，也就是要满足小区重选启动测量的条件（$S_{rxlev} < S_{nonIntrasearch}$）。

高优先级小区到低优先级小区重选判决准则示意如图 5-9 所示。

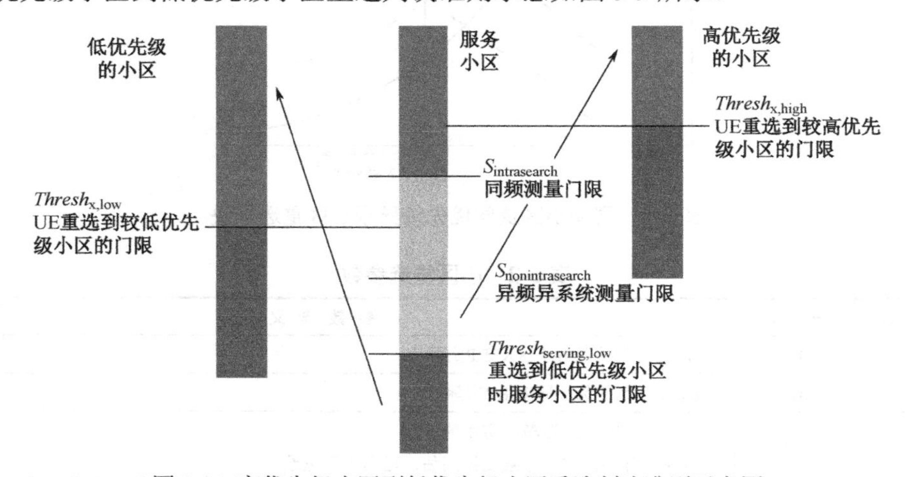

图 5-9　高优先级小区到低优先级小区重选判决准则示意图

高优先级小区到低优先级小区重选判决涉及到的参数如表 5-3 所示。

表 5-3　高优先级小区到低优先级小区重选判决所涉参数

参数名	单位	意义
$Thresh_{serving,low}$	dB	小区满足选择或重选条件的最小接收功率级别值
$Thresh_{x,high}$	dB	小区重选至高优先级的重选判决门限，越大重选至高优先级小区越容易 一般设置为高于 $Thresh_{serving,low}$
$Thresh_{x,low}$	dB	重选至低优先级小区的重选判决门限，越小重选至低优先级小区越困难 一般设置为高于 $Thresh_{serving,high}$
$T_{reselection\text{-}EUTRA}$	s	该参数指示了优先级不同的LTE小区重选的定时器时长，用于避免乒乓效应

5.5　跟踪区

当手机在待机的状态下，网络是否知道手机处于什么位置呢？当手机作为被叫方时，网络如何找到手机呢？带着这些问题，我们来学习一下 LTE 网络中的跟踪区管理。

5.5.1 跟踪区更新（TAU）的定义

当移动台由一个跟踪区（TA）移动到另一个 TA 时，必须在新的 TA 上重新进行位置登记以通知网络来更改它所存储的移动台的位置信息，这个过程就是 TAU。

TA（Tracking Area）是 LTE 系统为 UE 的位置管理设立的概念。TA 功能与 3G 系统的位置区（LA）和路由区（RA）类似，通过 TA 信息，核心网能够获知处于空闲态的 UE 位置，并且在有数据业务需求时，对 UE 进行寻呼。

一个 TA 可包含一个或多个小区，而一个小区只能归属于一个 TA；TA 用 TAC（Tracking Area Code）来标识；并在小区的系统消息（SIB1）中广播。

TAI（Tracking Area Identity）是 LTE 的跟踪区标识，它由 PLMN 和 TAC 组成。

5.5.2 TA List

LTE 系统引入了 TA List 的概念，一个 TA List 可包含 1～16 个 TA。MME 为每一个 UE 分配一个 TA List，并发送给 UE 保存。UE 在 MME 为其分配的 TA List 内移动时不需要执行 TA List 更新；当 UE 进入不在其所注册的 TA List 中的区域时，即进入一个新 TA List 区域时，需要执行 TA List 更新，如图 5-10 所示。

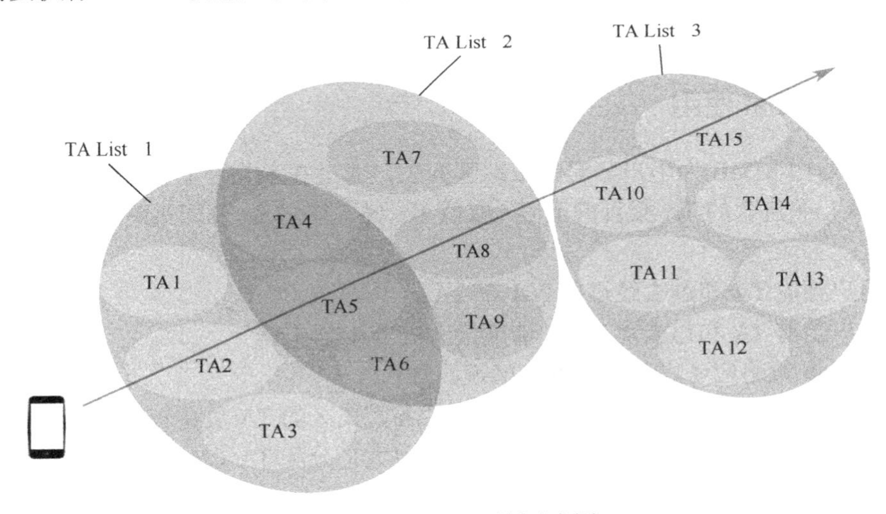

图 5-10 TA List 更新示意图

提示：UE 如何判断是否进入了不在其所注册的 TA List 中的新 TA 区域呢？UE 接收的广播消息 SIB1 中有 TA 信息，UE 将其跟自己存储的 TA List 比较，如果不同就知道进入了新的 TA。

只有 TA List 不要 TA 的话，在两个 TA List 边缘用户较多的情况下（十字路口等密集场所、高铁等快速通行路段），就会存在大量的位置更新。如果有 TA，可以把 TA 放在两个 TA List 里面，相当于延长了位置更新的时间，减小了网络负荷。

在 UE 执行 TA List 更新之时，MME 会为 UE 重新分配一组 TA 形成新的 TA List。在有业务需求时，网络会在 TA List 所包含的所有小区内向 UE 发送寻呼消息。

在 LTE 系统中，寻呼和位置更新都是基于 TA List 进行的。TA List 的引入可以避免在

TA 边界处由于乒乓效应导致的频繁 TAU。

5.5.3 TA 规划原则

TA 作为 TA List 下的基本组成单元，其规划直接影响到 TA List 规划质量，因此，对其有如下要求。

（1）TA 面积不宜过大。若 TA 面积过大，则 TA List 包含的 TA 数目将受到限制，降低了基于用户的 TA List 规划的灵活性，TA List 引入的目的不能达到。

（2）TA 面积不宜过小。若 TA 面积过小，则 TA List 包含的 TA 数目就会过多，MME 维护开销及位置更新的开销就会增加。

（3）TA 边界应尽量设置在低话务量区。TA 的边界决定了 TA List 的边界。为减小位置更新的频率，TA 边界不应设在高话务量区域及高速移动区域等，并应尽量设在天然屏障位置，如山川、河流等。

（4）在市区和城郊交界区域，一般将 TA 区的边界放在外围一线的基站处，而不是放在话务密集的城郊结合部，避免用户位置频繁更新。

同时，TA 划分尽量不要以街道为界，一般要求 TA 边界不与街道平行或垂直，而是斜交。此外，TA 边界应该与用户流的方向（或者说是话务流的方向）垂直而不是平行，避免产生乒乓效应导致的位置或路由更新。

5.5.4 TA List 使用

TA List 是由 MME 为用户分配的跟踪区列表，通过在 MME 上设置参数实现。主要的参数包括 TA List 包含的 TA 数目的上限（取值 1～16），TA List 分配策略等。常用的 TA List 分配策略有：

（1）用户当前 TA 和过去经过的 *N*-1 个 TA。

（2）用户当前 TA 和与当前 TA 粘滞度最大的 *N*-1 个 TA。

TA List 分配策略应考虑网络及业务情况，如：

（1）由于不同的 TA 寻呼负荷不同，处于话务密集区的 TA 负荷较重，如地铁、大型商城等，此区域人员流量大，与周围 TA 的粘滞度也大，分配 TA List 时如不特别考虑可能引发这些区域的信令风暴。

（2）在使用 CSFB 时，配置 TA List 时应保证其对应的 2G 区域位于同一个 MSC Pool 内，否则回落时可能导致寻呼失败。

5.6 LTE 寻呼

5.6.1 寻呼概述

网络可以向处于空闲状态的 UE 发送寻呼，也可以向处于连接状态的 UE 发送寻呼。寻呼过程可以由核心网触发，也可以由 eNodeB 触发。

在 LTE 网络中，发送寻呼主要有如下几种场景：

（1）发送寻呼信息给处于 RRC_IDLE 状态的 UE。这种情况下寻呼过程由核心网触发，用于通知某个 UE 接收寻呼请求。

（2）通知处于 RRC_IDLE/RRC_CONNECTED 状态下的 UE 系统改变信息。这种情况下寻呼过程由 eNodeB 触发，用于通知系统信息更新。

（3）通知 UE 关于 ETWS（地震、海啸预警系统）的信息。寻呼还可以发送地震、海啸预警系统信息、商业移动报警服务。

（4）通知 UE 关于 CMAS（商业移动报警服务）的信息。

5.6.2 寻呼过程

处于 IDLE 状态下的终端，根据网络广播的相关参数使用非连续接收（DRX）的方式周期性地监听寻呼消息。终端在一个 DRX 的周期内，可以只在相应的寻呼无线帧上的寻呼时刻先去监听物理下行控制信道（PDCCH）上是否携带有 P-RNTI，进而去判断相应的物理下行共享信道（PDSCH）上是否承载有寻呼消息。如果在 PDCCH 上携带有 P-RNTI，就按照 PDCCH 上指示的 PDSCH 的参数去接收 PDSCH 上的数据；而如果终端在 PDCCH 上未解析出 P-RNTI，则不用再去接收 PDSCH 信息，就可以依照 DRX 周期进入休眠。

寻呼 DRX 是指处在 RRC 空闲状态的 UE 不连续地监测寻呼信道（PCH）。它的主要优点就是实现手机较低功耗、较低的延迟和较低的网络负荷，如表 5-4 所示。

表 5-4　两种状态的对比

	RRC空闲状态寻呼DRX	RRC连接状态寻呼DRX
控制网元	MME：发起寻呼；eNB：传输寻呼	eNB
适用范围	在一个跟踪区域（TA）内	在一个小区内
指示使用的 UE 标识	长标识（如 NAS 分配的 S-TMSI 或 IMSI）	短标识（如 eNB 分配的 C-RNTI,16bits）

在连接状态下，终端需要根据网络配置的相关参数（如 Short DRX Cycle 和 Long DRX Cycle 等）周期性地监听 PDCCH。

5.6.3 寻呼帧和寻呼时机

RRC_IDLE 状态下的 UE 在特定的子帧（1ms）监听 PDCCH，这些特定的子帧称为寻呼时机（PO），这些子帧所在的无线帧（10ms）称为寻呼帧（PF，Paging Frame）。与 PF 和 PO 相关的两个参数是 T 和 nB，这两个参数由系统消息 SIB2 通知 UE。

根据下述公式计算出 PF 和 PO 的具体位置后，UE 开始监听相应子帧的 PDCCH，如果发现有 P-RNTI，则根据 PDCCH 指示的 RB 分配和调制编码方式（MCS），从同一子帧的 PDSCH 上获取寻呼消息。如果寻呼消息含有本 UE 的 ID，则发起寻呼响应；否则，在间隔 T 个无线帧后继续监听相应子帧的 PDCCH。

寻呼时机的确定由帧级参数 PF（Paging Frame）和子帧级参数 PO（Paging Occasion）共同确定。

PF 的确定：

$$\text{SFN mod } T = (T \text{ div } N) \times (\text{UE\_ID mod } N)$$

PO 的确定：

$$\text{i\_s} = \text{floor}(\text{UE\_ID}/N) \text{ mod } Ns$$

解读：floor（x）有时候也写成 Floor（x），其功能是“向下取整”，或者说“向下舍入”，即取不大于 x 的最大整数。

T：UE 的非连续接收周期，取值是 32、64、128 和 256，单位是无线帧。该值越大，则 RRC_IDLE 状态下 UE 的电力消耗越少，但是寻呼消息在无线信道上的平均延迟越大。

nB：取值是 $4T$、$2T$、T、$T/2$、$T/4$、$T/8$、$T/16$、$T/32$，该参数主要表征了寻呼的密度，$4T$ 表示每个无线帧有 4 个子帧用于寻呼，$T/4$ 表示每 4 个无线帧有 1 个子帧用于寻呼，该值决定了系统的寻呼容量。

$$N=\mathrm{Min}(T,\ nB);\ Ns=\mathrm{Max}(1,\ nB/T);\ \mathrm{UE\_ID}=\mathrm{IMSI\ mod\ 1024}$$

i_s 通过查找表 5-5 得到，寻呼时机存在于子帧 0、子帧 1、子帧 5 和子帧 6。子帧 0 和子帧 5 是下行子帧，子帧 1 是特殊子帧，子帧 6 是下行子帧或特殊子帧，寻呼时机的安排应便于 UE 在不同时隙配置下以相同方式实现寻呼功能；同时优先选择子帧 0 和子帧 5，既兼顾了寻呼容量又尽量减少对特殊子帧的影响。

表 5-5 TD-LTE 寻呼子帧映射关系

Ns	PO when i_s=0	PO when i_s=1	PO when i_s=2	PO when i_s=3
1	0	N/A	N/A	N/A
2	0	5	N/A	N/A
4	0	1	5	6

通过例子来说明 TD-LTE 在不连续接收方式下的寻呼过程：

假设 UE 通过系统消息 SIB2 得到 Default Paging Cycle 是 64，即 T=64，也就是 DRX 周期是 640ms；nB=2T，即每帧有 2 个子帧用于寻呼，则 N=Min（T，nB）=T；Ns=Max（1，nB/T）=2；UE_ID=IMSI mod 1024=68。如何计算 PF 和 PO？

PF 的计算：由于 T div N=1，UE_ID mod N=4，因此（T div N）×（UE_ID mod N）=4，当 SFN=4，64+4，…，满足 SFN mod T=4。

PO 的计算：i_s=floor（UE_ID/N）mod Ns=1，查表知 Ns=2 且 i_s=1 时 PO=5。TD-LTE 寻呼帧和寻呼时机示意图如图 5-11 所示。

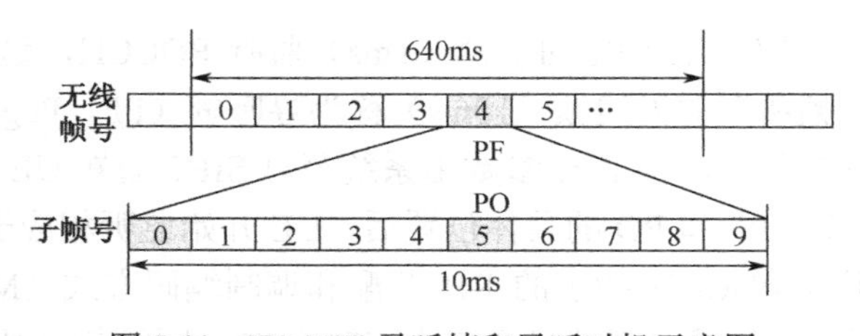

图 5-11 TD-LTE 寻呼帧和寻呼时机示意图

5.6.4 TD-LTE 寻呼流量

一个寻呼消息由最多 Max Page Rec 个 Paging Record 组成，每个 Paging Record 标识 1 个 UE ID。根据 TS36.331 协议，Max Page Rec 取值为 16，也就是 TD-LTE 的每个寻呼消息最多承载 16 个 UE ID。

PDCCH DCI 格式 1C 指示的 PDSCH 的最大传输块尺寸（TBS）是 1736 bit（ITBS=31）。如果使用 15 个十进制位的 IMSI-GSM-MAP 来进行计算，可以得到 1 个 Paging Record 的长

度是 1+3+1+3+（15×4+4）=72bit（前 8bit 是报头），则 16 个 Paging Record 的长度是 1152 bit。TD-SCDMA 一个寻呼消息承载的 Paging Record 最多是 5 个，可见 TD-LTE 寻呼消息承载能力有了很大的提高。

采用 ITBS=31 会导致系统采用更高级的编码方式或者占用更多的 RB，同时每个寻呼消息承载的 Paging Record 过多会导致随机接入冲突的概率增加，因此系统会根据网络参数和资源情况等因素确定每个寻呼消息承载的 Paging Record，建议以 50%的负荷为准来确定，即每个寻呼消息承载的 Paging Record 不超过 8 个。在满足一定寻呼拥塞率（一般设置为 2%）的情况下，一个寻呼消息能支持的寻呼流量可以通过查询“爱尔兰表”得到。如果寻呼消息承载的 Paging Record 个数 M=16，则寻呼流量 EPaging=9.83；如果 M=8，则 EPaging=3.63。TD-LTE 在 1s 内支持的寻呼流量 Icell 可由下式计算得到：

$$\text{Icell}=\text{EPaging}\times(nB/T)\times 100$$

TD-LTE 在 1s 内的最大寻呼流量是 3932（M 取值 16，nB 取值 4T），在 1s 内中等寻呼流量是 726（M 取值 8，nB 取值 2T）；TD-SCDMA 在 1s 内的寻呼流量是 54。TD-LTE 的寻呼流量高出 TD-SCDMA 寻呼流量 1 到 2 个数量级，原因在于 TD-LTE 服务于移动互联网，用户需要保持 100%在线，每个用户的忙时寻呼次数急剧增加。

系统最大的寻呼能力和 nB 参数配置有关，如表 5-6 所示。

表 5-6　一秒内寻呼 UE 次数与 nB 关系

nB	4T	2T	T	1/2T	1/4T	1/8T	1/16T	1/32T
每秒最多可寻呼 UE 次数	400×16	200× 16	100×16	50×16	25×16	12.5×16	6.25×16	3.125×16

可以看出 1/2T 的时候可以达到 800 次/秒，1/4T 时可以达到 400 次/秒，具体可以根据不同的城区环境、寻呼需求来确定。

5.7　切换

5.7.1　切换概述

切换指移动终端从一个小区或信道变更到另外一个小区或信道时能继续保持通信的过程。小区具有一定的覆盖范围，当移动终端 UE 在系统内不断移动时，小区边缘信号质量可能会逐步降低，UE 为了保持连续的通信服务，需要根据服务小区和相邻小区的信号测量结果触发事件上报，以便切换到信号质量更好的小区。

在 LTE 系统中，根据切换过程中存在分支数、切换控制方式、切换触发原因、切换间小区频点不同可以对切换进行如下分类。

1．按切换过程中存在分支数目

（1）硬切换：先断开和原小区之间的连接，再与目标小区建立连接。

（2）软切换：先与目标小区建立连接，然后再断开与原小区之间的连接。

（3）接力切换：利用终端上行预同步技术，预先取得与目标小区的同步。

2. 按切换控制方式

（1）网络控制切换：在这种方法中，移动台完全处于被动状态。网络监测来自 MS 的信号强度与信号质量，当满足切换准则时，网络启动切换。

（2）终端控制切换：在这种方法中，MS 持续监测来自所关联的基站和几个候选基站的信号强度和质量。当满足某些切换准则时，MS 检查一个可用业务信道的“最佳”候选基站，并发出切换请求，启动切换。

（3）网络辅助切换：网络通知 MS 上行链路的信号质量，MS 基于上行链路和下行链路的信号质量进行切换判决。

（4）终端辅助切换：网络要求 MS 去测量来自周围基站的信号，网络基于 MS 的测量报告形成切换决定。

3. 按照切换触发原因

LTE 的切换可分为：基于覆盖的切换、基于负载的切换、基于业务的切换以及基于 UE 移动速度的切换。

4. 根据切换间小区频点不同与小区系统属性不同

LTE 的切换可分为：同频切换、异频切换、异系统切换。

LTE 采用的是终端辅助的硬切换技术。

5.7.2 切换测量过程

LTE 切换过程分为 4 个步骤：测量、上报、判决和执行。首先来看一下第 1 步——切换测量，切换测量过程主要包括以下步骤。

1. 测量配置

测量配置主要由 eNB 通过 RRC Connection Reconfiguration 消息携带的 Meas Config 信元将测量配置消息通知给 UE，包含 UE 需要测量的对象、小区列表、报告方式、测量标识、事件参数等。

2. 测量执行

UE 会对当前服务小区进行测量，并根据 RRC Connection Reconfiguration 消息中的 S-Measure 信元来判断是否需要执行对相邻小区的测量。UE 可以进行以下类型的测量。

（1）同频测量。

（2）异频测量。

（3）Inter-RAT 测量。

3. 测量报告

测量报告触发方式分为周期性触发和事件触发。当满足测量报告条件时，UE 将测量结果填入 Measurement Report 消息，发送给 eNB。通过事件报告 eUTRAN。内容包括：测量 ID、服务小区的测量结果（RSRP 和 RSRQ 的测量值）、邻小区的测量结果（可选）。

5.7.3 测量事件

1. 系统内测量事件

如表 5-7 所示。

表 5-7 eUTRAN 测量事件

事件类型	事件含义
A1 事件	服务小区质量高于一个绝对门限，用于关闭正在进行的频间测量和去激活 Gap
A2 事件	服务小区质量低于一个绝对门限，用于打开频间测量和激活 Gap
A3 事件	邻区比服务小区质量高于一个绝对门限，用于频内/频间基于覆盖的切换
A4 事件	邻区质量高于一个绝对门限，主要用于基于负荷的切换
A5 事件	服务小区质量低于一个绝对门限 1，且邻区质量高于一个绝对门限 2，用于频内/频间基于覆盖的切换

为便于理解 A1、A2 测量事件的触发门限，给出启动门限示意图，如图 5-12 所示。

-85	-86	-87	-88	-89	-90	-91	-92	-93	-94	-95	-96	-97	-98	-99	-100

图 5-12 A1、A2 测量时间启动门限示意图

假设 UE 占用 A 小区，且 A 小区异频 A1 RSRP 触发门限、异频 A2 RSRP 触发门限分别设置为−90dBm、−95dBm，则当 UE 测量到的 A 小区 RSRP 值为图 5-12 中前 5 格时，UE 不进行异频测量；当 UE 测量到的 A 小区 RSRP 值为图 5-12 中后 5 格时，UE 进行异频测量；当 UE 测量到的 A 小区 RSRP 值为图 5-12 中第 7 格到第 10 格时，UE 是否进行异频测量取决于 UE 之前的状态，即 UE 的测量状态并不改变。

2. 系统间测量事件

异系统测量事件：

① B1 事件：异系统邻区质量高于一个绝对门限，用于基于负荷的切换。

② B2 事件：服务小区质量低于一个绝对门限 1 且异系统邻区质量高于一个绝对门限 2，用于基于覆盖的切换。

下面以 A3 事件为例详细介绍。

邻小区比服务小区质量高于一个门限（Neighbour>Serving+Offset），用于频内/频间的基于覆盖的切换。

事件进入条件：$Mn+Ofn+Ocn-Hys>Ms+Ofs+Ocs+Off$

事件离开条件：$Mn+Ofn+Ocn+Hys<Ms+Ofs+Ocs+Off$

其中：

Mn：邻小区的测量结果，不考虑任何偏置；

Ofn：该邻区频率特定的偏置（即 Offset Freq 在 Meas Object eUTRA 中被定义为对应于邻区的频率）；

Ocn：该邻区的小区特定偏置（即 Cell Individual Offset 在 Meas Object eUTRA 中被定义为对应于邻区的频率），同时如果没有为邻区配置此项数值，则设置为 0；

Ms：没有计算任何偏置时的服务小区的测量结果；

Ofs：服务频率上频率特定的偏置（即 Offset Freq 在 Meas Object eUTRA 中被定义为对

应于服务频率)；

Ocs：服务小区的小区特定偏置（即 Cell Individual Offset 在 Meas Object eUTRA 中被定义为对应于服务频率），并设置为 0（如果没有为服务小区配置的话）；

Hys：该事件的滞后参数（即 Hysteres 为 Report Config eUTRA 内为该事件定义的参数）；

Off: 该事件的偏置参数(即 A3-Offset 为 Report Config eUTRA 内为该事件定义的参数)。

当终端满足 Mn+Ofn+Ocn-Hys＞Ms+Ofs+Ocs+Off 且维持 Time to Trigger 个时段后，上报测量报告，如图 5-13 所示。

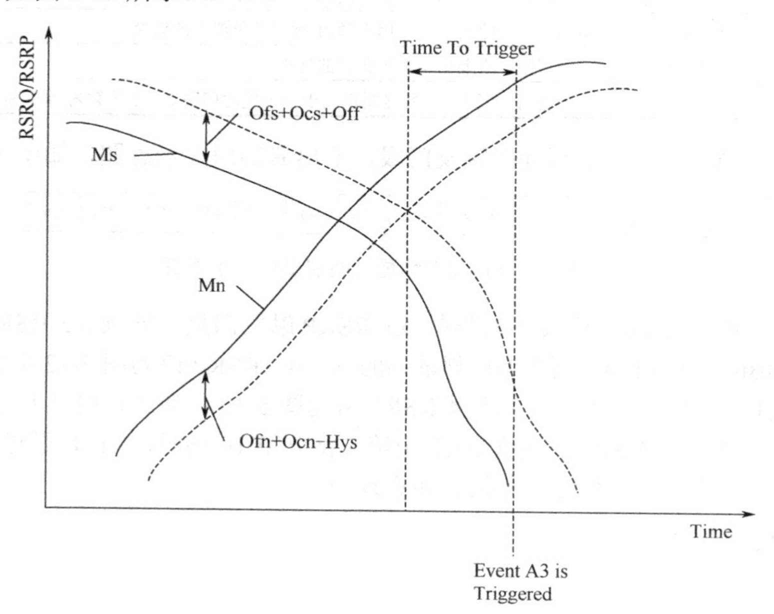

图 5-13　A3 事件切换图

小区一旦部署好，Ocs、Ocn 就是确定的值。如果在网络规划时将当前服务小区的 Ofs、Ocs 值和邻区的 Ofn、Ocn 值设置成一样的，则 A3 事件进入的公式可简化为：

Mn-Hys>Ms+Off

【思考与复习题】

一、填空题

（1）空闲状态下的移动性管理主要通过__________来实现，由 UE 控制；连接状态下的移动性管理主要通过小区__________来实现，由 eNodeB 控制。

（2）主同步信号和辅同步信号处于整个带宽的中央，并占用__________的带宽。

（3）PSS 位于特殊子帧，即 DwPTS 的第__________个符号，SSS 占用子帧 0、5 的最后 1 个符号。

（4）在时域上 PBCH 位于一个无线帧内#0 子帧第 2 个时隙（即 Slot1）的前__________个

OFDM 符号上。

（5）小区重选可以分为系统内小区重选和_________两类，其中系统内小区重选又可以分为_________和_________两类。

（6）在寻呼流程中可能使用的用户标识有_________，_________和_________共 3 种。

二、判断题

（1）小区选择规则的前提条件是 RSRP 值必须高于配置的小区最小接收电平 $Q_{rxlevmin}$。（　　）

（2）RSRP 是指在某个符号内承载参考信号的所有 RE（资源粒子）上接收到的信号功率的平均值。（　　）

（3）处于空闲状态的手机会始终对服务小区信号和高优先级的邻区信号进行测量。（　　）

（4）同频邻区的优先级可以和服务小区的优先级不同。（　　）

（5）向高优先级的邻区重选时，不用判断服务小区的信号质量。（　　）

（6）只要服务小区的信号质量不好，便可以向低优先级的邻区重选。（　　）

（7）在 LTE 网络中，UE 在跨越 TA 时不一定发起 TAU，但是在进入不在 TA List 中的 TA 时，一定会发起 TAU。（　　）

（8）硬切换有信号中断过程，会影响用户体验，所以 LTE 网络采用的是软切换。（　　）

（9）切换的 3 个步骤是测量、判决和执行。（　　）

三、单项选择题

（1）LTE 跟踪区规划原则下列选项哪个说法是不正确的？（　　）

A．保证位置更新信令开销频繁的位置位于话务量较低的区域内，有利于 eNB 有足够的资源处理额外的位置更新信令开销

B．城郊与市区不连续覆盖时，城郊与市区分别用单独的位置区

C．规划中考虑终端用户和移动行为（如主干道、铁路等话务区域尽量少跨边界）

D．位置区区域可以跨 MME/MSC

（2）一个 TA 列表中最多可以包括多少 TA？（　　）

A．4　　B．8　　C．16　　D．32

（3）目前阶段，下列哪一项可以触发 LTE 系统内的切换？（　　）

A．RSRP　　B．CQI　　C．RSRQ　　D．RSSI

（4）当系统消息改变后，网络会以何种方式通知 UE？（　　）

A．小区更新　　B．小区重选　　C．小区切换　　D．寻呼

（5）关于 TA 的描述，以下哪个选项是错误的？（　　）

A．在 EPS 网络中，位置管理的基本单元是 TA 列表（Tracking List）

B．一个 TA 列表包括一个或多个 TA

C．使用 TA 列表的目的是为了防止 UE 频繁发起跟踪区更新（TAU）流程

D．TA 列表在承载激活时下发给 UE

（6）以下几种站间切换中，要求必须使用同一 MME 的切换类型是哪一项？（　　）

A．S1 切换　　B．LTE&UMTS 切换

C．X2 切换　　D．LTE&GERAN 切换

四、多项选择题

（1）当以下哪些条件满足时，UE 发出跟踪区更新请求，开始跟踪区更新？（　　）

A．UE 从其他系统小区重选到 eUTRAN 小区

B．由于负载平衡的原因释放 RRC 连接时

C．进入新 TA List

D．UE 发起呼叫时

（2）LTE 中根据触发原因，切换有哪些类型？（　　）

A．基于覆盖的切换　　B．基于负荷的切换

C．基于业务的切换　　D．基于 UE 移动速度的切换

五、问答与计算

（1）请简述小区重选和切换的区别。

（2）广播消息中，$Q_{rxlevmin}$=−120dBm，$Q_{rxlevminoffset}$=0dB，$P_{MaxOwncell}$=23dBm，请计算：

① 当前测量到服务小区 RSRP=−85dBm，当前小区的 S_{rxlev} 是多少？

② 如果 $S_{intrasearch}$=39，当服务小区 RSRP 值为多少时开启同频测量？

第 6 章　随机接入过程

随机接入（Random Access，简称 RA）过程是 UE 向系统请求接入，收到系统的响应并分配接入信道的过程，一般的数据传输必须在随机接入成功之后进行。随机接入是 UE 与网络之间建立无线链路的必经过程，只有在随机接入过程完成后，eNodeB 和 UE 才可能进行常规的数据传输。

UE 通过随机接入过程实现两个基本功能：

（1）取得与 eNodeB 之间的上行同步。

（2）申请上行资源。

6.1　随机接入分类

随机接入（Random Access）分为基于竞争的随机接入和基于非竞争的随机接入，相应的流程如图 6-1 和图 6-2 所示。

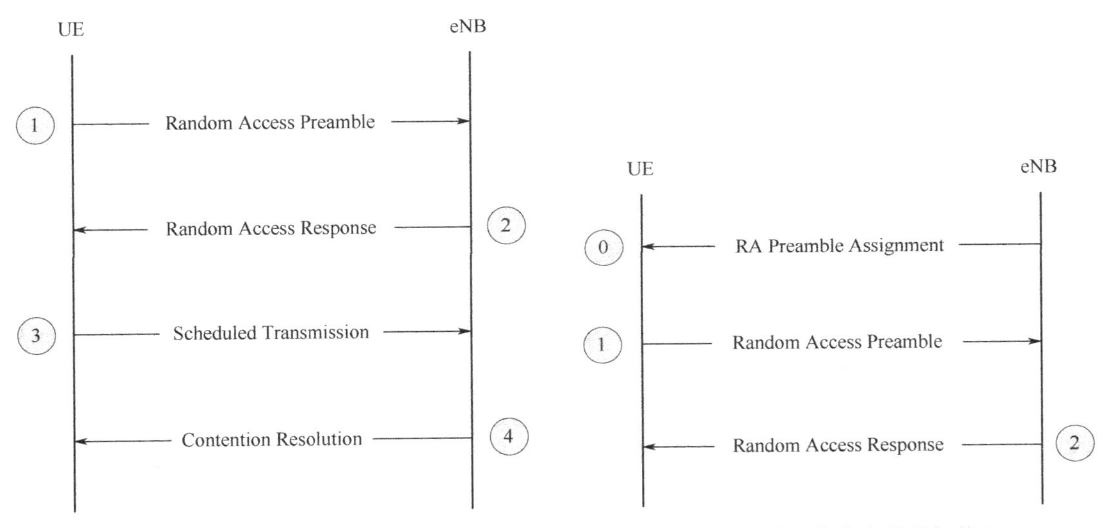

图 6-1　基于竞争的随机接入　　　　图 6-2　基于非竞争的随机接入

基于竞争的随机接入是使用所有 UE 都可在任何时间使用的随机接入序列接入，每种触发条件都可以触发接入，接入前导的分配是由 UE 侧产生的；基于非竞争的随机接入是使用在一段时间内仅有一个 UE 使用的序列接入，接入前导是由网络侧分配的，这样也就减少了竞争和冲突解决过程。

大致来说，启动随机接入过程的场景有以下 6 种：

（1）初始接入场景，是基于竞争的随机入过程，由 UE MAC 层发起，多为终端初始入网的时候。

（2）RRC 连接重建场景，是基于竞争的随机接入过程，由 UE MAC 层发起，多为信号掉线重新进行连接。

（3）连接态时 UE 失去上行同步，同时有上行数据到达的场景，是基于竞争的随机接入过程，由 UE MAC 层发起。

（4）切换场景，通常是基于非竞争的随机接入过程，但在 eNodeB 侧没有专用的前导可以分配时，发起基于竞争的随机接入过程，由 PDCCH Order 发起。

（5）连接态时 UE 失去上行同步，同时有下行数据需要发送的场景，通常是基于非竞争的随机接入过程，但在 eNodeB 侧没有专用的前导可以分配时，发起基于竞争的随机接入过程，由 PDCCH Order 发起。

（6）LCS（定位服务）触发的基于非竞争的随机接入。

6.2 随机接入前导（Preamble）

6.2.1 Preamble 的组成

LTE 随机接入前导 Preamble 为一个脉冲，在时域上，此脉冲包含循环前缀（时间长度为 T_{CP}）、前导序列（时间长度为 T_{PRE}）和保护间隔（时间长度为 T_{GT}）；在频域，前导带宽占用 6 个 RB。如图 6-3 所示。

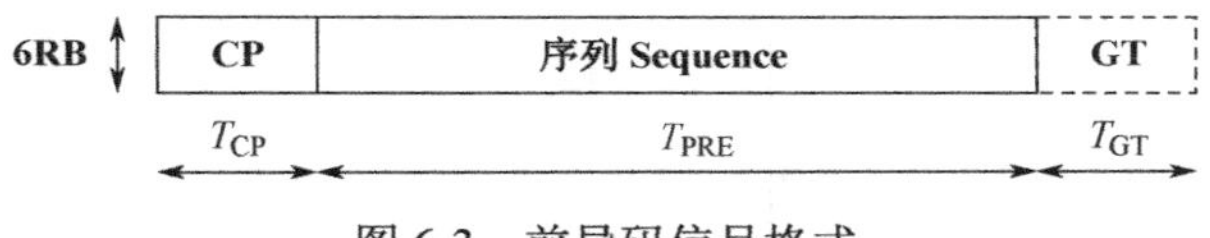

图 6-3 前导码信号格式

（1）循环前缀 CP。CP 为符号序列的循环复制，即将每个 OFDM 符号的后 T_g 时间内的样点复制到 OFDM 符号的前面，形成前缀。循环前 CP 可以消除多径带来的符号间干扰（ISI）和子载波间的干扰（ICI）。

（2）序列 Sequence。每个小区有 64 个随机接入前导信号，它们均由 Zadoff-Chu 序列及其循环移位产生。Zadoff-Chu 序列具有良好的自相关性和较低的互相关性。

（3）保护间隔 GT。由于在发送 RACH 时，还没有建立上行同步，因此，需要在 Preamble 序列之后预留保护间隔，用来避免对其他用户产生干扰。GT 的大小与系统覆盖距离有关，GT 越大，覆盖距离也越大。最大覆盖距离=传输时延×c=0.5GT×c，其中 c 是光速。

6.2.2 Preamble 的格式

LTE 随机接入前导 Preamble 有 5 种格式，分别是 Preamble Format 0/1/2/3/4，如表 6-1 所示。

表 6-1 LTE 前导码的 5 种格式

前导码格式	时间长度	CP长度（T_s）	序列长度（T_s）	保护间隔（μs）	最大小区半径（km）
0	1ms	3168	24576	96.875	14.531

续表

前导码格式	时间长度	CP长度（T_s）	序列长度（T_s）	保护间隔（μs）	最大小区半径（km）
1	2ms	21024	24576	515.625	77.344
2	2ms	6240	24576	196.875	29.531
3	3ms	21024	24576	715.625	102.65
4（TDD）	157.292μs	448	4096	18.75	4.375

6.3 随机接入过程

6.3.1 接入准备

初始随机接入是由 UE MAC 层自己发起的，在进行初始的随机接入过程之前，需要提前通过 SIB2 获取以下信息。

（1）物理随机接入信道（PRACH）参数。通过 Preamble 配置索引（Prach-Config Index）可以获知 Preamble Format（如表 6-1 所示）以及 PRACH 位于哪个子帧上；PRACH 频域资源偏置（PRACH- Freq Offset，可以确定 PRACH 的频域位置）。

（2）随机接入分组及每组可用的随机接入 Preamble。

（3）随机接入响应窗口（RA_Response Window Size）的大小。

UE 通过窗口机制控制 MSG2 的接收，经过 RA_Response Window Size 时长停止 MSG2 的接收。

（4）功率递增因子（Power Ramping Step）。

（5）Preamble 初始功率（Preamble Initial Received Target Power）。

（6）Preamble 的最大发送次数（Preamble Trans Max）。

（7）基于偏移量 DELTA_PREAMBLEDE 的 Preamble 格式。

（8）MSG3 最大重传次数（Max HARQ-MSG3 Tx）。

（9）竞争解决定时器（MAC-Contention Resolution Timer）。

6.3.2 UE 发送随机接入前导（RAR）

1. 前导资源选择

根序列循环移位后共得到 64 个 Preamble ID，（一般情况下是 64 个 Preamble ID，但有些特殊情况比如存在其他厂商或者更大的小区半径范围，Preamble ID 数量可能发生变化），Preamble Index 从 0 到 63，UE 在其中可以随机选一个，但还是要遵循以下规定。

0 到 51 这前 52 个 Preamble ID 用于基于竞争的随机接入。这 52 个 Preamble ID 又分为 Group A 和 Group B，其中 Group A 需要的 Preamble Index 范围是 0 到 27，Group B 需要的 Preamble Index 范围是 28 到 51。对于基于竞争的随机接入，UE 要自己先确定选择 Group A 还是 Group B 以便确认 Preamble ID 可选范围，然后 UE 再随机选取 Preamble Index 上报给 eNodeB。

UE 如何确定选择 Group A 还是 Group B 呢？如果 MSG3 消息未被传输过，MSG3 数据较大、UE 的路损较低，而且 Preamble Group B 存在，则选 Group B，否则选 Group A，UE

通过选择 Group A 或者 Group B 里面的前导序列，可以隐式地通知 eNodeB 其将要传输的 MSG3 的大小。eNodeB 可以据此分配相应的上行资源，从而避免了资源浪费；如果 MSG3 消息被传输过，则选择第 1 次传输 MSG3 时所使用前导序列所在的随机接入前导序列组。

52 到 63 共 12 个 Preamble ID 用于基于非竞争的随机接入。基站会通过空口消息下发给 UE。

UE 在 PRACH 上发送随机接入前导。前导一般携带有 6 位信息：5 位表示 RA-RNTI，1 位表示 MSG3 上行调度传输时的传输数据大小。UE 使用被选择的 PRACH 资源、相关的 RA-RNTI、前缀索引和 P_{PRACH} 通知物理层发送前导。

2．设置发射功率（P_{PRACH}）

$P_{\mathrm{PRACH}}=A+B+（C-1）\times D$。

其中：A=Preamble Initial Received Target Power；

B=Delta_ Preamble；

C=Preamble_Transmission_Counter；

D=Power Ramping Step。

如果 P_{PRACH} 小于最小功率水平，则设置 P_{PRACH} 为最小功率水平；如果 P_{PRACH} 大于最大功率水平，则设置 P_{PRACH} 为最大功率水平。

如果 Preamble_Transmission_Counter =1，则决定下一个有效的随机接入机会；如果 Preamble_Transmission_Counter >1，则随机接入机会通过 Back Off 进程决定。

6.3.3　随机接入响应（RAP）

UE 使用 RA-RNTI 这个量来表示 UE 在什么时频资源中发送 RA Preamble；而网络端也有和 UE 相同的参数，因此可以计算出与 UE 相同的 RA-RNTI，因此网络端可以根据 RA-RNTI 知道在什么样的时频资源接收 UE 的 RA Preamble。

UE 发出 MSG1 后，经过一段时间（目前采用 3ms）后，在等待 MSG2 的窗口内（MSG2 的等待窗口 RA_Response Window Size 最大不超过 10ms）UE 首先会监听 PDCCH 是否有响应指示消息（AI），如果收到与自己发送 Preamble 相对应的 RA-RNTI，UE 就会去监听 PDSCH 传输的随机接入响应信息内容，具体信息内容如下。

（1）时间调整信息 TA（Timing Advance），用来调整上行传输定时，达到时间同步，长度为 11bit。

（2）随机接入允许的内容（UL Grant），指示上行链路所用的资源，长度为 21bit。

（3）Temporary C-RNTI，这是 UE 在随机接入的时候使用的临时身份标志，长度为 16bit。

短时间内可能有多个 UE 使用同一个前导同时发起基于竞争的随机接入，将造成前导冲突。这些 UE 中只能有一个 UE 正常快速完成随机接入，而其他 UE 将在后续时刻在同一个 PRACH 上重新发送前导尝试接入，在 PRACH 上发生冲突的概率仍然较大，UE 可能再次无法接入，从而接入时延增加。为此，3GPP 协议提供 Back Off 机制，令 UE 在指定的 Back Off 时间内自己选择一个随机时刻再次发送随机接入前导。通过 Back Off 自适应特性，eNodeB 根据小区当前竞争接入的负载，设定合适的 Back Off 值，从而降低 UE 再次随机接入发生冲突的概率，但是提升了随机接入时延。

如果 RAP 中包括过载指示（OI），更新 Back Off 参数，否则 Back Off 参数置为 0；如果在接收窗内没有随机接入响应，或者响应中没有对应的前导，则按照失败处理。

6.3.4 随机接入中的标志

1．RA-RNTI

RA-RNTI 为随机接入无线网络临时标志，是 UE 发起随机接入请求时的 UE 标志，根据 UE 随机接入的时频位置按照协议公式计算得到。随机接入过程中，UE 根据系统消息在对应时频位置发送随机接入请求 MSG1，eNodeB 根据收到随机接入的时频位置按照协议公式计算 RA-RNTI，使用 RA-RNTI 对 MSG2 加扰发送。此次随机接入的相关 UE 也计算 RA-RNTI，解扰 PDCCH 解析出 MSG2，非此次随机接入的 UE 由于 RA-RNTI 不同无法解析此 MSG2。

2．TC-RNTI

TC-RNTI 为临时小区无线网络临时标志，它是在随机接入过程中 eNodeB 分配在 MSG2 中下发的信息，用于竞争解决。UE 在 MSG2 分配的时频资源上发送 MSG3 竞争消息，eNodeB 发送的 MSG4 消息使用 TC-RNTI 加扰，UE 使用 MSG2 中的 TC-RNTI 解扰，解析出 MSG4，根据 MSG4 中的用户标志判断是否竞争成功。

3．C-RNTI

C-RNTI 为小区无线网络临时标志，用于 UE 上下行调度。UE 竞争随机接入在竞争成功后 TC-RNTI 升级为 C-RNTI，非竞争随机接入在 UE 发起接入前就已经分配 C-RNTI（比如切换）。UE 随机接入后，eNodeB 下发 UE 相关的 PDCCH 都用 C-RNTI 加扰，UE 解扰获取上下行调度信息。

6.3.5 上行数据调度传输 MSG3

这个消息是物理上行共享信道上开始的第 1 次调度传输，使用了混合自动重传（HARQ）技术。该消息依据随机接入的触发原因不同而不同。

不同场景的 MSG3 有所不同。MSG3 中主要包含 RRC 连接请求、跟踪区域更新、调度请求或 RRC 连接重建请求等，在空闲模式下还包含 TC-RNTI 和 6 字节（48bit）的竞争解决标识，而在连接模式下包含 C-RNTI。

（1）初始接入。以 TM 模式在 CCCH 上发送携带 NAS UE 标识的 RRC_CONNECTION_REQUEST 消息，不包含 NAS 消息；携带的是 TC-RNTI。

（2）重建。以 RLC TM 模式在 CCCH 上发送 RRC_CONNECTION_REESTA-BLISHMENT_REQUEST，不包含 NAS 消息；携带的是 C-RNTI。

（3）切换 HO。在 DCCH 传输加密和完整性保护的 RRC_HANDOVER_CONFIRM 消息，必要时还包括 BSR；携带的是 C-RNTI。

（4）其他情况。发起的随机接入包含 C-RNTI。

6.3.6 冲突解决

eNB 在接收 UE 的上行消息后，向接入成功的 UE 返回竞争解决消息，该消息直接复制了接入成功 UE 发送的 MSG3 消息。

UE 对比网络反馈的下行消息 MSG4 与其发送的 MSG3 是否一致；若一致，则表明自身随机接入成功；反之，表明自身随机接入失败，等待下一次随机接入机会。

6.4 接入无线参数

eNodeB 通过广播 SIB2 发送 RACH-Config Common，告诉 UE Preamble 的分组、MSG3 大小的阈值、功率配置等。UE 发起随机接入时，根据可能的 MSG3 大小以及 Pathloss 等，选择合适的 Preamble。

1. 初始接收目标功率（Preamble Initial Received Target Power，单位为 dBm）

（1）功能含义：初始接收目标功率为前导码初始发射功率，表示当 PRACH 前导格式为格式 0 时，eNodeB 期望接收到的目标信号功率水平，由广播消息下发。

UE 根据此目标值和下行的路径损耗，通过开环功控来设置初始的前导序列发射功率。这样可以使得 eNodeB 接收到的前导序列功率与路径损耗基本无关，从而利于 eNodeB 探测出在相同的时频资源上接收到的接入前导序列。

Preamble 接收的目标功率（PREAMBLE_RECEIVED_TARGET_POWER）通过下面的公式计算：

$$目标功率=A+B+（C-1）\times D$$

其中 A 为 Preamble Initial Received Target Power，是 eNodeB 期待接收到的 Preamble 的初始功率；

B 为 DELTA_PREAMBLE，与 Preamble Format 相关；

C 为 PREAMBLE_TRANSMISSION_COUNTER；

D 为 Power Ramping Step，是每次接入失败后，下次接入时提升的发射功率。

而 Preamble 的实际发射功率 P_{PRACH} 的计算公式为

$$P_{PRACH}=\mathrm{Min}\{P_{CMAX}，\mathrm{PREAMBLE\_RECEIVED\_TARGET\_POWER}+P_L\}$$

其中，P_{CMAX} 是 UE 在小区上所配置的最大输出功率，P_L 是 UE 通过测量得出的下行路径损耗。

（2）对网络质量的影响：该参数的设置和调整需要结合实际系统中的测量来进行。该参数设置偏高，会增加本小区的吞吐量，但是会降低整网的吞吐量；设置偏低，降低对邻区的干扰，导致本小区的吞吐量的降低，提高整网吞吐量。

（3）取值建议：-100～-104dBm。

2. 前导码最大传输次数（Preamble Trans Max）

（1）功能含义：该参数表示前导传输最大次数。

（2）对网络质量的影响：最大传输次数设置得越大，随机接入的成功率越高，但是会增加对邻区的干扰；最大传输次数设置得越小，存在上行干扰的场景随机接入的成功率会降低，但是会减小对邻区的干扰。

（3）取值建议：n8，n10。

3．功率调整步长（Power Ramping Step）

（1）功能含义：表示 PRACH 重新接入时的功率攀升步长。PRACH 经过多次接入都没有接入成功，就需要相应增加功率，保证用户的成功接入。

（2）对网络质量的影响：调整后保证 UE 接入成功率。该参数设置偏高，会增加本小区的吞吐量，但是会降低整网的吞吐量；设置偏低，降低对邻区的干扰，导致本小区的吞吐量的降低，提高整网吞吐量。

（3）取值建议：2dB，4dB。

4．P_{CMax}

（1）功能含义：配置的 UE 最大发射功率。

（2）对网络质量的影响：此为基本配置参数，若 UE 发射功率偏低，会导致随机接入失败概率增加。

（3）取值建议：23dBm。

5．RA_Response Window Size

（1）功能含义：RAR 时间窗。UE 发送了 Preamble 之后，将在 RA_Response Window Size 时长内监听 PDCCH，以接收对应 RA-RNTI 的 RAR。如果在此 RA_Response Window Size 时长内没有接收到 eNodeB 回复的 RAR，则认为此次随机接入过程失败。该时间窗起始于 UE 发送 Preamble 之后的第 3 个子帧。

（2）对网络质量的影响：RA-Response Window Size 会影响随机接入的成功率，取值为基站侧收到 MSG1 到发送 MSG2 的处理时延即可。设置过小会错过随机接入响应信息，导致接入不成功。设置过大会增加随机接入时延。

（3）取值建议：sf10，即 10ms。

6．Preamble 功率偏置：DELTA_PREAMBLE_MSG3

（1）功能含义：该参数用来控制随机接入 MSG3 和 MSG1 的 Preamble 发射功率之间的功率偏置，表示发送 MSG3 数据时相对于 PRACH 的功率补偿量。Preamble 存在较大扩频增益，MSG3 只存在编码增益，该功率偏置体现两者增益差。

（2）对网络质量的影响：该参数设置过高，MSG3 的接收成功率高，但将会对相邻小区产生干扰，特别是当 UE 处于小区边缘时；设置过低则 MSG3 的接收成功率低（或者重传次数增大）。

（3）取值建议：8dB。

7．发送组 B 的 Preamble 需要用到的功率参数：Message Power Offset Group B

（1）功能含义：前导码组 B 相对于前导码组 A 的 MSG3 功率偏置，用于配合判决 Preamble 码组的选择。

（2）对网络质量的影响：该值的大小决定了系统侧对于用户所处无线环境好坏的界定情况，该值越大，系统侧对判为无线环境好的用户要求越严格。

如果存在 Preamble Group B，且 MSG3 的大小大于 Message Size Group A，且 UE 路损小于 P_{CMax}-Preamble Initial Received Target Power-DELTA PREAMBLE MSG3-Message Power

Offset Group B，则选择 Group B；否则选择 Group A。

（3）取值建议：10dB。

8．等待 MSG4 成功完成的定时器：MAC_Contention Resolution Timer

（1）功能含义：随机接入过程中 MSG4（Contention Resolution Message）消息的接收时间窗。表示 UE 发送 MSG3 之后等待接收 MSG4 的子帧个数。

（2）该参数的配置与需要的 MSG4 的重传次数及 HARQ 的 RTT 时间相关，一般取此两个参数的乘积。

（3）建议值：64 个子帧。

9．RRC 连接建立的定时器：T300

（1）功能含义：该参数由基站通过广播 SIB2 配置给 UE，该参数作为 UE 发起 RRC 连接建立的定时器长度。

当 UE 发送 RRC 连接建立请求后，启动 T300 定时器；当 UE 接收到 RRC 连接建立、RRC 连接拒绝、通过上层的小区重选以及中断 RRC 连接时停止 T300 定时器；当 T300 超时，UE 复位 MAC，释放 MAC 配置，并重建所有已建立的资源块的 RLC，过程结束则通知上层 RRC 连接建立失败。

（2）对网络质量的影响：该参数的长度影响着 UE 的 RRC 连接建立过程，作为一次 RRC 连接请求过程的时间长度限制使用。该参数可设置得大一些。

（3）取值建议：200ms。

10．RRC 连接重试请求定时器：T301

（1）功能含义：该参数由基站通过广播 SIB2 或专用信令（R9 新增）配置给 UE，该参数作为 UE 发起 RRC 连接重建立的定时器长度。

当 UE 发送 RRC 连接重建立请求后，启动 T301 定时器；当 UE 接收到 RRC 连接重建立命令、RRC 连接重建立被拒绝或被选小区变得不合适，停止 T301 定时器，进入 RRC_IDLE 态；当 T301 超时，UE 进入 RRC_IDLE 态。

（2）对网络质量的影响：该参数的长度影响着 UE 的 RRC 连接重建立过程，作为一次 RRC 连接重建立请求过程的时间长度限制使用。该参数的设置可考虑最大 HARQ 重传情况下接收到 RRC 连接重建立命令的时间。

（3）取值建议：200ms。

【思考与复习题】

一、填空题

（1）LTE 系统中 RRC 有两种状态，一种是________状态，另一种是________状态。

（2）LTE 随机接入分为基于竞争的随机接入和________。

（3）UE 初始接入时，一般使用________随机接入。

（4）有 MSG0 消息的随机接入过程是________随机接入过程。

（5）基于非竞争的随机接入是使用在一段时间内仅有一个 UE 使用的序列接入，接入前导的分配是由________侧分配的，这样也就减少了竞争和冲突解决过程。

（6）LTE 随机接入前导 Preamble 为一个脉冲，在频域上占用________个 RB 带宽。

（7）LTE 系统中一个小区包括________个随机接入前导码。

（8）TD-LTE 系统随机接入参数信息在系统消息________中。

（9）LTE 随机接入前导 Preamble 为一个脉冲，在时域上，此脉冲包含循环前缀 CP、前导序列 Sequence 和________。

（10）UE 使用________这个量来表示 UE 在什么时频资源发送 RA Preamble。

二、判断题

（1）切换过程可以采用竞争接入过程也可以采用非竞争接入过程。（ ）

（2）MSG3 消息采用 HARQ 技术传输。（ ）

（3）每个小区有 64 个随机接入前导信号，它们均由 Zadoff-Chu 序列及其循环移位产生。Zadoff-Chu 序列具有良好的自相关性和较低的互相关性。（ ）

（4）初始随机接入是由 UE MAC 子层发起的。（ ）

（5）在进行初始的随机接入过程之前，需要提前通过 SIB2 获取随机接入过程信息。

（6）Preamble Index 从 0 到 63，UE 在其中可以随机选一个，其中 0 到 51 这前 52 个 Preamble ID 用于竞争随机接入。（ ）

（7）Preamble Group B 用于 MSG3 消息未被传输过，并且 MSG3 数据较大、UE 的路损较低的情况。（ ）

（8）Preamble Index 从 0 到 63 中的 52 到 63 共 12 个 Preamble ID 用于非竞争随机接入。（ ）

（9）在 MSG2 中，UE 在等待窗口（RA_Response Window Size，最大不超过 10ms）内首先监听 PDCCH 是否有响应指示消息 AI，如果收到与自己发送 Preamble 相对应的 RA-RNTI，UE 就会去监听 PDSCH 传输随机接入响应信息内容。（ ）

（10）MSG2 中包含时间调整信息 TA（Timing Advance），TA 用来调整上行传输定时，达到时间同步。（ ）

（11）LTE 提供 Back Off 机制，设定合适的 Back Off 值，从而降低 UE 再次随机接入发生冲突的概率，但是提升了随机接入时延。（ ）

（12）MSG2 使用了混合自动重传（HARQ）技术。（ ）

（13）TC-RNTI 为临时小区无线网络临时标志，它是在随机接入过程中 eNB 分配在 MSG2 中下发的信息，用于竞争解决。（ ）

（14）UE 竞争随机接入在竞争成功后 TC-RNTI 升级为 C-RNTI，非竞争随机接入在 UE 发起接入前就已经分配 C-RNTI（比如切换）。（ ）

三、单项选择题

（1）LTE 随机接入前导 Preamble 的 5 种格式中，小区覆盖半径在 15km 之内的是哪种格式？（ ）

A．Format 1　　B．Format 2　　C．Format 3　　D．Format 4

（2）仅适用于 TD-LTE 系统的前导序列格式是（　　）。

A．Format 5　　B．Format 4　　C．Format 3　　D．Format 2

（3）LTE 中，关于随机接入下面表述不正确的是（　　）。

A．分竞争性和非竞争性随机接入

B．随机接入可在空闲和连接状态发起

C．随机接入只能在空闲状态发起

D．随机接入可以在连接状态发起

（4）LTE 中，有关 RRC 连接重建下面表述不正确的是（　　）。

A．切换失败会触发 RRC 连接重建

B．无线链路失效触发 RRC 连接重建

C．RRC 连接建立失败会触发 RRC 连接重建

D．RRC 重配置失败会触发 RRC 连接重建

（5）TD-LTE 系统中，哪个场景不会触发随机接入过程？（　　）

A．无线链路失败后的初始接入，即 RRC 连接重建过程

B．从 RRC-IDLE 状态进行初始接入，即 RRC 连接过程

C．切换

D．PS 业务正在下载

（6）下面关于随机接入响应接收窗 RA_Response Window Size 相关设置说明正确的是（　　）。

A．随机接入响应接收窗最大可设置为 5

B．接收 MSG1 后可设置从第几帧开始监听 RAR

C．RAR 窗起始位置和接入响应接收窗设置有关

D．RAR 窗起始于发送 MSG1 子帧+ 3 个子帧

四、多项选择题

（1）UE 通过随机接入过程实现哪些功能？（　　）

A．取得与 eNodeB 之间的上行同步

B．申请上行资源

C．取得与 eNodeB 之间的下行同步

D．获取上行资源

（2）随机接入的过程分为哪几种？（　　）

A．竞争式　　B．非竞争式

C．混合竞争式　　D．公平竞争式

（3）TD-LTE 系统竞争随机接入过程应用场景包括（　　）。

A．Idle 态初始接入　　B．RRC 连接重建

C．上行、下行数据到达　　D．切换

（4）TD-LTE 系统非竞争随机接入过程应用场景包括（　　）。

A．切换　　B．RRC 连接重建
C．上行数据到达　　D．下行数据到达

（5）可能会影响随机接入时延的参数包括（　　）。
A．前导码最大传输次数　　B．响应接收窗口大小
C．竞争解决定时器时长　　D．MSG3 最大传输次数

五、问答题

（1）为什么要进行随机接入？
（2）随机接入中的标志主要有哪些？各有什么作用？

第7章　空口信令流程

7.1　附着流程

UE 刚开机时，先进行物理下行同步，搜索、测量、进行小区选择，选择到一个 Suitable 或者 Acceptable 小区后，驻留并进行附着过程，具体如图 7-1 所示。

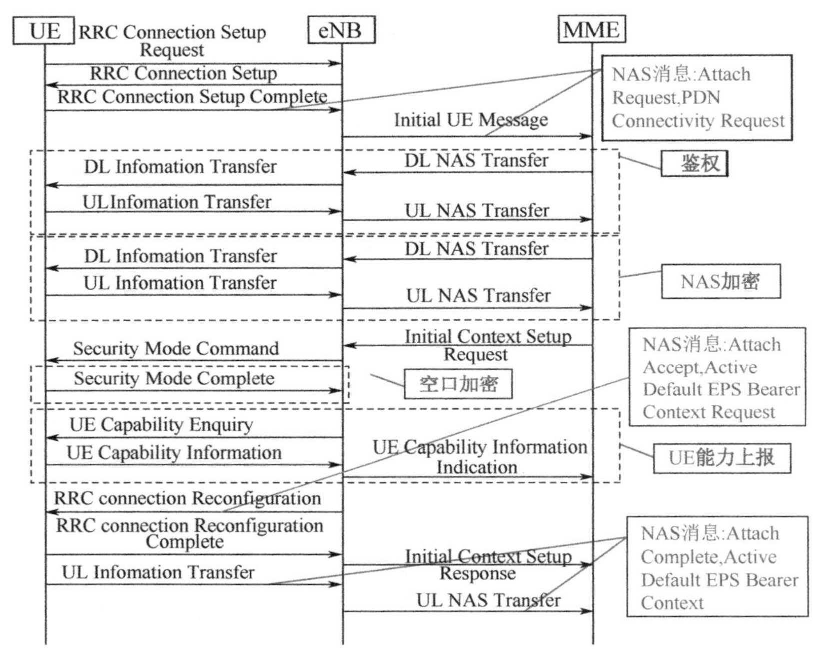

图 7-1　附着过程

一个终端用户需要首先注册到有效的网络上才能够使用网络服务，这个过程被称为网络附着。对于永久在线的 EPS 中的用户来说，就需要在附着过程中建立一个默认承载。在这个附着过程中UE也可能触发一个或多个专用承载。附着流程是用户开机后的第1个过程，是后续所有的流程的基础。

7.1.1　RRC 连接建立

1．RRC Connection Request

UE 上行发送一条 RRC Connection Request 消息给 eNB，请求建立一条 RRC 连接，该消息携带主要 IE 如下。

（1）UE-Identity：初始的 UE 标识。如果上层提供 S-TMSI，则该值为 S-TMSI；否则从

0～2^{40}-1 中抽取一个随机值，设置为 UE-Identity。

（2）Establishment Cause：建立原因。建立 RRC 连接的原因主要包括：

① Mo-Data。Mo-Data 即 Mobile Originating Calls，常见场景为终端 IDLE 态，由于要发起业务重新达到 RRC 连接态，于是 RRC Connection Request 携带原因值 Mo-Data。

② Mo-Signalling。Mo-Signalling 即 Mobile Originating Signalling，常见场景为初始 Attach 及 TAU（跟踪区域更新）。

③ Mt-Access。Mt-Access 为终端作为被叫方时发起 RRC 连接建立。

④ High Priority Access Concerns。AC11～AC15 供高接入等级用户接入使用。如 119、120 等。

⑤ Emergency。供紧急呼叫使用；如 110 等。

信令解码如图 7-2 所示。

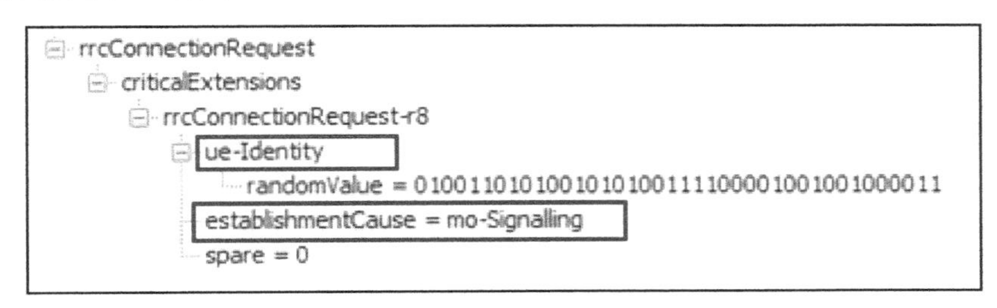

图 7-2　RRC Connection Reguest

RRC Connection Reqest 是在 SRB0 上传输的，SRB0 一直存在，用来传输映射到 CCCH 的 RRC 信令。

2．RRC Connection Setup

UE 接收到 eNodeB 的 RRC Connection Setup 信令，建立了 UE 与 eNodeB 之间的 SRB1，NodeB 为 SRB1 配置 RLC 层和逻辑层信道的属性，如图 7-3 所示。

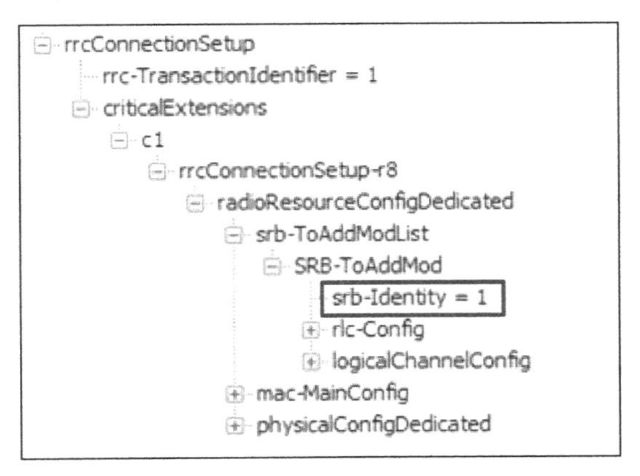

图 7-3　RRC Connection Setup

3．RRC Connection Setup Complete

UE 完成 SRB1 承载和无线资源的配置，向 eNB 发送 RRC Connection Setup Complete

消息，包含 NAS 层 Attach Request 信息。携带主要 IE 有：

（1）Selected PLMN-Identity：表示 UE 从 SIB1 所包含的 PLMN-Identy List 中挑选出来的 PLMN 识别号。如果从 SIB1 所包含的 PLMN-Identy List 中挑选出来的是第 1 个 PLMN 识别号，那么设置该值为 1，如果挑选出来的是第 2 个 PLMN 识别号，则设置为 2，以此类推。

（2）Registered MME：UE 所注册的 MME 的 GUMMEI（GUMMEI 由 MMEGI 和 MMEC 组成），由上层提供。

信令解码如图 7-4 所示。

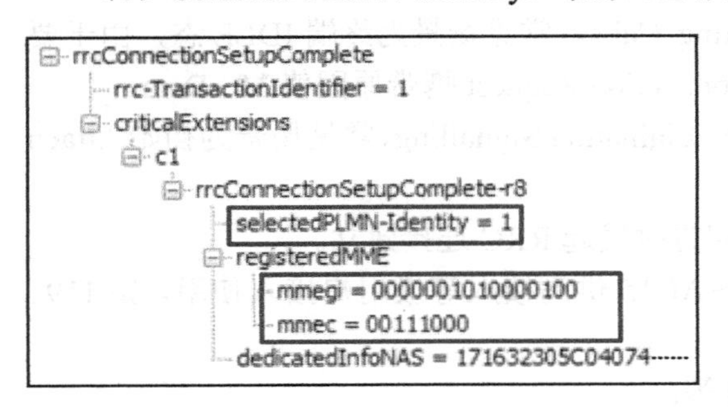

图 7-4 RRC Connection Setup Complete

7.1.2 S1 口初始直传消息（Initial UE Message）

eNB 选择 MME，向 MME 发送 Initial UE Message，包含 NAS 层 Attach Request 消息。该消息携带主要 IE 有：

（1）eNB-UE-S1AP-ID：UE 在 eNB 侧 S1 接口上的唯一标识，由 eNB 分配。

（2）TAI：Tracking Area Identity，用来标识一个跟踪区（TA）。

（3）eUTRAN-CGI：eUTRAN Cell Global Identifier，亦简称为 ECGI，小区全球唯一标识。

（4）RRC-Establishment-Cause：RRC 建立原因。

信令解码如图 7-5 所示。

```
-S1ap-Msg:
  |_initiatingMessage:
    |_procedureCode:  ---- 0xc(12)----
    |_criticality:  ---- ignore(1) ----
    |_value:
      |_initialUEMessage:
        |_protocolIEs:
          |_SEQUENCE:
          |  |_id:  ---- 0x8(8)----
          |  |_criticality:  ---- reject(0)----
          |  |_value:
          |    |_eNB-UE-S1AP-ID:  ---- 0x133(307)----
          |_SEQUENCE:
          |  |_id:  ---- 0x1a(26)----
          |  |_criticality:  ---- reject(0)----
          |  |_value:
          |    |_nAS-PDU:
          |      |_NAS-MESSAGE:
          |        |_security-protected-NAS-message:
          |          |_protected-nas:  ----

|_SEQUENCE:
|  |_id:  ---- 0x43(67)---- 0000000001000011
|  |_criticality:  ---- reject(0)----
|  |_value:
|    |_tAI:
|      |_pLMNidentity:  ---- 0x64F080 ----
|      |_tAC:  ---- 0x0003 ----
|_SEQUENCE:
|  |_id:  ---- 0x64(100)----
|  |_criticality:  ---- ignore(1) ----
|  |_value:
|    |_eUTRAN-CGI:
|      |_pLMNidentity:  ---- 0x64F080 ----
|      |_cell-ID:  ---- '0000100111000101001000000001'B(09 C5 20 10 )----
|_SEQUENCE:
   |_id:  ---- 0x86(134)----
   |_criticality:  ---- ignore(1) ----
   |_value:
     |_rRC-Establishment-Cause:  ---- MoSignining(1) ----
```

图 7-5 Initial UE Message

7.1.3 直传消息（鉴权、加密）

鉴权就是通过网络对 UE 进行身份验证以及 UE 对网络进行身份验证的过程，从而达到保护网络资源不被非法用户盗用的目的。

什么叫完整性保护和加密呢？完整性保护保证了数据在传输过程中不被篡改。加密则是发送端根据参数修改了数据内容，使用的参数只有收发两端知道。

7.1.4 UE 能力上报

eNB 发送 UE Capability Enquiry 消息给 UE，请求传输 UE 的无线接入性能。eNB 向 MME 发送 UE Capability Info Indication，更新 MME 的 UE 能力信息。查询 UE 能力；携带主要 IE 有 RAT-Type：RAT 类型。如图 7-6 所示。

```
-RRC-MSG:
  |_msg:
    |_struDL-DCCH-Message:
      |_struDL-DCCH-Message:
        |_message:
          |_c1:
            |_ueCapabilityEnquiry:
              |_rrc-TransactionIdentifier:  ---- 0x1(1)----
              |_criticalExtensions:
                |_c1:
                  |_ueCapabilityEnquiry-r8:
                    |_ue-CapabilityRequest:
                      |_RAT-Type:  ---- eutra(0)----
                      |_RAT-Type:  ---- utra(1)----
                      |_RAT-Type:  ---- geran-cs(2)----
                      |_RAT-Type:  ---- geran-ps(3)----
                      |_RAT-Type:  ---- cdma2000-1XRTT(4)----
```

图 7-6　RAT-Type

7.1.5 RRC 连接重配置（RRC Connection Reconfiguration）

eNB 向 UE 发送 RRC Connection Reconfiguration 消息，要求 UE 进行相关无线资源重配置，这里主要是为了建立 SRB2 与 DRB1。同时根据默认的 EPS Bearer 的 QoS 属性以及 UE 的能力对 DRB 的 RLC 及 MAC、PHY 层属性进行配置。在此消息里，如果非接入层（NAS）的安全已经建立起来，还将携带经过安全保护的非接入层 PDU，包括 EMM 的 Attach Accept 消息和 ESM 层的 Activate Default EPS Bear Request 消息。在 ESM 层的消息中，包含了 Default EPS 的 QoS 信息、APN 和分配给 UE 的 IP 地址等。如图 7-7 所示。

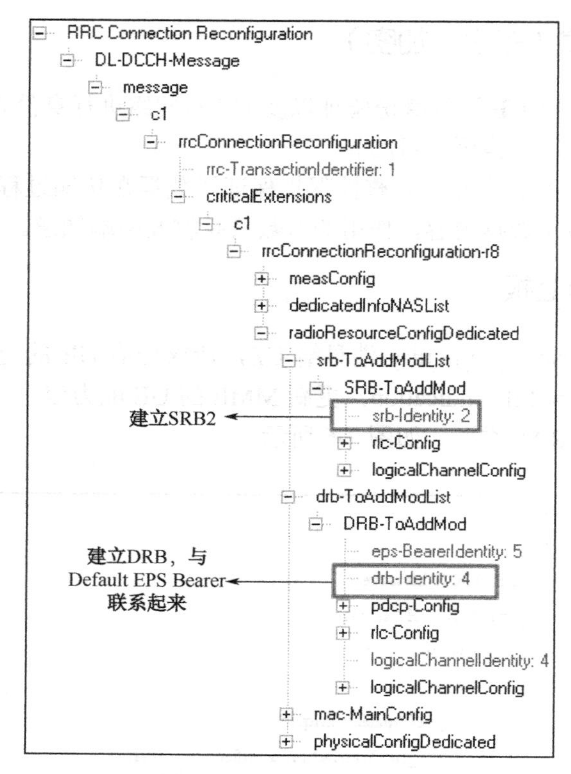

图 7-7　RRC 连接重配置

7.2　移动性管理流程

7.2.1　跟踪区更新（TAU）流程

为了确认移动台的位置，LTE 网络覆盖区将被分为许多个跟踪区（Tracking Area）。TA 是 LTE 系统中位置更新和寻呼的基本单位。网络运营时用 TAI 作为 TA 的唯一标识，TAI 由 MCC、MNC 和 TAC 组成，共计 6 字节，一个 TA 可包含一个或多个小区。TAI List 长度为 8～98 字节，最多可包含 16 个 TAI。

下面以空闲态不设置“ACTIVE”的 TAU 流程为例进行介绍，如图 7-8 至图 7-11 所示。空闲态不设置“ACTIVE”即 UE 不进行业务操作，只进行位置更新，比如周期性位置更新、移动性位置更新等。

7.2.2　切换流程

eNB 发送 RRC Connection Reconfiguration 消息给 UE，消息中携带切换信息 Mobility Control Info，包含目标小区 ID、载频、测量带宽、给用户分配的 C-RNTI、通用 RB 配置信息（包括各信道的基本配置、上行功率控制的基本信息等），给用户配置 Dedicated Random Access Parameters 避免用户接入目标小区时有竞争冲突。

UE 按照切换信息在新的小区接入，向 eNB 发送 RRC Connection Reconfiguration

Complete 消息，表示切换完成，正常切入到新小区。

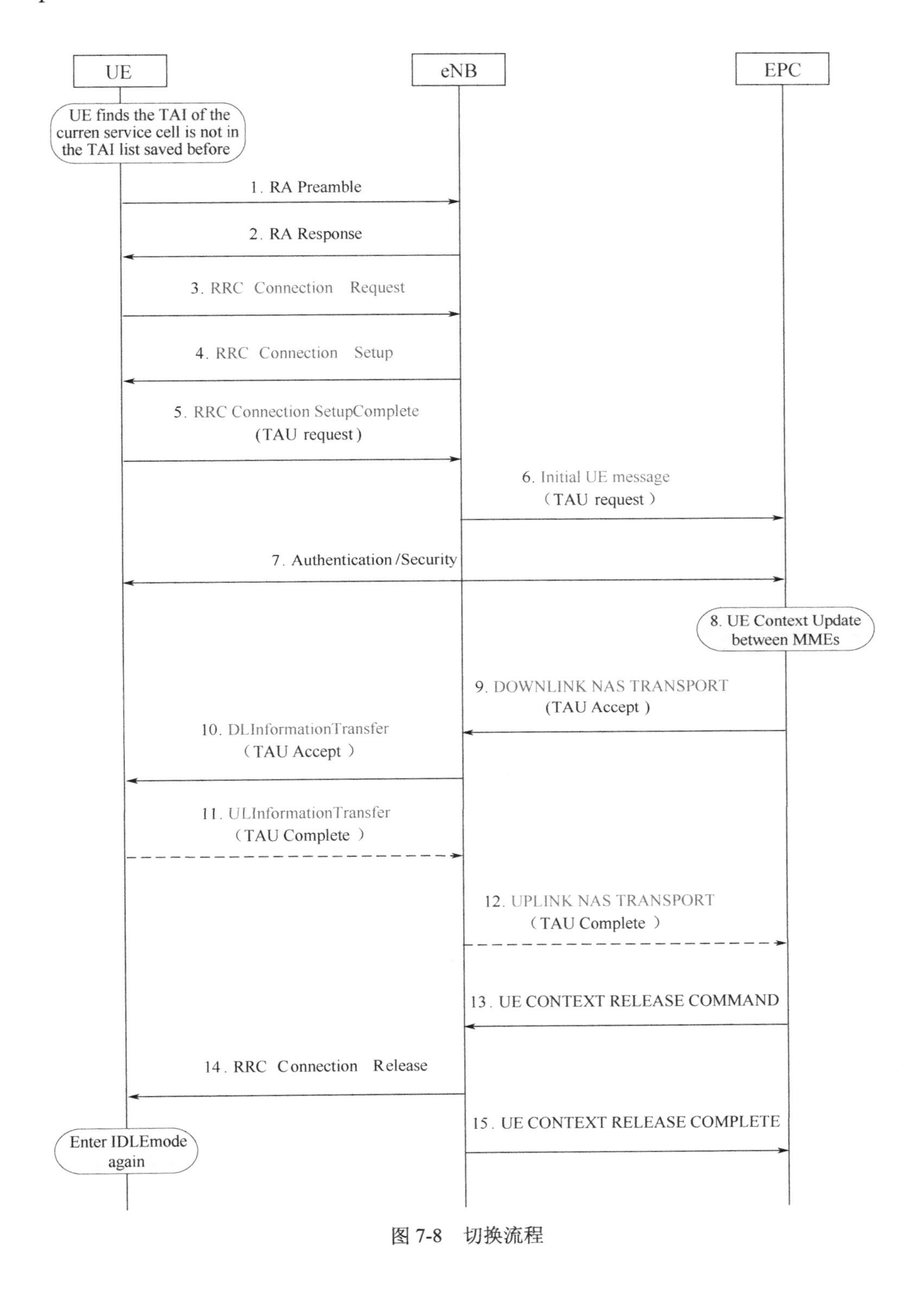

图 7-8　切换流程

```
LTE NAS-->Tracking area update request
  L3Message
    dir = UPLINK
    message
      ProtocolDiscriminator = 7
      SecurityHeaderType = 0
      TRACKING_AREA_UPDATE_REQUEST
        ActiveFlag = (0)Bearer establishment requested
        EPSUpdateTypeValue = (0)TA updating
        NAS_key_Set_identifier
        Old_GUTI
        UE_Network_Capability
        Last_visited_registered_TAI
          MCC = 460
          MNC = 11
          TAC = 15619
        EPS_bear_context_status
        Voice_domain_preference_and_UEs_usage_setting
        Old_GUTI_Type = (0)Native GUTI
```

图 7-9　TAU Request

```
LTE NAS-->Tracking area update accept
  L3Message
    dir = DOWNLINK
    message
      ProtocolDiscriminator = 7
      SecurityHeaderType = 0
      TRACKING_AREA_UPDATE_ACCEPT
        EPSUpdateResult = (0)TA updated
        T3412
          Unit = (2)value is incremented in multiples of decihours
          TimerValue = 9
        GUTI
        TAIList
          MCC = 460
          MNC = 11
          TAC = 15616
        EPS_Bear_Context_Status
        EPSNetworkFeatureSupport
          EMC_BS = (0)emergency bearer services in S1 mode not supported
          EPC_LCS = (0)location services via EPC not supported
```

图 7-10　TAU Accept

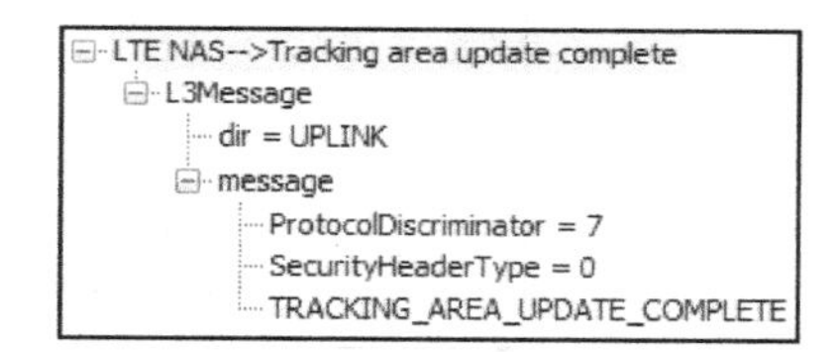

图 7-11　TAU Complete

图 7-12 是基于 X2 口的两个 eNB 之间切换示意图，MME 不变，切换命令同 eNB 内部切换，携带的信息内容也一致。

LTE 切换过程主要包括以下三个步骤：

（1）测量配置：由 eNB 通过 RRC Connection Reconfiguration 消息携带的 Meas Config 信元将测量配置消息通知给 UE，即下发测量控制。

（2）测量执行：UE 会对当前服务小区进行测量，并根据 RRC Connection Reconfiguration 消息中的 S-Measure 信元来判断是否需要执行对相邻小区的测量。

（3）测量报告：测量报告触发方式分为周期性和事件触发。当满足测量报告条件时，UE 将测量结果填入 Measurement Report 消息，发送给 eNB。

1．Measurement Configuration

测量配置（Measurement Configuration）主要由 eNB 通过 RRC Connection Reconfiguration 消息携带的 Meas Config 信元将测量配置消息通知给 UE，包含 UE 需要测量的对象、小区列表、报告方式、测量标志、事件参数等，如图 7-13 所示。

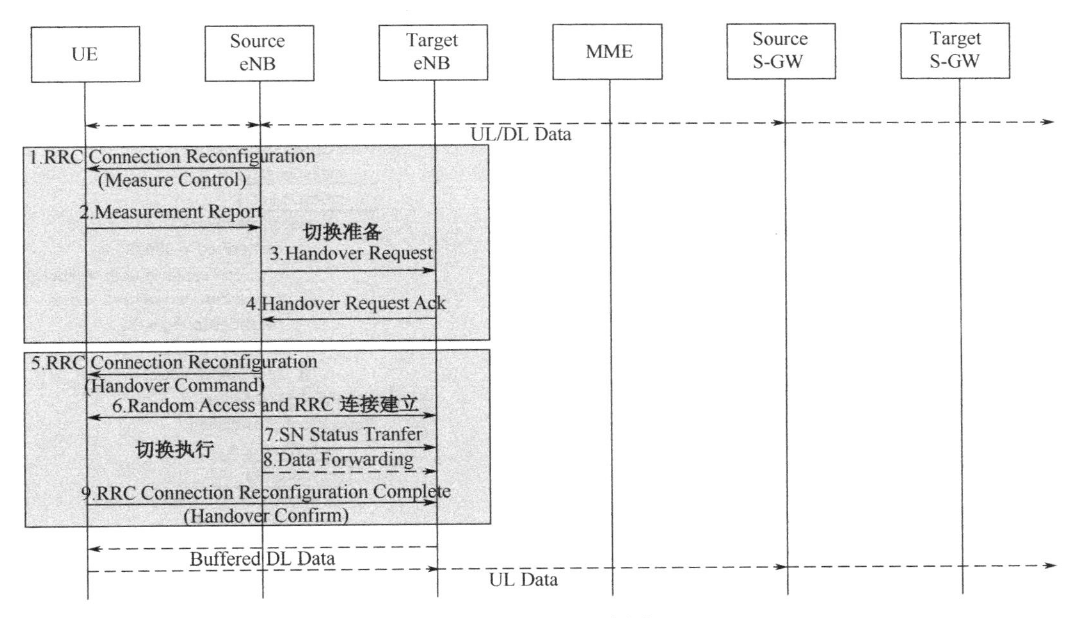

图 7-12　切换示意图

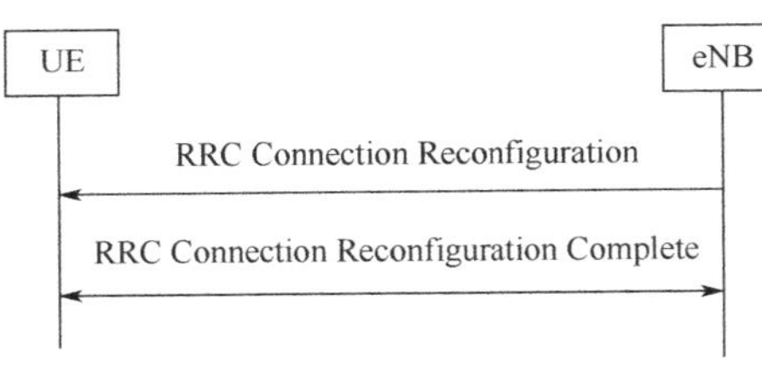

图 7-13　测量配置

当测量条件改变时，eNB 通知 UE 新的测量条件。

（1）触发条件：eNB 向 UE 发起/修改/删除测量。

（2）发送网元：eNB 处理，将测量配置项填入 RRC Connection Reconfiguration 消息中的 Meas Config 信元。

（3）接收网元（UE）处理：UE 侧维护一个测量配置数据库 Var Meas Config，在 Var Meas Config 中，每个 Meas ID 对应一个 Meas Object ID 和一个 Report Config ID。其中，Meas ID 是数据库测量配置条目索引；Meas Object ID 是测量对象标志，对应一个测量对象配置项；Report Config ID 是测量报告标志，对应一个测量报告配置项。此外还包含了与 Meas ID 无关的公共配置项 Quantity Config、测量配置、s-Measure 和服务小区质量门限控制等。

RRC Connection Reconfiguration 消息如下。

（1）Measurement Object（测量对象）：UE 测量的对象如下。

① 对于频率内和频率间的测量，测量对象是一个单一的 eUTRA 承载频率。与该承载频率相关，eUTRAN 可以配置一系列的特定频移的小区和黑名单小区。黑名单小区在事件评估或者测量报告中不被考虑。

② 对于不同 RAT 间的 UTRA 测量，测量对象为在一个单一 UTRA 承载频率上的小区集。

③ 对于不同 RAT 间的 GERAN 测量，测量对象为一个 GERAN 承载频率集。

（2）Reporting Configuration（报告配置）：如图 7-14 所示。

① 报告标准：该标准触发 UE 发送一条测量报告。这可以是周期性的或者是单一事件的描述。

② 报告内容：在测量报告中 UE 包含的量以及相关的信息（例如报告小区的数量）。

（3）Measurement Identities（测量标志）：每一个测量 ID 对应着一个测量对象和一个报告配置。对多个测量 ID 来说可能对应着多个测量对象和同一个报告配置，也可能对应着一个测量对象和多个报告配置。

（4）Quantity Configuration（测量配置）：定义了测量量和用于所有事件评估和相关测量报告类型。每个测量量可以配置一个滤波器。

（5）s-Measure：服务小区质量门限控制。如果没有配置 s-Measure 或者配置了 s-Measure 但是服务小区的 RSRP 低于这个值，那么 UE 会执行相关测量。

（6）Measurement Gap（测量间隔）：UE 可以用于在异频实施测量的时间（针对异频测量）。定义了 MGRP（Measurement Gap Repetition Period）和 MGL（Measurement Gap Length）。

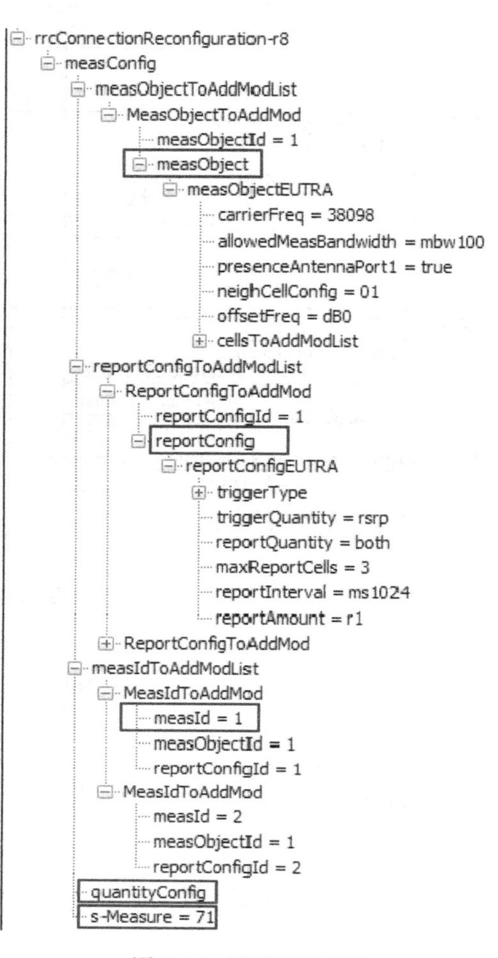

图 7-14　测量配置内容

RRC Connection Reconfiguration 消息中 Measurement Configuration 的关键 IE 如下。

① Carrier Freq：eUTRAN 承载频率。

② Allowed Meas Band Width：允许测量带宽。在同频小区选择参数或异频列表上配置。

③ Present Antenna Port 1：当前天线端口。

④ Neigh Cell Config：相邻小区配置，与 MBSFN 有关。

⑤ Offset Freq：承载频率的偏置值（同频写在代码里不可改，异频可以在异频列表上配置）。

⑥ Cells To Remove List：相邻小区删除列表。

⑦ Cells To Add Mod List：相邻小区添加/修改列表。配置相邻小区。

⑧ Black Cells To Remove List：黑名单小区删除列表。

⑨ Black Cells To Add Mod List：黑名单小区添加/修改列表。

⑩ Cell For Which To Report CGI：需要报告 CGI 的小区物理 ID。

⑪ Triger Type：报告触发类型。分为事件型和周期型。周期型测量按照测量目的可分为：报告最强小区和上报小区 CGI。

⑫ Report On Leave：表示当 Cells Triggered List 中的小区处于离开状态时，UE 是否应该再执行一次测量过程。

⑬ Hysteresis：滞后参数（0～30）。表示事件触发报告条件下进入和离开条件的参数。

⑭ Time To Trigger：满足条件是触发测量报告的时间。

⑮ Trigger Quantity：用来确定评估事件型触发报告的标准，取“RSRP”代表用 RSRP 作为评估标准，取“RSRQ”代表用 RSRQ 作为评估标准。

⑯ Max Report Cells：包括服务小区在内的测量上报小区最大数。

⑰ Report Interval：报告间隔，在切换过程中未收到 RRC Connection Reconfiguration 时 UE 发送测量报告的间隔。

⑱ Report Amount：满足上报条件的测量报告数目（对切换未成功的限制与切换时的回切次数无关）。

2．Measurement Report

当 UE 完成测量后，会依照测量报告配置对报告条件进行评估，当设定条件满足时，UE 会将测量结果填入 Measurement Report 消息，发送给 eNB。该消息携带主要 IE 如下。

（1）measId：上报测量报告的测量标志，与 Measurement Control 消息一致。

（2）measResultPCell：服务小区测量结果，包括 rsrpResult 和 rsrqResult。

（3）measResultNeighCells：邻小区测量结果。

信令解码如图 7-15 所示。

3．RRC Connection Reconfiguration

eNB 给 UE 发送 RRC Connection Reconfiguration 消息，通知 UE 进行切换操作。该消息携带 IE Mobility Control Info，表示切换命令。其他主要 IE 如下。

（1）当 RRC Connection Reconfiguration 消息携带 Mobility Control Info 时，表示该消息为切换命令消息，通知 UE 执行切换操作。

（2）targetPhysCellId：目标小区的物理小区标志。

（3）dl-CarrierFreq：下行使用的载频。

（4）t304：T304 定时器。当 UE 收到携带 IE Mobility Control Info 的 RRC Connection Reconfiguration 消息时启动此定时器，成功切换到目标小区时停止此定时器，超时则表示切换失败。

（5）newUE-Identity：新的 UE 标志。

（6）handoverType：切换类型，该切换为 LTE 内切换。

信令解码如图 7-16 所示。

4．RRC Connection Reconfiguration Complete

当 UE 接入到目标小区后，UE 向目标小区发送 RRC Connection Reconfiguration Complete 消息给目标小区，指示切换进行对于 UE 已经完成。

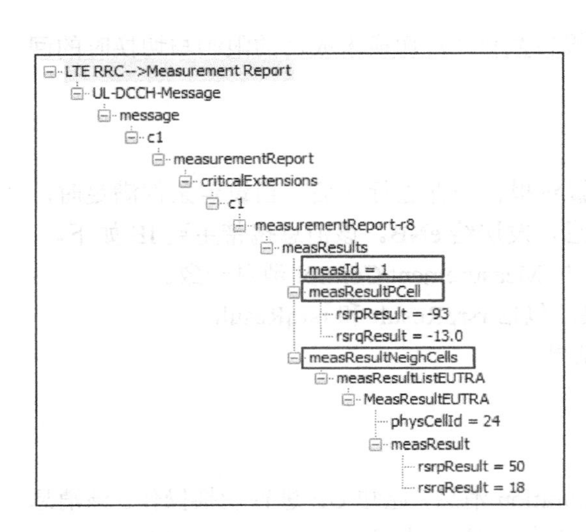

图 7-15　Measurement Report

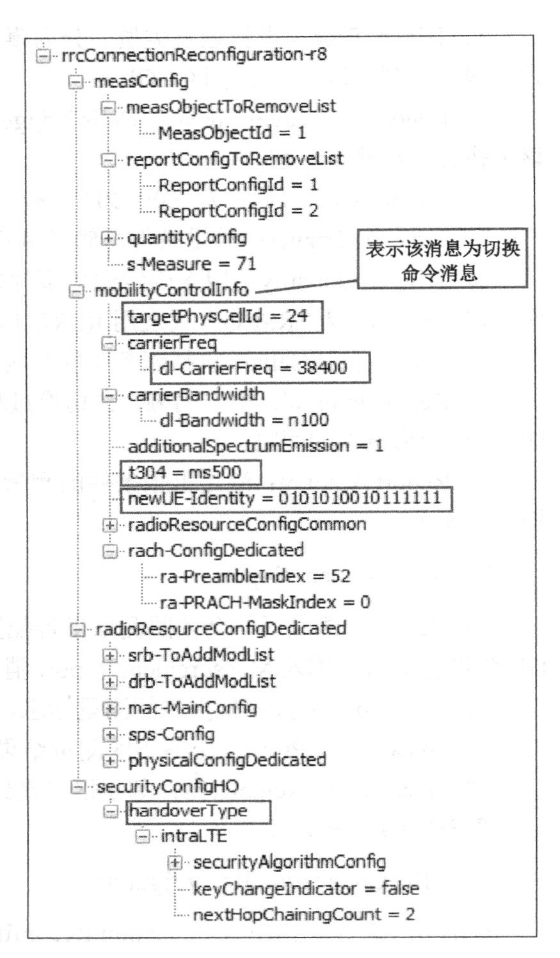

图 7-16　RRC Connection Reconfiguration

7.3　UE 发起的 Service Request 流程

UE 在 IDLE 模式下，要发送或接收业务数据时，发起 Service Request 过程。当 UE 发起 Service Request 时，须先发起随机接入过程，Service Request 由 RRC Connection Setup Complete 携带上去，整个流程类似于主叫过程。

当下行数据到达时，网络侧先对 UE 进行寻呼，随后 UE 发起随机接入过程，并发起 Service Request 过程，在下行数据到达后发起的 Service Request 类似于被叫接入。

Service Request 流程就是完成 Initial Context Setup 的过程，在 S1 接口上建立 S1 承载，在 Uu 接口上建立数据无线承载，打通 UE 到 EPC 之间的路由，为后面的数据传输做好准备。

Service Request 流程说明：

（1）处在 RRC_IDLE 态的 UE 进行 Service Request 过程，发起随机接入过程，即 MSG1 消息。

（2）eNB 检测到 MSG1 消息后，向 UE 发送随机接入响应消息，即 MSG2 消息。

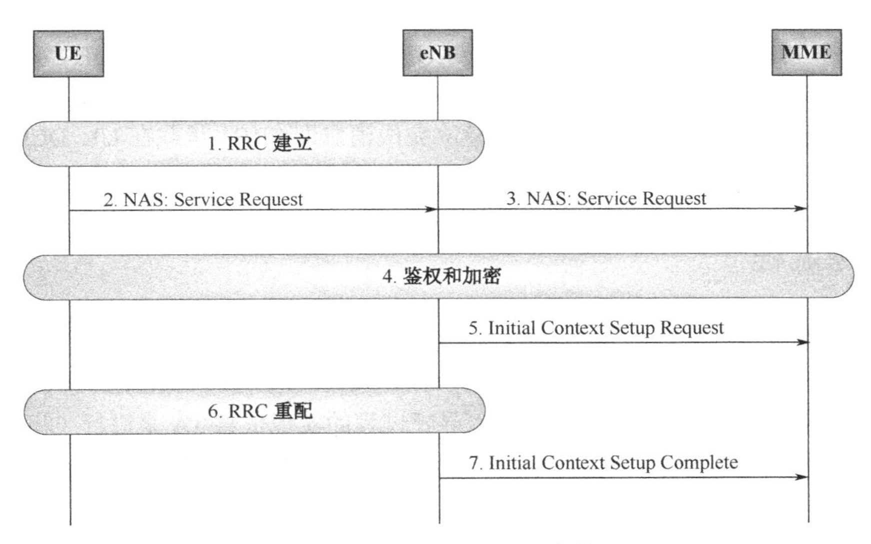

图 7-17 Service Request 流程

（3）UE 收到随机接入响应后，根据 MSG2 的 TA 调整上行发送时机，向 eNB 发送 RRC Connection Request 消息，即 MSG3 消息。

（4）eNB 向 UE 发送 RRC Connection Setup 消息，包含建立 SRB1 承载信息和无线资源配置信息。

（5）UE 完成 SRB1 承载和无线资源配置，向 eNB 发送 RRC Connection Setup Complete 消息，包含 NAS 层 Service Request 信息。

（6）eNB 选择 MME，向 MME 发送 Initial UE Message，包含 NAS 层 Service Request 消息。

（7）UE 与 EPC 间执行鉴权流程，与 GSM 不同的是：4G 鉴权是双向鉴权流程，提高网络安全程度。

（8）MME 向 eNB 发送 Initial Context Setup Request 消息，请求建立 UE 上下文信息。

（9）eNB 接收到 Initial Context Setup Request 消息，如果不包含 UE 能力信息，则 eNB 向 UE 发送 UE Capability Enquiry 消息，查询 UE 能力。

（10）UE 向 eNB 发送 UE Capability Information 消息，报告 UE 能力信息。

（11）eNB 向 MME 发送 UE Capability Info Indication 消息，更新 MME 的 UE 能力信息。

（12）eNB 根据 Initial Context Setup Request 消息中 UE 支持的安全信息，向 UE 发送 Security Mode Command 消息，进行安全激活。

（13）UE 向 eNB 发送 Security Mode Complete 消息，表示安全激活完成。

（14）eNB 根据 Initial Context Setup Request 消息中的 ERAB 建立信息，向 UE 发送 RRC Connection Reconfiguration 消息进行 UE 资源重配，包括重配 SRB1 和无线资源配置，建立 SRB2 信令承载、DRB 业务承载等。

（15）UE 向 eNB 发送 RRC Connection Reconfiguration Complete 消息，表示资源配置完成。

（16）eNB 向 MME 发送 Initial Context Setup Response 响应消息，表明 UE 上下文建立完成。流程到此时完成了 Service Request，随后进行数据的上传与下载。

（17）信令 17～20 是数据传输完毕后，对 UE 进行去激活过程，涉及 UE Context Release 流程。

通过连接建立消息，SRB1 建立起来，建立完成消息即 SRB1 承载在 UL_DCCH 上发送。RRC 连接建立完成消息中带有 NAS 信息，基站侧不解析 NAS 消息，直传到 MME。

7.4 寻呼流程

寻呼是网络寻找 UE 时进行的信令流程，网络中被叫必须通过寻呼来响应，才能正常通信。为减少信令负荷，在 LTE 中寻呼触发条件有三种：UE 被叫（MME 发起）；系统消息改变时（eNB 发起）；地震报警（不常见）。寻呼过程的实现依靠 TA 来进行（相当于 2G/3G 的 LAC），需要说明的是寻呼在 TAC 区内进行，不是在 TAC List 的范围内进行，TA List 只是减少了位置更新次数，从另一个方面降低信令负荷。

寻呼指示在物理下行控制信道（PDCCH）上通知 UE 响应自己的寻呼消息（PDCCH 通知上携带 P-RNT1，表示这是个寻呼指示），空口进行寻呼消息的传输时，eNB 将具有相同寻呼时机的 UE 寻呼内容汇总在一条寻呼消息里，寻呼消息内容被映射到 PCCH 逻辑信道中，并根据 UE 的非连续接收方式（DRX）的周期在物理下行共享信道（PDSCH）上发送，UE 并不是一次到位找到属于自己的寻呼消息，而是先找到寻呼时机，如果是自己的寻呼时机就在 PDSCH 上查询并响应属于自己的寻呼内容。

为了降低 IDLE 状态下的 UE 的电力消耗，UE 使用非连续接收方式（DRX）接收寻呼消息。IDLE 状态下的 UE 在特定的子帧里面根据 P-RNTI 监听读取 PDCCH，这些特定的子帧称为寻呼时机（PO，Paging Occasion），这些子帧所在的无线帧称为 PF（Paging Frame），UE 通过相关的公式来确定 PF 和 PO 的位置。计算出 PF 和 PO 的具体位置后，UE 开始监听 PDCCH，如果发现有 P-RNT1，那么 UE 在响应的位置上（PDSCH）获取 Paging 消息，Paging Message 中携带具体的被寻呼的 UE 标识（IMSI 或 S-TMSI）。若在 PCH 上未找到自己的标识，UE 再次进入 DRX 状态，如图 7-18 所示。

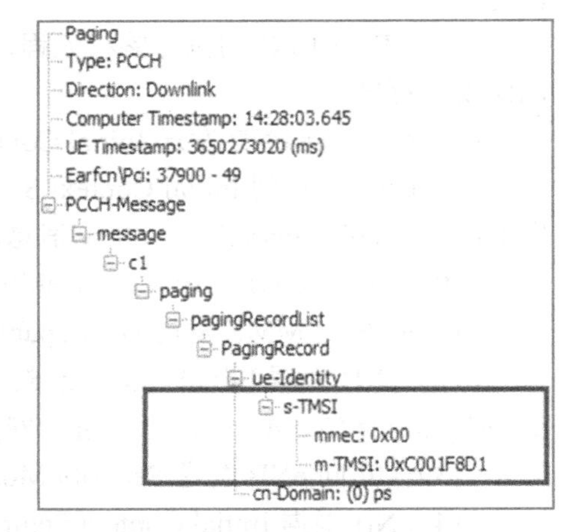

图 7-18　Paging 信令解析

寻呼根据发起原因不同也可分为被叫寻呼和小区系统消息改变时寻呼（地震寻呼不考虑），区别在于被叫寻呼由 EPC 发起，经 eNB 透传；而小区系统改变时寻呼由 eNB 发起。**我们常说的寻呼，主要还是指被叫寻呼。**

被叫寻呼流程说明（图 7-19）：

（1）当 EPC 要给 UE 发送数据时，则向 eNB 发送 Paging 消息。

（2）eNB 根据 MME 发的寻呼消息中的 TA 列表信息，在属于该 TA 列表的小区发送 Paging 消息，UE 在自己的寻呼时机接收到 eNB 发送的寻呼消息。

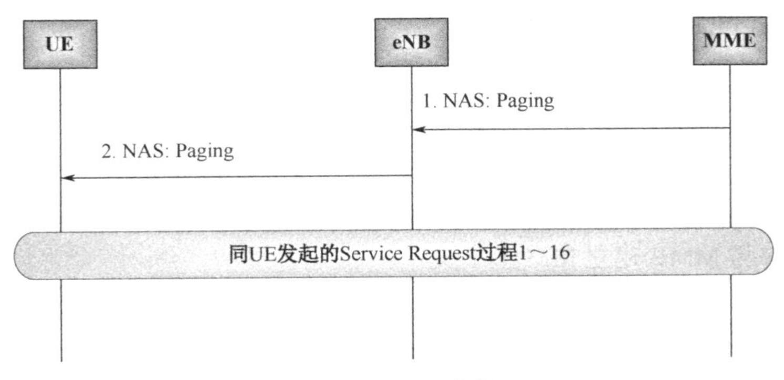

图 7-19　寻呼流程

在寻呼消息中如果所指示的 Paging ID 是 S-TMSI，则表示本次寻呼是一个正常的业务呼叫；如果 Paging ID 是 IMSI（例如 S-TMSI 不可用），则表示本次寻呼是一次异常的呼叫，用于网络侧的错误恢复，此种情况下终端需要重新进行一次附着（Attach）过程。

说明：GUTI（Globally Unique Temporary UE Identity）即全球唯一临时 UE 标识。第 1 次附着时 UE 携带 IMSI，而之后 MME 会将 IMSI 和 GUTI 进行对应，以后就一直使用 GUTI，由 EPC 分配并通过 Attach Accept 带给 UE。

GUTI 由全球唯一 MME 标识（GUMMEI）及 M-TMSI 组成。GUMMEI 由 MCC、MNC 及 MME 标识（MMEI）组成。MME 标识由 MME 群组标识（MMEGI）和 MME 码（MMEC）组成。M-TMSI 是 MME 临时用户标识，唯一识别 MME 中的 UE。

S-TMSI 由 MMEC 和 M-TMSI 组成。

使用 GUTI 能够保证用户身份的机密性，可以减少 IMSI、IMEI 等用户私有参数暴露在网络传输中，同时通过缩短的 S-TMSI 形式，对无线信令进行更有效的处理（如寻呼及服务请求）。

【思考与复习题】

一、填空题

（1）一个终端用户需要首先注册到有效的网络上才能够使用网络业务，这个过程被称为网络________。

（2）TD-LTE 系统中，进行 E-RAB 建立时发起的 RRC 连接过程是________过程。

二、判断题

（1）TD-LTE 系统中，UE 可以自行释放 RRC 连接，而不通知网路侧。　（　　）

（2）TAU 过程是由 MME 发起的。　（　　）

（3）LTE 因为一附着就分配 IP 地址所以具有永久在线的特性，对 IP 地址的需求量非常大，因此只能使用 IPv6 协议栈。　（　　）

三、单项选择题

（1）LTE/EPC 网络中，手机成功完成初始化附着后，移动性管理的状态变为（　　）。

A．EMM-Registered　　B．ECM Connected

C．ECM Active　　D．EMM-Deregisted

（2）有关 UE 完成初始化附着的过程，说法不正确的是（　　）。

A．UE 与 MME 建立 MM 上下文

B．MME 为 UE 建立默认承载

C．UE 获得网络侧分配的 IP 地址

D．UE 一定要携带 APN

（3）下列 RRC 信令中，可以承载 NAS 消息的信令是（　　）。

A．RRC Connection Setup Complete

B．RRC Connection Request

C．RRC Connection Setup

D．RRC Connection Reestablishment

（4）LTE 中，开机时 UE 通过 Attach 过程完成网络注册，并建立用户面的（　　）承载。

A．SRB0　　B．SRB1

C．专用 DRB　　D．默认 DRB

（5）LTE 中，有关附着过程说法正确的是（　　）。

A．附着不一定是 UE 发起的

B．附着可以是 MME 发起的

C．附着过程只进行登记注册

D．附着过程不但进行登记注册还要建立业务面默认承载

（6）LTE 中，有关 RRC 连接重建下面表述不正确的是（　　）。

A．切换失败会触发 RRC 连接重建

B．作用是恢复 SRB1

C．eNB 中应有 UE 的上下文信息

D．作用是恢复 SRB2

（7）LTE/EPC 网络中，手机完成业务请求后，状态变为（　　）。

A．EMM-Registered　　B．ECM Connected

C．ECM IDLE　　D．EMM-Deregisted

（8）RRC 层的加密和完整性保护终止于（　　）。

A．eNB　　B．MME　　C．SGW　　D．PGW

（9）周期性 TAU 更新定时器为（　　）。

A．T3412　　B．T3213　　C．T310　　D．T301

（10）LTE 中，RRC 重配消息中如包含 Meas Config IE，则该 IE 主要功能是描述（　　）。

A．建立、修改和释放测量　　B．执行切换

C．建立、修改和释放无线承载　　D．NAS 信息传递

（11）LTE 中，RRC 重配消息中如包含 Radio Resource Config Dedicated IE，则该 IE 主

要功能是描述（　　）。

A．建立、修改和释放测量　　B．执行切换

C．建立、修改和释放无线承载　　D．NAS 信息传递

（12）LTE 中，RRC 重配消息中如包含 Mobility Control Info IE，则该 IE 主要功能是描述（　　）。

A．建立、修改和释放测量　　B．执行切换

C．建立、修改和释放无线承载　　D．NAS 信息传递

（13）LTE 中，RRC 重配消息中如包含 Dedicated Info NAS List IE，则该 IE 主要功能是描述（　　）。

A．建立、修改和释放测量　　B．执行切换

C．建立、修改和释放无线承载　　D．NAS 信息传递

四、多项选择题

（1）TD-LTE 系统中，使用 SRB0 的 RRC 连接过程包括（　　）。

A．RRC 连接建立　　B．RRC 连接重建

C．RRC 连接重配　　D．RRC 连接释放

（2）TD-LTE 系统中，使用 RRC 连接重建的原因包括（　　）。

A．开机附着　　B．切换失败

C．无线链路失败　　D．测量控制下发

（3）下面哪些属于 RRC 功能？（　　）

A．寻呼　　B．测量控制　　C．动态资源分配　　D．完整性保护

（4）RRC 连接重配置的场景有（　　）。

A．测量控制下发　　B．切换执行

C．TM 模式切换　　D．激活 SRB2

（5）RRC 连接重建立的场景有（　　）。

A．切换失败　　B．无线链路失败

C．RRC 重配置失败　　D．底层完保性保护失败

（6）以下使用 RRC 连接重配置信令的场景有（　　）。

A．测量控制下发　　B．切换执行

C．TM 切换　　D．SRB1 的建立

五、问答题

（1）请简述 LTE 切换过程主要步骤。

（2）在 LTE 系统中，Measurement Report 信令消息包含哪些重要内容？

第 8 章　LTE 主要性能指标

本章通过对 TD-LTE 路测常用参数 RSRP（参考信号接收功率）、RSRQ（参考信号接收质量）、RSSI（接收信号强度指示）、SINR（信干噪比）、CQI（信道质量）、MCS（调制编码方式）、吞吐量等进行详细介绍，定性分析这些参数的相互关系以及这些参数反映 TD-LTE 网络哪些方面的问题。

在 LTE 测试中，DT（路测）是不可缺少的部分，DT 的工作主要是：在汽车以一定速度行驶过程中，借助测试手机和测试仪表，对车内信号强度是否满足正常通话要求，是否存在拥塞、干扰、掉话等现象进行测试，可以反映出基站分布情况、天线高度是否合理、覆盖是否合理等，为后续网络优化提供数据依据。

8.1　网络信号质量参数分析

TD-LTE 网络信号质量是由很多方面的因素共同决定的，如发射功率、无线环境、RB（资源块）配置、发射/接收端质量等。在路测中通常关注的参数有 RSRP、RSRQ、RSSI，这些参数用来反映 LTE 网络信号质量及网络覆盖情况。

1．RSRP

在 3GPP 的协议中，RSRP 即参考信号接收功率，定义为在参考测量频带上，承载小区专属参考信号的资源粒子的功率贡献（以 W 为单位）的线性平均值。可以通俗地理解为 RSRP 的功率值代表了每个子载波的功率值。RSRP 是衡量系统无线网络覆盖率的重要指标。

对于 LTE，一个 OFDM 子载波带宽是 15kHz，这样只要知道载波带宽，就知道有多少个子载波，也就能计算出 RSRP 功率了。

举个例子，对于单载波 20MHz 带宽的配置而言，里面共有 1200 个子载波，即共有 1200 个 RE，那么一个 RE 上的功率就是 RSRP 功率=RRU 输出总功率-10lg（RE 个数），如果是单端口 20W（43dBm）的 RRU，那么可以计算出 RSRP 功率为 43-10lg1200=12.2dBm。

RSRP 是一个表示接收信号强度的绝对值数值，一定程度上可反映移动台与基站的距离、LTE 系统广播小区参考信号的发射功率，终端根据 RSRP 可以计算出传播损耗，从而判断与基站的距离，因此这个值可以用来度量小区覆盖范围大小。

3GPP 协议中规定终端上报测量 RSRP 的范围是-140～-44dBm，路测时，在密集城区、一般城区和重点交通干线上，一般要求 RSRP 值必须大于-100dBm，否则容易出现掉话、弱覆盖等问题。

2．RSSI

在 3GPP 的协议中，RSSI（Received Signal Strength Indicator，即接收信号强度指示），

定义为接收宽带功率，包括参考信号、数据信号、邻区干扰信号，还包含了来自外部的其他干扰信号、噪声信号，因此通常测量的 RSSI 平均值要比带内真正有用信号的平均值要高。

RSSI 是无线发送层的可选部分，用来判定连接质量以及是否要增大广播发送强度。3GPP 协议中规定终端上报测量 RSSI 的正常范围是-90～-25dBm，超过这个范围，则可视为 RSSI 异常。RSSI 是否正常，对通话质量、掉话、切换、拥塞以及网络的覆盖、容量等均有显著影响。RSSI 过低（RSSI<-90dBm）说明手机收到的信号太弱，可能导致解调失败；RSSI 过高（RSSI>-25dBm）说明手机接收到的信号太强，相互之间的干扰太大，也影响信号解调。

3．RSRQ

RSRQ 决定系统的实际覆盖情况，RSRQ 定义为 RSRP 和 RSSI 的比值，当然因为两者测量所基于的带宽可能不同，会用一个系数来调整，计算公式如下。

$$\mathrm{RSRQ}=N\times\mathrm{RSRP}/\mathrm{RSSI}$$

其中，N 是 RSSI 测量带宽上承载的 RB 数，3GPP 协议规定，终端上报测量 RSRQ 的范围是-19.5～-3dB。RSRQ 值随着网络负荷和干扰发生变化，网络负荷越大，干扰越大，RSRQ 测量值越小。

测试中观测到的 RSRP 值要远小于 RSSI（分子总是分母的一部分），因此 RSRQ 总是负值（用 dB 表示）。

8.2 吞吐量性能参数分析

吞吐量是指在单位时间内通过的数据量（以 bit 为单位计算），它与终端性能、在线用户数、调度算法、功率控制、载波带宽、天线模式、时隙配置、CQI、SINR、MCS 等都密切相关。吞吐量的单位是 bit/s。

吞吐量是用户使用网络过程中直接感知的参数（如网页刷新速率、数据下载速率等），因此，提高吞吐量一直是移动通信系统追求的目标之一。

LTE 系统采用 OFDM（正交频分复用）和 MIMO（多输入多输出）技术后，系统吞吐量有了很大提高，在 20MHz 的载波带宽下，当终端采用 2 天线接收、1 天线发射时，理论上下行峰值速率可达到 100Mbit/s，上行峰值速率可达到 50Mbit/s。

在 LTE 系统中，eNodeB 负责配置载波带宽、天线模式、时隙配比等，调度算法和功率控制也是在基站侧实现的，通常在吞吐量性能测试过程中主要关注的变量参数是 CQI、SINR、MCS。

1．CQI

CQI 是无线信道的通信质量的测量标准，是反映基站与终端间信道质量的信息，下行信道信息通过终端测量全带宽的 CRS（小区参考信号）获得，并通过上行信道反馈给基站，上行信道信息通过基站测量终端发送的 SRS（测量参考信号）获得。3GPP 协议里规定 CQI 取值范围是 0～15，不同的 CQI 取值对应不同的调制方式和编码效率，一般情况下，CQI

值越高说明信道质量越好。

在 TD-LTE 系统中，CQI 反馈提供两种信道质量信息：

（1）宽带 CQI 反馈，对整个系统带宽的 CQI 进行反馈。

（2）从多个子带 CQI 中选择一个或多个进行反馈。在实际应用中，针对不同的业务需求和传输模式选择不同的反馈方式。

2．SINR

SINR 是接收到的有用信号的强度与接收到的干扰信号（噪声加干扰）强度的比值，与 RSRQ 相比，SINR 分母中只包含干扰和噪声，在反映信号质量的同时，也能更准确地知道信道环境好坏。通常 SINR 越高，信号越能正确解调，信道环境越好，传输速率越高。在 3GPP 协议中，很多技术需要 CQI 将信道特征反馈给发射端，用于调整天线的数据传输速率，实现自适应调制。但在实际系统中，尤其是 MIMO 系统中，准确、及时估计信道矩阵是不现实的，并且受反馈信道的限制，反馈信息也不可能太多，因此，在 3GPP 协议中大多采用 SINR 作为反馈信息，用于作为自适应调制的控制参数，对应相应的 CQI 信息。

3．MCS

在 3GPP 协议里规定 MCS 的取值范围是 0～31，其中对于初传数据只有 0～28 可用，MCS 等级越高，依赖的信道条件需要越好。不同的 MCS 值对应不同的调制阶数和编码速率，当信道条件变化时，系统需要根据信道条件选择不同的 MCS 方案，以适应信道变化带来的影响。从理论角度考虑，对每个并行数据流进行独立的自适应调制编码，可以提高频谱效率，但是实际应用中会造成大量的控制开销和反馈信令开销，所以在系统选择 MCS 方案时须综合考虑，争取在无线信道容量、信道质量反馈误差及信令开销三者之间取得平衡。

一般情况下，SINR 越高，CQI 越高，信道质量越好，应采用较少冗余的编码方式和较高阶的调制编码（较高的 MCS 等级），对应的就是相对较高的吞吐量。反之，SINR 越低，CQI 越低，表明信道条件较差，应采用冗余度较高的编码方式和较低阶的调制方式（较低的 MCS 等级），对应的就是较低的吞吐量。其实这也是 TD-LTE 系统的一种链路自适应技术，根据当前获取的信道信息，自适应地调整系统传输参数，使传输速率与信道变化的趋势一致，最大限度利用无线信道的传输能力，提高吞吐量。

通过对 LTE 路测中常见指标的分析，可以看出各参数是环环相扣、紧密联系的，联系起来才能客观、真实地反映 LTE 无线网络的质量和性能。在无线移动通信中，空中接口无线网络是最核心的部分，其性能的好坏直接影响用户的感知，所以不管是在建网初期还是后期维护，对空口无线网络的分析和优化都是不可缺少的，准确理解 LTE 无线路测常用指标的定义及其相互关系，对 LTE 理论学习、外场测试、网络评估、网络优化等工作都是极其重要的。

8.3 无线指标

8.3.1 无线覆盖类指标

无线网络的覆盖率反映了网络的可用性。RSRP 是衡量系统无线网络覆盖率的重要指标，是一个表示接收信号强度的绝对值，一定程度上可反映移动台距离基站的远近，因此这个 KPI 值可以用来度量小区覆盖范围大小。

中国移动 TD-LTE 无线子系统工程验收规范中，假设 eNodeB 单射频模块以 43dBm 功率发射信号的前提下，根据信道条件的不同分为 5 类测试点："极好"点、"好"点、"中"点、"差"点和"极差"点。这 5 类点参考 RSRP 区分如表 8-1 所示。

表 8-1　不同测试点的对比

测　试　点	RSRP取值范围（dBm）	SINR取值范围（dB）
极好点	>-85	>25
好点	-85～-95	16～25
中点	-95～-105	11～15
差点	-105～-115	3～10
极差点	<-115	<3

当 RSRP≥R 且 RSRQ≥S 时，F=1；

当 RSRP≥R 与 RSRQ≥S 至少有一个不等式不满足时，则 F=0。

其中：R 和 S 是 RSRP 和 RSRQ 在计算中的阈值。

覆盖率定义为 F=1 的测试点在测试区所有测试点中的百分比。表示如果某一区域接收信号功率超过某一门限同时信号质量超过某一门限则表示该区域被覆盖（F=1）。这里的覆盖率指的是区域覆盖率，不是边缘覆盖率。

8.3.2　呼叫建立类指标

呼叫成功率是反映 LTE 系统性能最重要的指标之一，也是运营商十分关注的指标。一个完整的呼叫接通率有多个层次：寻呼成功率、RRC 连接建立成功率和 E-RAB（无线接入承载）指配建立成功率。

1. RRC 连接建立成功率

RRC 连接建立成功率反映 eNB 或者小区的 UE 接纳能力，RRC 连接建立成功意味着 UE 与网络建立了信令连接。RRC 连接建立可以分两种情况：一种是与业务相关的 RRC 连接建立；另一种是与业务无关（如紧急呼叫、系统间小区重选、注册等）的 RRC 连接建立。前者是衡量呼叫接通率的一个重要指标，后者可用于考察系统负荷情况。

RRC 连接建立成功率（业务相关）用 RRC 连接建立成功次数和 RRC 连接建立尝试次数的比值来表示，对应的信令分别为：eNB 收到的 RRC CONNECTION SETUP COMPLETE 次数和 eNB 收到的 RRC CONNECTION REQ 次数。

2. E-RAB 建立成功率

E-RAB 指用户平面的承载，用于 UE 和 CN 之间传送语音、数据及多媒体业务。E-RAB 建立由 CN 发起。当 E-RAB 建立成功以后，一个基本业务即建立，UE 进入业务使用过程。

E-RAB 建立成功率用 E-RAB 指派建立尝试次数和 E-RAB 指派建立成功响应次数的比值表示。

E-RAB 建立成功率统计要包含 3 个过程：

（1）初始 Attach 过程，UE 附着网络过程中 eNB 收到的 UE 上下文可能会有 E-RAB 信息，此时 eNB 要建立。

（2）Service Request 过程，UE 处于已附着到网络但 RRC 连接释放的状态，这时 E-RAB 建立须包含 RRC 连接建立过程。

（3）Bearer 建立过程，UE 处于已附着网络且 RRC 连接建立状态，这时 E-RAB 建立只包含 RRC 连接重配过程。

E-RAB 建立成功率＝（Attach 过程 E-RAB 建立成功数目+Service Request 过程 E-RAB 建立成功数目+承载建立过程 E-RAB 建立成功数目）/（Attach 过程 E-RAB 请求建立数目+Service Request 过程 E-RAB 请求建立数目+承载建立过程 E-RAB 请求建立数目）×100%。

3．无线接通率

无线接通率反映小区对 UE 呼叫的接纳能力，直接影响用户对网络使用的感受。

无线接通率＝E-RAB 建立成功率×RRC 连接建立成功率（业务相关）×100%。

8.3.3 呼叫保持类指标

1．RRC 连接异常掉话率

对处于 RRC 连接状态的用户，存在由于 eNB 异常释放 UE RRC 连接的情况，这种概率表示基站 RRC 连接保持性能，一定程度上反映用户对网络的感受。

RRC 连接异常掉话率＝异常原因导致的 RRC 连接释放次数/（RRC 连接建立成功次数+RRC 连接重建立成功次数）×100%。

2．E-RAB 掉话率

eNB 由于某些异常原因会向 CN 发起 E-RAB 释放请求，请求释放一个或多个无线接入承载（E-RAB）。当 UE 丢失、不激活，或者 eNB 异常，eNB 会向 CN 发起 UE 上下文释放请求，这也会导致释放 UE 已建立的所有 E-RAB。

E-RAB 掉话率=（因异常原因 eNB 请求释放的 E-RAB 数目+因异常原因 eNB 请求释放 UE 上下文中包含的 E-RAB 数目）/E-RAB 建立成功数目×100%。

8.3.4 移动性管理类指标

切换成功率反映了小区间切换的情况，保证用户在移动过程中使用业务的连续性，与系统切换处理能力和网络规划有关。

LTE 切换可分为系统内切换和系统间切换，系统内切换又可根据载频配置情况分为同频切换和异频切换，系统间切换包括与 3G 系统（CDMA、WCDMA）和 2G 系统（GSM）的切换。

切换成功率=切换成功次数/切换请求次数×100%

【思考与复习题】

一、填空题

（1）________是指承载小区专属参考信号的资源粒子的功率贡献（以 W 为单位）的线性平均值。

（2）对于单载波 20MHz 带宽、单端口 20W 的 RRU，RSRP 功率为________dBm。

（3）________定义为接收宽带功率，包括参考信号、数据信号、邻区干扰信号，还包含了来自外部的其他干扰信号、噪声信号。

（4）________决定系统的实际覆盖情况，定义为 RSRP 和 RSSI 的比值。

（5）________是接收到的有用信号的强度与接收到的干扰信号（噪声加干扰）强度的比值。

（6）LTE 要求下行速率达到_________，上行速率达到_________；UE 的切换方式采用________切换。

（7）测试点 RSRP 的信号强度大于__________dBm 时，该测试点就属于极好点。

（8）RRC 连接建立可以分两种情况：一种是_____________RRC 连接建立；另一种是____________（如紧急呼叫、系统间小区重选、注册等）的 RRC 连接建立。

（9）LTE 切换可分为系统内切换和_________切换，系统内切换又可根据载频配置情况分为同频切换和__________切换。

二、判断题

（1）UE 可以根据 RSRP 计算出传播损耗，从而判断与基站的距离，因此 RSRP 可以用来度量小区覆盖范围大小。（　　）

（2）通常测量的 RSSI 平均值要比带内真正有用信号的平均值要高。（　　）

（3）不同的 CQI 取值对应不同的调制方式和编码效率，一般情况下，CQI 值越高说明信道质量越好。（　　）

（4）通常 SINR 越高，信号越能正确解调，信道环境越好，传输速率越高。（　　）

（5）不同的 MCS 值对应不同的调制阶数和编码速率，当信道条件变化时，系统需要根据信道条件选择不同的 MCS 方案，以适应信道变化带来的影响。（　　）

三、单项选择题

（1）一个完整的呼叫接通率不包含（　　）。

A．寻呼成功率

B．RRC 连接建立成功率

C．E-RAB 指配建立成功率

D．切换成功率

（2）中国移动 TD-LTE 无线子系统工程验收规范中，假设 eNodeB 单射频模块以 43dBm 功率发射信号，“差”点定义为（　　）。

A．RSRP=-105～-115dBm　　B．RSRP<-105dBm

C．RSRP<-110dBm　　D．RSRP<-115dBm

四、多项选择题

（1）E-RAB 建立成功率统计要包含的过程有（　　）。

A．初始 Attach 过程　　B．Service Request 过程

C．Bearer 建立过程　　D．Paging 建立过程

（2）下列哪些情况需要建立与业务无关的 RRC 连接过程？（　　）

A．寻呼　　B．注册

C．系统间小区重选　　D．切换

五、问答与计算

（1）请简述覆盖率的含义。

（2）E-RAB 建立成功率统计要包含哪三个过程？

第 9 章　LTE 基站天线的选择

在移动通信系统中，空间无线信号的发射和接收都是依靠天线来实现的。因此，天线对于移动通信网络来说，起着举足轻重的作用，如果天线的选择不好，或者天线的参数设置不当，都会直接影响整个移动通信网络的运行质量。本章将介绍天线的基本工作原理、结构、种类、技术参数以及天线的选择等知识。

9.1　天线的基本工作原理

当导线上有交变电流流动时，就可以发生电磁波的辐射，辐射的能力与导线的长度和形状有关。如图 9-1（a）、（b）所示，若两导线的距离很近，电场被束缚在两导线之间，因而辐射很微弱；将两导线张开，电场就散播在周围空间，如图 9-1（c）所示，这时两导线的电流方向相同，由两导线所产生的感应电动势方向相同，因而电磁波辐射能力较强。

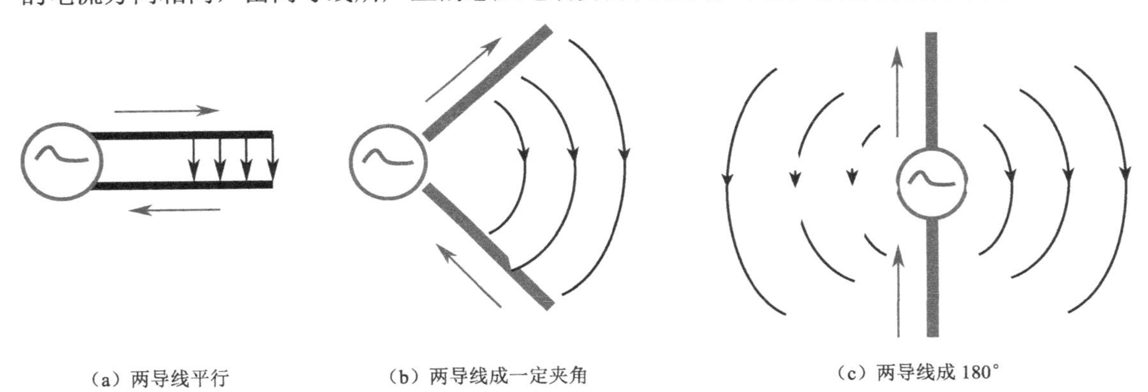
（a）两导线平行　（b）两导线成一定夹角　（c）两导线成 180°

图 9-1　电磁波的辐射能力与导线形状的关系

从实质上讲天线是一种转换器，它可以把在封闭的传输线中传输的电流转换为在空间中传播的电磁波，也可以把在空间中传播的电磁波转换为在封闭的传输线中传输的电流。

当导线的长度远小于波长时，导线的电流很小，辐射很微弱；当导线的长度增大到可与波长相比拟时，就能形成较强的辐射。通常将上述能产生显著辐射的直导线称为振子。两臂长度相等的振子称为对称振子。每臂长度为四分之一波长的对称振子称为半波振子；两臂总长与波长相等的振子，称为全波对称振子。将振子折合起来的，称为折合振子。半波振子如图 9-2 所示。

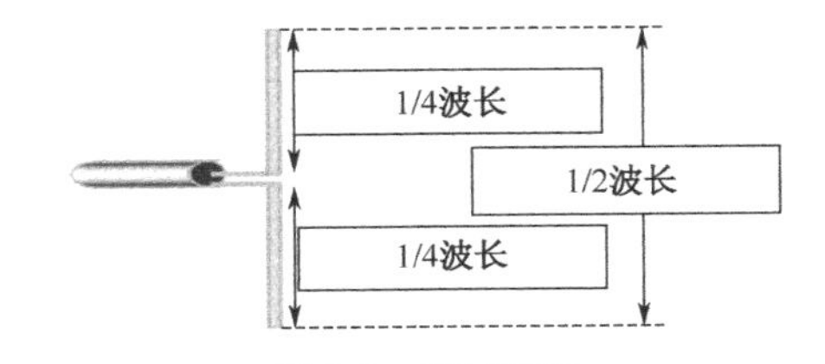

图 9-2　半波振子

由于单个天线的辐射方向性不够强，为了得到方向性较强的天线，常采用天线阵列的形式，所谓天线阵列就是将许多个天线按照一定的方式进行排列所形成的阵列，输入到每个天线的信号的幅度和相位都可以是不同的，这样通过合理控制各天线输入信号的幅度与相位，就可以得到所需要的天线特性。

不同方向的电磁波的传播过程是相互独立的，向左传播的电磁波不会影响向右传播的电磁波，因此一副天线可以同时作为接收和发射天线进行工作。

9.2 基站天线的种类

基站天线按照水平面方向图的特性可分为全向天线与定向天线两种，全向天线在水平面内的所有方向上辐射出的无线电波能量都是相同的，但在垂直面内不同方向上辐射出的无线电波能量是不同的。定向天线在水平面与垂直面内的所有方向上辐射出的无线电波能量都是不同的。

基站天线按照极化特性可分为单极化天线与双极化天线两种。一般来说，全向天线多为单极化天线，定向天线有单极化天线和双极化天线两种。

单极化天线多为垂直极化天线，其振子单元的极化方向为垂直方向，而双极化天线多为斜 45° 极化天线，其振子单元为左斜 45° 与右斜 45° 极化相交叉的振子，如图 9-3 所示。

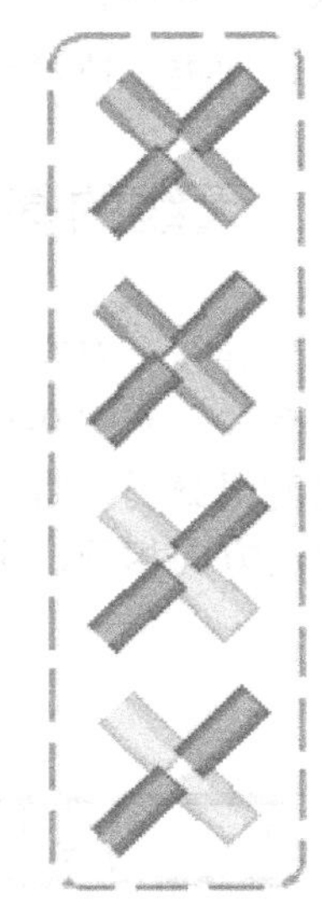

图 9-3　双极化天线结构

双极化天线相当于两副单极化天线合并在一副天线中，采用双极化天线可以减少塔上天线数量，减少工程安装的工作量，因而可以减少系统成本，因此目前得到广泛的使用。

基站天线按照应用的场合可以分为室外天线与室内天线。

9.3 基站天线的结构

在移动通信系统中使用的基站天线由多个单元振子、馈电网络、天线接头和天线罩组成，如图 9-4 所示。其中单元振子一般为长度是半个波长的半波振子，馈电网络一般采用等功率的功分网络。

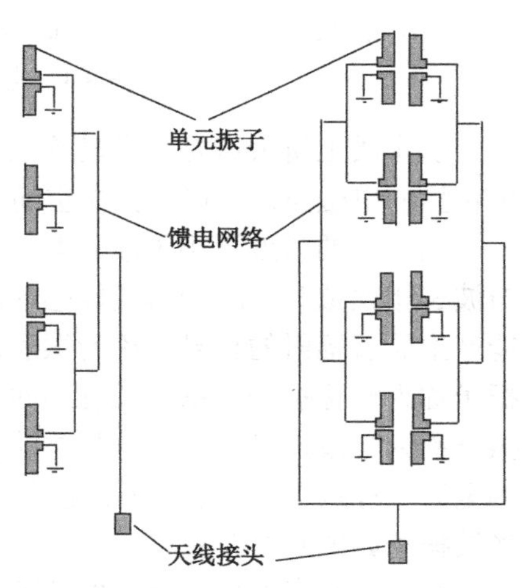

图 9-4　基站定向天线和全向天线结构图

天线的接头一般采用 DIN 型（7/16 型）接头，接头的位置一般在天线的底部，也有装在天线背部的。

在天线的外面，用天线罩将单元振子和馈电网络密封，以保护天线免于损坏。天线罩的材料一般为 PVC 或玻璃钢，其特点是对无线电波的损耗较小，强度也较好。

由于天线工作在室外环境中，为了防止进水对天线的性能产生影响，在天线的底部一般都有排水孔。

对于定向天线，在单元振子的后面是一块金属平板，作为反射面来提高天线的增益。

9.4 基站天线的技术参数

基站天线的参数包含电气参数和机械参数。

9.4.1 电气参数

影响天线性能的电气参数有很多，如工作频率、极化、方向图、半功率角、阻抗、增益、驻波比等。在移动网络规划与优化中，要根据各种不同的场景选择适合的基站天线，表 9-1 列出了 WCDMA 天线的电气性能指标，下面就基站天线性能指标中的电气参数进行介绍。

表 9-1 WCDMA 天线的主要电气性能指标

电气性能指标	
工作频段/MHz	1880～1920
天线增益/dBi	17±1
极化方式	垂直极化
水平面波瓣宽度/（°）	65±5
垂直面波瓣宽度/（°）	9±2
前后比/dB	≥28
第 1 上副瓣抑制/dB	≤-15
下倾精度/（°）	±1
驻波比	≤1.4
三阶交调/dBm	≤-107
电子下倾角/（°）	0
阻抗/Ω	50
功率容量/W	500

1．工作频段

每种型号的天线都有其适用的频段，移动通信常用频段见表 9-2。

表 9-2 移动通信频段分配表

系 统 名 称	上行频段/MHz	下行频段/MHz
LTE	1880～1920（F） 2010～2025（A） 2555～2635（D）	同前
WCDMA	1920～1980	2110～2170
GSM900	890～915	935～960
GSM900（E-GSM）	880～890	925～935
DCS1800	1710～1785	1805～1880
CDMA（BAND CLASS 0）	824.04～848.97	869.04～893.97
CDMA（BAND CLASS 1）	1850～1909.95	1930～1989.95

续表

系 统 名 称	上行频段/MHz	下行频段/MHz
CDMA（BAND CLASS 5，该频段不连续，大致如右边给出的连续分布值）	410～485	420～495
TD-SCDMA	1880～1920 2010～2025 2300～2400	1880～1920 2010～2025 2300～2400
PHS（在国内）	1900～1915	1900～1915

2．极化方向

天线的极化方向指天线在最大辐射方向上辐射出的电场矢量的方向。天线辐射出的无线电波由电场与磁场矢量构成，而电磁场矢量的方向在不同的空间方向上是不同的，在最大辐射方向的电场矢量方向定义为天线的极化方向。当没有特别说明时，通常以电场矢量的空间指向作为电磁波的极化方向，而且是指在该天线的最大辐射方向上的电场矢量来说的。

天线的极化方向一般与单元振子的摆放方向一致，当单元振子水平摆放时，天线的极化方向就是水平的；当单元振子垂直摆放时，天线的极化方向就是垂直的。

天线极化的特性之所以重要是因为接收天线能否接收到信号取决于电磁波的极化方向与接收天线的极化方向是否一致，如果电磁波的极化方向与接收天线的极化方向相互垂直，则接收天线接收不到信号。垂直的电场作用到水平放置的接收天线上时，天线导体上的电子无法在电场作用下运动，所以不能产生电流。当发射天线与接收天线都是垂直放置时，发射天线发出的电磁波的电场极化方向是垂直的，垂直的电场作用到垂直的接收天线上时，天线上的电子会在电场作用下垂直运动，所以就在接收天线上产生电流。

电场矢量在空间的取向在任何时间都保持不变的电磁波叫直线极化波，有时以地面为参考，电场矢量方向与地面平行的叫水平极化波，与地面垂直的叫垂直极化波。

不同频段的电磁波适合采用不同的极化方式进行传播，移动通信系统通常采用垂直极化，而广播系统通常采用水平极化，椭圆极化通常用于卫星通信。

WCDMA 天线按极化方式分单极化天线、双极化天线两种，其本质都是直线极化方式。WCDMA 中的单极化天线通常使用垂直极化方式。双极化天线利用极化分集来减少移动通信系统中多径衰落的影响，以提高基站接收信号的质量，WCDMA 中的双极化天线通常使用±45°交叉极化方式。

双极化天线相对于单极化天线有极化分集增益，且因为其极化方向有两个，适合城区接收信号经多次反射、折射造成的极化方向的变化，典型的应用场景为密集城区。

3．方向图

在三维空间内，天线的远区辐射电场的幅度是随角度变化的函数，在球坐标系中可表示成一个封闭的曲面。方向图可用来描述天线在三维空间里辐射的方向特性，一个典型的三维方向图如图 9-5 所示。

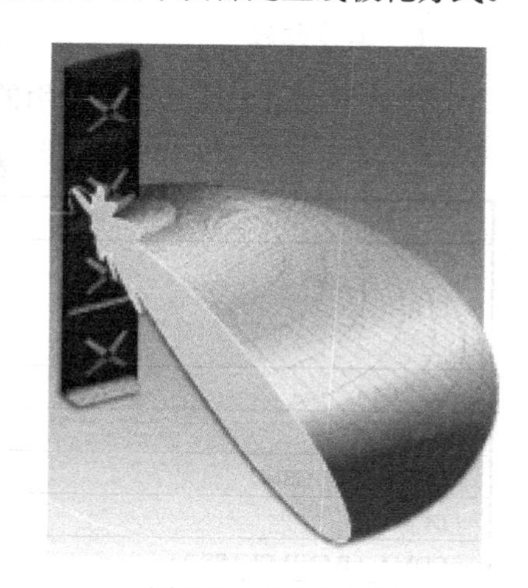

图 9-5　三维方向图

4. 水平面方向图

水平面方向图指天线的远区辐射电场的幅度在水平面内随角度变化函数的曲线，水平方向图反映了天线在水平面上的辐射特性，如理想全向天线的水平方向图是一个圆。一般水平方向图是按最大辐射方向的电场幅度值进行归一的。如图 9-6 所示为 65° 天线的水平面方向图。

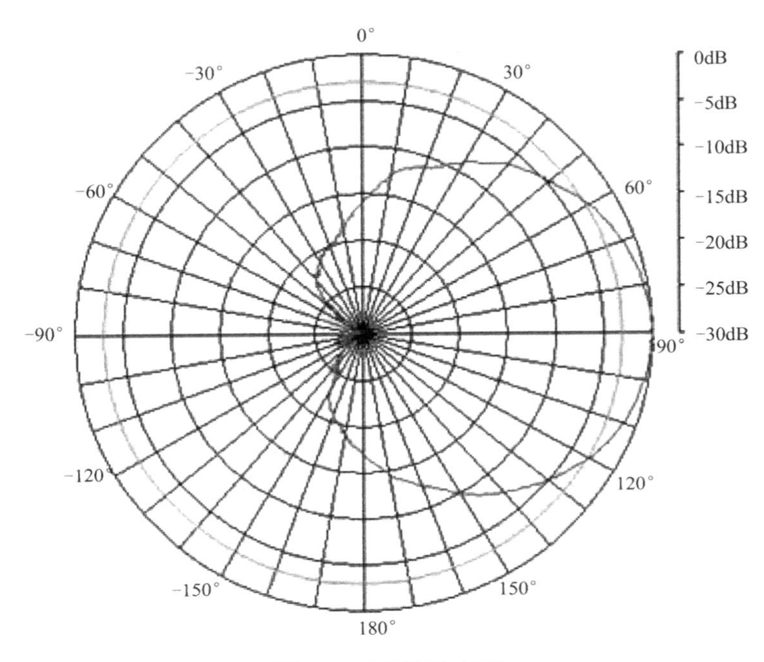

图 9-6 水平面方向图

5. 水平面波瓣宽度

在方向图中通常都有两个瓣或多个瓣，其中最大的瓣称为主瓣，其辐射信号的能力最强，其余的瓣称为副瓣或称为旁瓣。主瓣两半功率点与发射中心点之间的夹角定义为天线方向图的波瓣宽度，也称为半功率角或半功率瓣宽。在水平面方向图上，在最大辐射方向的两侧辐射功率下降 3dB 处射线之间的夹角为水平面波瓣宽度，也称为水平半功率角或水平半功率瓣宽，如图 9-7 所示。通常所说的 65° 天线即指水平面波瓣宽度为 65° 的天线。

基站天线的水平面波瓣宽度与天线的宽度尺寸有关，水平面波瓣宽度越宽，天线的宽度越小，比如 WCDMA 天线水平面波瓣宽度为 65°，天线的宽度约为 150mm，而水平面波瓣宽度为 32° 的天线其宽度约为 300mm。天线的瓣宽越窄，则天线的方向性越好，其抗干扰能力也越强。

6. 垂直面方向图

指天线的远区辐射电场的幅度在垂直面内随角度变化函数的曲线，垂直面方向图反映了天线在垂直面上的辐射特性。垂直面方向图也是按最大辐射方向的电场幅度值进行归一的。对于定向天线，主瓣上侧的副瓣应尽可能小，因为太大的上副瓣会使较多的干扰进入系统，影响通信质量。如图 9-8 所示为一天线的垂直面方向图。

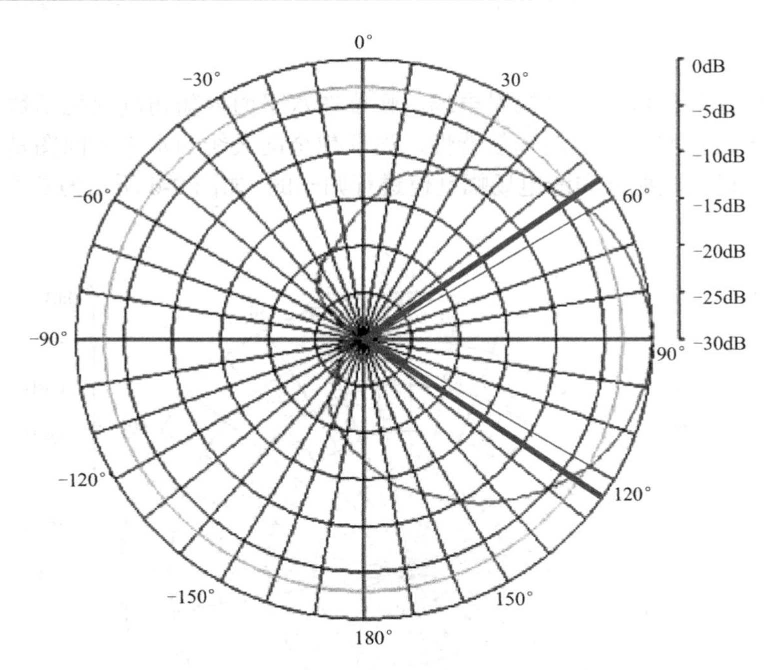

图 9-7　水平面波瓣宽度示意图

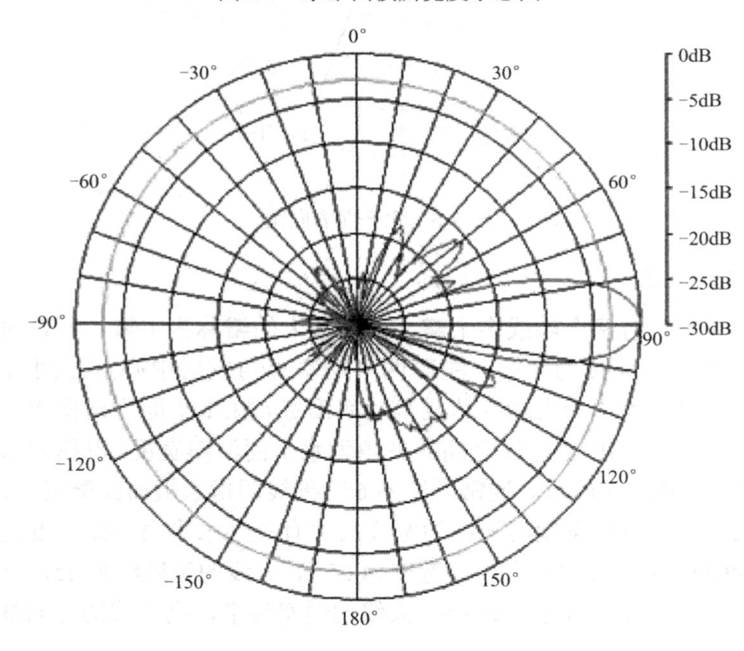

图 9-8　垂直面方向图

注意：全向天线的垂直面方向图不是圆形，即全向天线在垂直面内的辐射不是均匀的。

7．垂直面波瓣宽度

在垂直面方向图上，在最大辐射方向的两侧辐射功率下降 3dB 处两条射线之间的夹角为垂直面波瓣宽度，如图 9-9 所示。

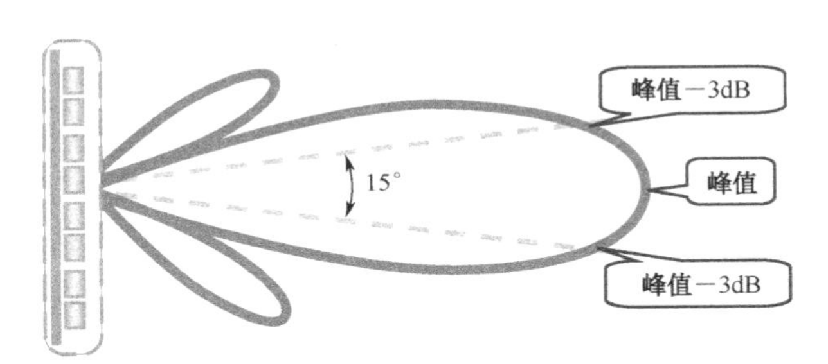

图 9-9　垂直面波瓣宽度示意图

基站天线的垂直面波瓣宽度与天线的高度尺寸有关，垂直面波瓣宽度越宽，天线的高度越小，比如 WCDMA 天线若垂直面波瓣宽度为 6.5°，天线的高度约为 1.4m，而垂直面波瓣宽度为 13° 的天线其高度约为 0.66m。

8．零点填充（Null Fill）

基站天线建在高塔上，经常会出现“塔下黑”的情况，也就是说塔下近处的无线信号远不如远处的无线信号好，满足不了通信需求，这通常和天线的垂直面特性有关，要求天线有良好零点填充特性。

基站天线垂直面内采用波束赋形设计时，为了使业务区内的辐射电平更均匀，下副瓣第 1 零点需要填充，不能有明显的零深。

9．上副瓣抑制

对于小区制蜂窝系统，为了提高频率复用能力，减少对邻区的同频干扰，基站天线波束赋形时应尽可能降低那些瞄准干扰区的副瓣，上侧第 1 副瓣电平应小于-18dB，对于大区制基站天线无这一要求。

10．波束下倾

由于覆盖或网络优化的需要，基站天线的俯仰面波瓣指向需要调整，如果完全依赖机械调节，当机械调节角度超过垂直面波瓣宽度时，基站天线的水平面波瓣覆盖将变形（要求机械下倾角不要超过天线垂直面的波瓣宽度），影响扇区的覆盖控制，目前波束下倾主要有以下几种。

1）固定波束电子下倾

天线设计时，通过控制辐射单元的幅度和相位，使天线主波瓣偏离天线阵列单元取向的法线方向一定的角度（如 3°、6°、9° 等），并与机械下倾配合，可以使天线下倾角最大调整到 18°～20°。

2）手动连续可调波束电子下倾

基站天线设计时采用可调移相器，使主波瓣指向可连续调节（下倾角在 0～10° 的范围内），若与机械下倾配合，则天线的下倾角可以调整到更大的范围。

3）可远端控制的波束电子下倾

该类型基站天线在设计时增加了微型伺服系统，通过精密电机控制移相器达到遥控调节目的，由于增加了有源控制电路，天线可靠性下降，同时防雷问题变得复杂。

11．增益

天线的增益是指在相同输入功率条件下，天线在最大辐射方向上某一点所产生的功率密度与理想点源天线在同一点所产生的功率密度的比值。增益反映了天线将无线电波集中发射到某一方向上的能力，一般来讲天线的增益越高，波瓣宽度越窄，天线发射出的能量也越集中。天线增益的单位一般有两种：dBi 与 dBd，其中 dBi 是以理想点源天线增益为参考的基准，而 dBd 是以半波振子天线增益为参考的基准。两者之间的关系为：以 dBi 为单位的数值比以 dBd 为单位的同一数值大 2.15。

dBi 定义为实际的方向性天线（包括全向天线）相对于各向同性天线的能量集中能力，“i”（Isotropic）表示各向同性。

dBd 定义为实际的方向性天线（包括全向天线）相对于半波振子天线的能量集中能力，“d”（Dipole）表示偶极子。

天线是一种能量集中的装置，在某个方向辐射的增强意味着其他方向辐射的减弱。通常可以通过水平面波瓣宽度的缩减来增强某个方向的辐射强度以提高天线增益。在天线增益一定的情况下，天线的水平面波瓣宽度与垂直面波瓣宽度成反相关关系，其关系可以表示为

$$G_a=10\times\lg[32400/(\theta\cdot\beta)]$$

式中，G_a 为天线增益（dBi）；β 为垂直面波瓣宽度（°）；θ 为水平面波瓣宽度（°）。

根据上述公式，当我们已知某一天线的增益和水平面波瓣宽度时，可以估算出其垂直面波瓣宽度。

例如：某一全向天线，增益 11dBi，水平面波瓣宽度 360°，其垂直面波瓣宽度为

$$\beta=\frac{32400}{\theta\times10^{G_a/10}}=\frac{32400}{360\times10^{1.1}}\approx7.15°$$

由于设计和制造工艺上的差异，实际全向天线的垂直面波瓣宽度往往比上述计算结果要小。两者差别越小，说明天线设计得越好。

如图 9-10 所示，该图分别给出了垂直面波瓣宽度为 6.5°、13°、25° 和 78° 四种类型的振子天线，其天线增益、垂直面波瓣宽度和水平面波瓣宽度三者的关系。

由图 9-10 可知，当天线增益较小时，天线的垂直面波瓣宽度和水平面波瓣宽度通常较大；而当天线增益较高时，天线的垂直面波瓣宽度和水平面波瓣宽度通常较小。

另外，天线增益取决于振子的数量。振子越多，增益越高，天线的孔径（天线有效接收面积）也越大。对于全向天线，增益增加 3dB，天线长度约增加 1 倍，因此全向天线通常增益不会超过 11dBi。

12．特性阻抗

无限长传输线上各处的电压与电流的比值定义为传输线的特性阻抗。同轴电缆的特性阻抗的计算公式为

$$Z_0=\frac{138}{\sqrt{\varepsilon_r}}\lg\frac{D}{d}$$

式中，Z_0 为特性阻抗；D 为同轴电缆外导体铜网内径（m）；d 为同轴电缆芯线外径（m）；ε_r 为导体间绝缘介质的相对介电常数。

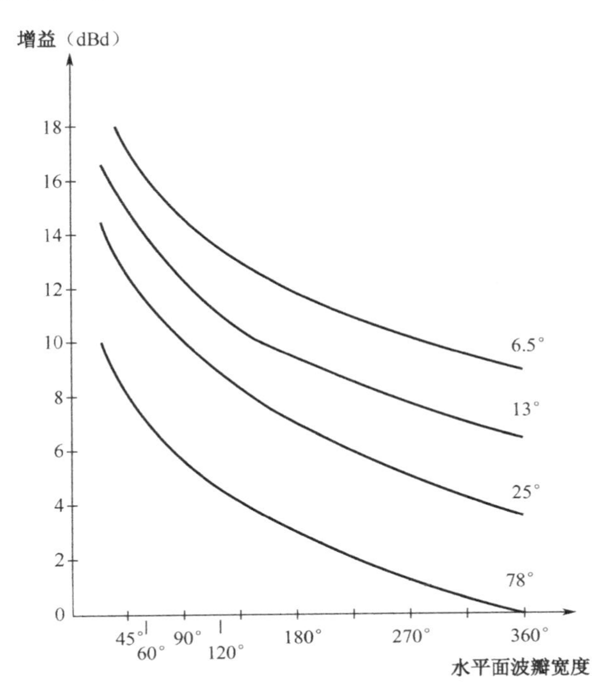

图 9-10　天线增益与波瓣宽度的关系

由公式不难看出，馈线特性阻抗只与同轴电缆外导体铜网内径和同轴电缆芯线外径以及导体间介质的相对介电常数 ε_r 有关，而与馈线长短、工作频率以及馈线终端所接负载阻抗无关。

馈线终端所接负载阻抗 Z_L 等于馈线特性阻抗 Z_0 时，称为馈线终端是匹配连接的。匹配时，馈线上只存在传向终端负载的入射波，而没有由终端负载产生的反射波，因此，当天线作为终端负载时，匹配能保证天线取得全部信号功率。当天线阻抗为 50Ω 时，与特性阻抗为 50Ω 的电缆是匹配的，而当天线阻抗为 75Ω 时，与特性阻抗为 50Ω 的电缆是不匹配的。

通常特性阻抗 Z_0=50 或 75Ω，其中通信行业使用 50Ω 阻抗的馈线，75Ω 阻抗的馈线则一般为广播电视系统所采用。

13．反射损耗与电压驻波比

一般来讲，发射端通过天线发射电磁波，都不会 100%发射出去，总会因为天线阻抗不匹配而在天线接头处反射回部分功率，这种被反射的波与入射波叠加后形成的波称为驻波。反射损耗指在天线的接头处的反射功率与入射功率的比值，反射损耗反映了天线的匹配特性。

电压驻波比是驻波电压最大值（U_{Max}）和最小值（U_{Min}）的比值。电压驻波比与反射损耗都是描述匹配状态的概念，只不过反射损耗是通过功率来描述，而电压驻波比是通过电压来描述。电压驻波比过大，将缩短通信距离，而且反射功率将返回发射端功放部分，容易烧坏功放管，影响通信系统正常工作。

在移动通信蜂窝系统的基站天线中，在指定的工作频段、温度范围、湿度范围内电压驻波比（VSWR）最大值应不大于 1.5，即反射损耗不大于 14dB。

$$R.L.=10\lg(P_{in}/P_r)=-20\lg\Gamma$$
$$VSWR=(1+\Gamma)/(1-\Gamma)$$

式中，R.L.为反射损耗，单位为 dB；P_{in}为输入功率，单位为 W；P_r为反射功率，单位为 W；Γ为反射系数；VSWR 为电压驻波比。

假设基站发射功率是 10W，反射功率为 0.5W，由此可算出反射损耗 R.L.＝10lg（10/0.5）≈13dB。由于 R.L.=−20lgΓ，可以求出反射系数 $\Gamma=10^{-(R.L./20)}=10^{-0.65}\approx0.224$，所以电压驻波比为（1＋$\Gamma$）/（1－$\Gamma$）≈1.58。

当 VSWR=1.5 时，利用上述公式得出 R.L.≈13.98dB。

14．前后比

前后比指天线前向最大辐射方向的功率密度与后向±30° 范围内的最大辐射方向的功率密度的比值。前后比反映天线对后向干扰的抑制能力，该参数只对定向天线有意义。一般的基站天线该指标要求达到 25dB，如图 9-11 所示。

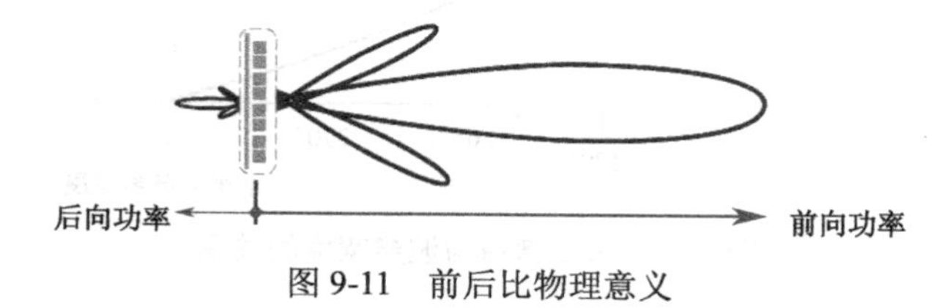

图 9-11　前后比物理意义

15．天线隔离度

天线隔离度分两种：一种是天线间隔离度，同频天线要求两天线间的水平间距大于 10 个波长，垂直间距大于 3 个波长，如果计算的话，只能通过网络分析仪直接测试，一个天线发射，另外一个天线接收，则发射功率（20W）/接收功率（1mW）=20000，如果单位是 dB，即发射功率（43dBm）-接收功率（0dBm）=43dB（注意单位变化）。另一种是±45° 双极化天线端口隔离度，一般也是用网络分析仪测试的，例如+45° 端口输入功率 43dBm，此时-45° 端口接收到+45° 端口辐射功率中的 3dBm，两端口间隔离度=+45° 端口输入功率（43dBm）-45° 端口接收功率（3dBm）=40dBm。

天线隔离度是表征天线之间相互影响程度的重要参数。天线间隔离度越大，天线相互影响越小，系统间干扰越小。一般来讲，隔离度越大越好。

对于多端口天线，如双极化天线、双频段双极化天线，收发共用时端口之间的隔离度应大于 30dBm。

16．功率容量

功率容量是指天线所能承受的平均功率的容量，天线及其连接装置所承受的功率是有限的，考虑到基站天线的实际最大输入功率（单载波功率为 20W），若天线的一个端口最多输入 4 个载波，则天线的最大输入功率为 80W，因此，天线的单端口功率容量应大于 80W（环境温度为 65℃时）。

17．无源互调

所谓无源互调是指接头、馈线、天线、滤波器等无源部件工作在多个载频的大功率信号条件下时，由于部件本身存在非线性特性而引起的互调效应。通常都认为无源部件是线性的，但是在大功率条件下无源部件都不同程度地存在一定的非线性，这种非线性主要是由以下因素引起的：

（1）不同材料的金属的接触。

（2）相同材料的接触表面不光滑。

（3）连接处不紧密。

（4）存在磁性物质。

无源互调效应有些类似于二极管的工作原理。当输入一个频率的大功率信号时，由于这种非线性效应会产生高次谐波；当输入不同频率的大功率信号时，会产生混频效应，导致其他频点信号的产生，这些新产生的信号称为互调产物，见表 9-3。

表 9-3　互调产物输出信号表

输入信号	输出信号
单频率信号：f_1	基波：f_1 高次谐波：$2f_1$、$3f_1$、$4f_1$、…
双频率信号：f_1、f_2	基波：f_1、f_2 高次谐波：$2f_1$、$2f_2$、$3f_1$、$3f_2$、$4f_1$、$4f_2$ 、… 互调产物：f_1-f_2、f_2-f_1、$2f_2$-f_1、$2f_1$-f_2、$3f_2$-$2f_1$、$3f_1$-$2f_2$、…

互调产物的存在会对通信系统产生干扰，特别是落在接收带内的互调产物将对系统的接收性能产生严重影响，因此在移动通信系统中对接头、电缆、天线等无源部件的互调特性都有严格的要求。一般来说，接头的无源互调指标应≤-150dBc，电缆的无源互调指标≤-170dBc，天线的无源互调指标≤-150dBc。

在接头的加工过程中，为了保证良好的无源互调特性，需要特别控制镀银工艺与装配过程。在天线的生产过程中，为了减小无源互调效应，厂家会尽量减少天线内部馈电网络的焊接点数量，同时会采用质量良好的接头，每一副天线在出厂前都要经过无源互调指标的检测，以确保这项指标满足要求。

在实际使用过程中，如果接头接触不良（如接头里较脏、里面有金属碎屑），接头的镀银层被严重腐蚀或氧化，天线的焊点开裂等都会导致系统的无源互调特性恶化。

9.4.2　机械参数

天线的机械参数主要包含风载荷、工作温度和湿度、雷电防护以及防潮、防盐雾、防霉菌（三防）能力，见表 9-4。

表 9-4　WCDMA 天线的主要机械参数指标

天线尺寸/mm	1935×265×141
重量/kg	11
机械下倾角/（°）	0～12
接头类型	7/16 Din 阴头
环境温度/℃	-55～+70
风载荷	工作风速 110km/h，极限风速 200km/h
雷电防护	直接接地
三防	设备具有防潮、防霉、防盐雾的性能

1．风载荷

基站天线通常安装在高楼及铁塔上，尤其在沿海地区，常年风速较大，要求天线在风速 36m/s 时正常工作，在 55m/s 时不被破坏。

天线本身通常能够承受强风，在风力较强的地区，天线通常是由于铁塔、抱杆等被破坏而遭到损坏。因此在这些地区，应选择表面积小的天线。

2．工作温度和湿度

基站天线应在环境温度-40～65℃和相对湿度 0～100%范围内正常工作。

3．雷电防护和三防能力

基站天线所有射频输入端口均要求直流直接接地。

基站天线必须具备三防能力，即防潮、防盐雾、防霉菌。对于基站全向天线必须允许天线倒置安装，同时满足三防要求。

9.4.3 天线特性对系统性能的影响

由于天线处于通信系统的最前端，所以对整个系统的影响也是最直接的。天线的方向图与天线的下倾角直接决定了系统的覆盖区域的形状，而天线的安装高度和天线的增益对系统的覆盖范围有直接的影响，在一定范围内，天线安装高度越高，天线的增益越高，系统所覆盖的范围也越大。天线的特性对系统所受干扰程度也有直接的影响，后瓣比较高的天线就容易将后面来的干扰信号引入系统内，而上副瓣较高的天线在下倾使用时容易对周围小区造成一定的干扰。无源互调产物较多的天线在有大功率信号通过时会成为一个干扰源，对自身的系统或其他系统都会产生干扰。

当天线由于设计缺陷或天线罩品质不良而发生进水问题时，由于水的导电性能比较好，会将天线接头的内外导体短路，导致通信信号发生强烈反射，使发射信号不能有效地发射出去，接收信号也无法有效接收进来，会引起系统覆盖范围急剧变小，大量用户无法通信。

9.5 基站天线的选择

移动通信天线的技术发展很快，早期主要使用普通的定向和全向型移动天线，目前移动网已经广泛使用电调天线和双极化移动天线。移动通信系统中各种天线的使用频率、增益和前后比等指标应符合网络要求，我们将重点从天线辐射方向、天线极化方向、天线下倾角和双频网络共用天线四个方面，对常用的天线进行简要分析，另外介绍一种常用的天线，便于大家对基站天线进行选择。

9.5.1 辐射方向

1．全向天线

全向天线在水平面方向图上表现为 360° 都均匀辐射，也就是平常所说的无方向性，在垂直面方向图上表现为有一定宽度的波瓣，一般情况下波瓣宽度越小，增益越大。

适用场景：全向天线在移动通信系统中一般应用于郊县大区制的站型，覆盖范围大。目前工程中应用较少。

2. 定向天线

定向天线在水平面方向图上表现为一定角度范围辐射，也就是平常所说的有方向性，在垂直面方向图上表现为有一定宽度的波瓣，同全向天线一样，波瓣宽度越小，增益越大。

定向天线在移动通信系统中一般应用于城区小区制的站型，覆盖范围小，用户密度大，频率利用率高。

目前定向天线在工程各场景中普遍使用。在城区，适合使用中等增益（16～18dBi）、水平面半功率波瓣宽度 65°、固定 3～6° 电子下倾（辅助机械下倾）的定向天线，一方面这种增益天线的体积和尺寸比较适合城区使用；另一方面，在较短的覆盖半径内由于垂直面波瓣宽度较大使信号更加均匀，中等增益天线在相邻扇区方向比高增益天线覆盖的信号强度更加合理；在郊区，话务量较大、覆盖半径在 1.5～2km 时，应采用中等增益（16～18dBi）、半功率波瓣宽度 90° 或 65°、固定 3° 电子下倾（辅助机械下倾）的定向天线，由于基站天线高度通常不大于 50m，因此可以采用全机械下倾天线，若基站天线高度超过 50m，应采用固定电子下倾的天线；公路或铁路的覆盖可以采用窄波瓣天线，如水平面半功率波瓣宽度为 30～33°，增益高达 21dBi，这种定向天线可以使覆盖距离增加，减少基站数量从而降低建设成本，当然，采用高增益天线，其体积明显较大，在工程设计与安装时都要考虑天线的风载荷和抱杆的承重。

9.5.2 极化方向

1. 单极化天线

单极化天线在移动通信基站中通常指单一垂直极化天线，实验证明，在开阔地区的山区或平原农村，这种天线的覆盖效果比双极化（±45°）天线更好，平均电平高出 3～10dB，主要原因是在路测或定点测试时，手机的天线取向通常垂直地面，更容易与垂直极化信号匹配。另外，在开阔地区的山区或平原农村，垂直极化信号不容易发生极化旋转，因此在这些区域，得到的覆盖效果更好，而在城市，由于建筑物林立，建筑物内外的金属体很容易使极化发生旋转，因此单极化天线和双极化天线对信号的影响相差不大。

适用场景：在开阔地区的山区或平原农村，建议使用单极化天线。由于单极化天线需要更多的安装空间，因此选择时需要考虑天线的隔离度。

2. 双极化天线

双极化天线是一种组合了 45° 和−45° 两副极化方向相互正交的天线，它能同时工作在收发双工模式下，因此其最突出的优点是节省单个定向基站的天线数量；一般 WCDMA 移动通信网的定向基站包含 3 个扇区，要使用 6 副天线，每个扇区使用两副天线，其中一副天线负责发射信号，另外一副负责接收信号，如果使用双极化天线，每个扇区只需要一副天线；同时由于在双极化天线中，±45° 的极化正交性可以保证两副天线之间的隔离度满足互调对天线间隔离度的要求（≥30dB），因此双极化天线之间的空间间隔仅需 20～30cm；另外，双极化天线具有电调天线的优点，在移动通信网中使用双极化天线同电调天线一样，可以降低呼损（即呼叫损失），减小干扰，提高全网的服务质量。如果使用双极化天线，由于双极化天线对架设安装要求不高，从而节省建设投资，同时使基站布局更加合理，基站站址的选定更加容易。

9.5.3 下倾角

1. 机械天线

所谓机械天线，即指使用机械方式调整下倾角的移动天线。

实践证明：机械天线的最佳下倾角为1～5°；当下倾角在5～10°范围变化时，其天线方向图稍有变形但变化不大；当下倾角在 10～15°范围变化时，其天线方向图变化较大；当机械天线下倾角超过 15°后，天线方向图形状改变很大，从没有下倾时的鸭梨形变为纺锤形，这时虽然主瓣方向覆盖距离明显缩短，但是整个天线方向图不是都在本基站扇区内，在相邻基站扇区内也会收到该基站的信号，从而造成严重的系统内干扰。

机械天线适用于网络调整不大的郊县区域。

2. 电调天线

所谓电调天线，是指使用电子控制方式调整下倾角的移动天线，即通过改变共线阵天线振子的相位，改变垂直分量和水平分量的幅值大小，改变合成电场强度，从而使天线的垂直面方向图下倾。由于天线各方向的电场强度同时增大和减小，保证在改变下倾角后天线方向图变化不大，使主瓣方向覆盖距离缩短，同时又使整个方向图在服务小区扇区内减小覆盖面积但又不产生干扰。

实践证明，电调天线下倾角在 1～5°范围变化时，其天线方向图与相同下倾角的机械天线方向图大致相同；当下倾角在5～10°范围变化时，其天线方向图较相同下倾角的机械天线方向图有改善；当下倾角在 10～15°范围变化时，其天线方向图较相同下倾角的机械天线方向图变化较大；当电调天线下倾角超过 15°后，其天线方向图与相同下倾角的机械天线方向图明显不同，这时电调天线方向图形状改变不大，主瓣方向覆盖距离明显缩短，整个天线方向图都在本基站扇区内，增加下倾角，可以使扇区覆盖面积缩小，但不产生干扰，因此采用电调天线能够降低呼损，减小干扰。另外，电调天线允许系统在不停机的情况下对垂直面方向图下倾角进行调整，实时监测调整的效果，调整下倾角的步进精度也较高（0.1°），因此可以对网络实现精细调整；电调天线的三阶互调指标为-150dBc，较机械天线相差 30dBc，有利于消除邻频干扰和杂散干扰。

适用场景：主要用于城区，由于城区经常要进行老基站扩容和架设新基站，网络优化和调整较多；采用可调电子下倾天线极大地缓解了网优的劳动强度并节约了时间，另外，电调天线也适用于架设在高处或挂高较高的站点，便于采用电子控制方式调整移动天线的下倾角。

9.5.4 双频网络共用天线

双频网络共用天线可让不同的通信系统共用同一副发射天线，以便有效地节约安装空间。目前双频网络共用定向天线的结构和安装方法与现有的单频段天线相同，但重量有所增加。

双频网络共用天线用于城市或话务量特大的地方，因此水平面半功率波瓣宽度 65° 天线为首选，同时要求天线有 6° 或 9° 的固定电子下倾角或可调（0～10°）电子下倾角，增益采用中等（15～16dBi）即可。

9.5.5 8 通道天线

目前多天线技术是 LTE 系统提升性能的重要手段，也是国际技术发展热点。TD-LTE 继承 TD-SCDMA 智能天线应用经验，并进一步优化，发展了基于 8 通道的智能多天线技术，目前主要天线产品可分为 2 通道天线和 8 通道天线。硬件区别在于天线阵列的数量；在功能上，2、8 通道天线均可实现上下行分集和空间复用功能，而 8 通道天线更具备波束赋形功能，具体见表 9-5。

表 9-5 8 通道天线特性

天线技术类型	协议定义传输模式	可用天线类型	适用信道及通信环境
下行分集	发射分集（SFBC）	2通道和8通道天线	下行控制信道。 在信噪比较低的环境也适用于业务信道
上行分集	接收分集（MRC或IRC）		适用于上行所有信道和环境
下行空间复用	开环空间复用		下行业务信道。 适用于信道条件好且变化较快的环境
	闭环空间复用		下行业务信道。 适用于信道条件好且变化较慢的环境
下行波束赋形	单流波束赋形	8通道天线	下行业务信道。 适用于信道变化较慢的环境
	双流波束赋形		

8 通道天线下行采用波束赋形技术，对于系统性能提升（尤其对于小区边界的性能改善）效果显著，上行由于 8 通道接收，相对于 2 通道接收，性能也可有明显提高。在连续覆盖的多种场景下，8 通道天线相比 2 通道天线在覆盖、吞吐量方面都具备显著优势，2 通道天线多用于街道站补盲/高速场景（高铁等）。

基站可根据用户信道条件选择合适的多天线技术，不同的天线模式对覆盖和速率都会有不同的影响，具体见表 9-6。

表 9-6 8 通道天线与 2 通道天线对比

天线类型	比较指标	上行			下行		
		分集	复用	波束赋形	分集	复用	波束赋形
2通道天线	是否应用	√	×	×	√	√	×
	效果	3dB	无	无	3dB	速率加倍	无
8通道天线	是否应用	√	×	×	√	√	√
	效果	9dB	无	无	3dB	速率加倍	4～8dB

【思考与复习题】

一、填空题

（1）两臂长度相等的振子称为__________，每臂长度为四分之一波长的振子称为________，全长与波长相等的振子称为________。

（2）基站天线按照水平面方向图的特性可分为________与________两种。

（3）天线按照极化特性可分为________天线与________天线两种。

（4）单极化天线多为________天线，其振子单元的极化方向为垂直方向，而双极化天线多为斜________度极化天线。

（5）主瓣两半功率点间的夹角定义为天线方向图的________。

（6）________是指在相同输入功率条件下，天线在最大辐射方向上某一点所产生的功率密度与理想点源天线在同一点所产生的功率密度的比值。

（7）天线的增益可用 dBi 和 dBd 表示，17dBi=________dBd。

（8）________与反射损耗都是描述天线输入阻抗与特性阻抗匹配状态的概念。

（9）________是指在天线的接头处的反射功率与入射功率的比值。

（10）在移动通信蜂窝系统的基站天线中，在指定的工作频段、温度范围、湿度范围内 VSWR 最大值应小于或等于________。

（11）2、8 通道天线均可实现上下行分集和空间复用功能，而 8 通道天线更具备________功能。

二、判断题

（1）当没有特别说明时，通常以电场矢量的空间指向作为电磁波的极化方向，而且是指在该天线的最大辐射方向上的电场矢量来说的。（　　）

（2）单极化天线多为垂直极化天线，其振子单元的极化方向为垂直方向。（　　）

（3）天线主瓣瓣宽越窄，则方向性越好，抗干扰能力越强。（　　）

（4）天线增益反映了天线将无线电波集中发射到某一方向上的能力，一般来讲天线的增益越高，波瓣宽度越窄，天线发射出的能量也越集中。（　　）

（5）天线增益的单位一般有两种：dBi 与 dBd，其中 dBi 是以理想点源天线增益为参考的基准，而 dBd 是以半波振子天线增益为参考的基准。（　　）

（6）在天线增益一定的情况下，天线的水平面波瓣宽度与垂直面波瓣宽度成正比。（　　）

（7）中国移动 TD-LTE 使用的 F 频段主要用于室内覆盖。（　　）

（8）中国移动 TD-LTE 使用的 E 频段主要用于室外覆盖。（　　）

（9）磁场矢量方向与地面平行的电磁波叫水平极化波。（　　）

（10）理想全向天线的水平方向图是一个圆。（　　）

（11）全向天线的垂直方向图是圆形。（　　）

（12）基站天线的垂直面波瓣宽度与天线的高度尺寸有关，垂直面波瓣宽度越宽，天线的高度越小。 （ ）

三、单项选择题

（1）下面不属于天线性能的电气参数是（ ）。
A．工作频率 B．半功率角 C．阻抗 D．风载荷

（2）中国移动 TD-LTE 使用的 F 频段包含（ ）。
A．1880-1890 B．2320-2370 C．2575-2635 D．2300-2320

（3）关于 8 通道天线说法错误的是（ ）。
A．支持上行和下行分集 B．支持空间复用功能
C．支持波束赋形 D．多用于街道站补盲/高速场景

（4）8 通道天线上行分集增益能达到（ ）。
A．3dBm B．6dBm C．9dBm D．0dBm

（5）下列关于 2 通道天线和 8 通道天线上下行描述不正确的是（ ）。
A．8 通道天线上行不使用波束赋形技术
B．2 通道天线和 8 通道天线下行都支持复用技术
C．2 通道天线和 8 通道天线上行都不支持复用技术
D．2 通道天下下行不支持复用技术

（6）下列关于天线使用说法错误的是（ ）。
A．下行分集适用于信噪比较低的环境
B．下行空间复用适用于信道条件好的环境
C．下行波束赋形适用于信道变化较快的环境
D．下行采用波束赋形技术的 8 通道天线，对于小区边界的性能改善效果显著

（7）天线的俯仰角准确定义是指哪两者之间的夹角？（ ）
A．天线最大垂直辐射方向与地面水平方向
B．天线最大垂直辐射方向与地面垂直方向
C．天线正面平面与地面水平方向
D．天线正面平面与地面垂直方向

（8）通常我们所说的天线绝对高度指的是（ ）。
A．天线的挂高
B．天线所在铁塔的海拔与覆盖地点海拔的差值
C．天线的挂高加铁塔所在地的海拔
D．天线的挂高加上天线所在铁塔海拔与覆盖区域的差值

（9）下列关于驻波比的说法正确的是（ ）。
A．它衡量负载匹配程度的一个指标
B．它衡量输出功率大小的一个指标
C．驻波越大越好，机顶口驻波大则输出功率就大
D．它与回波损耗没有关系

（10）在同样的覆盖要求下，采用 F 频段组网与采用 D 频段组网相比，所需要的站点数（　　）。

A．更多　　B．更少　　C．基本相当　　D．难以评估

四、多项选择题

（1）中国移动 TD-LTE 工作频段包含（　　）。

A．1880-1890　　B．2320-2370　　C．2575-2635　　D．2300-2320

（2）基站天线必须具备三防能力是指（　　）。

A．防潮　　B．防盐雾　　C．防霉菌　　D．防腐蚀

（3）单极化天线在移动通信基站中通常指单一垂直线极化天线，常用于哪些场景？（　　）

A．开阔地区的山区　　B．农村

C．市区　　D．密集市区

五、计算题

在工程上，常用 dBm 来表示功率，用 dB 来表示相对倍数，请计算：

（1）10dBm 等于多少 W？

（2）43dB 相当于多少倍？

六、简答题

（1）常见的基站天线有哪些？它们用于什么场合？

（2）天线的基本工作原理是什么？

（3）什么是半波振子？什么是天线阵列？

（4）什么是天线的极化方向？

（5）什么是天线的水平面波瓣宽度和垂直面波瓣宽度？

（6）什么是天线的增益？

（7）什么是 VSWR？它与反射损耗有何关系？

第 10 章　LTE 无线网络覆盖优化

良好的无线覆盖是保障移动通信网络质量的前提。在无线网络优化中，第 1 步即为进行覆盖的优化，这也是非常关键的一步。特别是对 LTE 网络而言，由于其多采用同频组网方式，同频干扰严重，覆盖与干扰问题对网络性能影响重大。

覆盖优化主要消除网络中存在的四种问题：覆盖空洞、弱覆盖、越区覆盖和重叠覆盖。覆盖空洞可以归入弱覆盖中，越区覆盖和重叠覆盖都可以归为交叉覆盖，所以，从这个角度和现场可实施角度来讲，优化主要有两个内容：消除弱覆盖和交叉覆盖。

覆盖优化目标的制定，就是结合实际网络建设，确定最大限度地解决上述问题的标准。

10.1　覆盖问题产生的原因

1）无线网络规划不合理

无线网络规划直接决定了后期覆盖优化的工作量和未来网络所能达到的最佳性能。从传播模型选择、传播模型校正、电子地图、仿真参数设置以及仿真软件等方面保证规划的合理性，避免规划导致的覆盖问题，确保在规划阶段就满足网络覆盖要求。

2）实际站点位置与规划不一致

规划的站点位置是经过仿真能够满足覆盖要求的，实际站点位置由于各种原因无法完全达到规划要求，导致网络在建设阶段就产生覆盖问题。

3）实际参数和规划参数不一致

由于安装质量问题，出现天线挂高、方位角、下倾角、天线类型与规划的不一致，使得原本规划已满足要求的网络在建成后出现了很多覆盖问题。虽然后期网优可以通过一些方法来解决这些问题，但是会大大增加项目的成本。

4）覆盖区无线环境的变化

一种是无线环境在网络建设过程中发生了变化，个别区域增加或减少了建筑物，导致出现弱覆盖或越区覆盖。另外一种是由于街道效应和水面的反射导致形成越区覆盖和导频污染。这种要通过控制天线的方位角和下倾角，尽量避免沿街道直射，减少信号的传播距离。

5）增加新的覆盖需求

覆盖范围的增加、新增站点、搬迁站点等原因，导致网络覆盖发生变化。

实际的网络建设中，尽量从上述五个方面规避网络覆盖问题的产生。

10.2 覆盖指标分析

10.2.1 覆盖常用参数

1．RSRP

RSRP 在协议中的定义为在测量频宽内承载 RS 的所有 RE 功率的线性平均值。UE 的测量状态包括系统内、系统间的 RRC_IDLE 态和 RRC_CONNECTED 态。

在链路预算中，RSRP=RS 信号发射功率+扇区侧天线增益-传播损耗-建筑物穿损-人体损耗-线缆损失-阴影衰落+终端天线增益。其中：UE 测量 RSRP 参考点为天线连接器；RS 信号发射功率为 RS 在 eNodeB 的机顶发射功率。

TD-LTE 的 RS 下行灵敏度为-124dBm，考虑物理下行控制信道（PDCCH）的 CCE 聚合度根据信道质量实时调整，以 PDCCH 采用 8CCE 的链路预算对比，此时 PDCCH 最大路损比 RS 少 1.5dB，PRACH 采用 Format1，最大路损与 RS 相差约 1dB。这种情况下，RSRP 在-122.5dBm 以上可以工作，预留 15dB 余量后，要求 RSRP>-107dBm，在实际优化过程中，可以按照-105dBm 来要求。

RSRP>-105dBm 的边缘覆盖：通过链路预算和仿真，对应在 20MHz 带宽组网，单小区 10 个用户同时接入，小区边缘覆盖用户下行速率约 1Mbps。如果边缘覆盖用户要求更高的承载速率，需要适当调整 RSRP 的边缘覆盖目标。

RSRP 在道路上大于-95dBm（天线放置于车外），考虑了一定的阴影衰落余量和一定的穿透损耗。考虑阴影衰落余量主要是为了在有阴影衰落情况下保证一定的无线接通率。而加入穿透损耗主要是考虑建筑物内的用户也能够得到服务。在道路优化时，优先考虑 RSRP 达到-100dBm 以上的要求，如果 RSRP 达不到-100dBm，再考虑满足-105dBm 的要求。在密集城区、一般城区和重点交通干线上，RSRP 应达到-100dBm 以上，其他地方 RSRP 应达到-105dBm 以上，并且 RSRP 测量值均是置于车内的测试手机测得。

2．RSSI

RSSI（Received Signal Strength Indicator，接收信号强度指示）是指 UE 探测带宽内一个 OFDM 符号所有 RE 上的总接收功率，包括服务小区、非服务小区信号、相邻信道干扰，系统内部热噪声等。由于 RSSI 包括了外部信号和噪声功率，因此通常测量的 RSSI 平均值要比频带内真正有用信号 RSRP 的平均值要高。

3．RSRQ

Reference Signal Received Quality（RSRQ）在协议中的定义为：N×RSRP/（E-UTRA Carrier RSSI），即

$$\text{RSRQ（dBm）}=10\lg N+\text{UE 所处位置接收到主服务小区的 RSRP–RSSI}$$

其中：N 为 UE 测量系统频宽内 RB 的数目；RSSI 是指天线端口 Port0 上包含参考信号的 OFDM 符号上的功率的线性平均，就是将每个资源块上测量带宽内的所有 RE 上的接收功率累加，包括有用信号、干扰、热噪声等，然后在 OFDM 符号上（即时间上）进行线性平均。

由上述定义可知，RSRQ 不但与承载 RS 的 RE 功率相关，还与承载用户数据的 RE 功率，以及邻区的干扰相关，因而 RSRQ 随着网络负荷和干扰的变化而发生变化，网络负荷越大，干扰越大，RSRQ 测量值越小。

仿真中 RSRQ>−13.8dB 与 SINR>0dB 的统计比例基本一致，因此，要求优化中 RSRQ>−13.8dB。

4．SINR

SINR（Reference Signal-Signal to Interference Noise Ratio，信干噪比）：UE 探测带宽内的参考信号功率与干扰噪声功率的比值。SINR 反映当前信道的链路质量，是衡量 UE 性能参数的一个重要指标。

$$\mathrm{SINR}=S/(I+N)$$

其中：S 为 CRS 的接收功率；I 包含参考信号上非服务小区信号功率和相邻信道干扰功率；N 为系统内部热噪声功率。

SINR 取值范围：0～30，SINR 值越大，表明 UE 当前信道的链路质量越好。

SINR 是指示信道覆盖质量好坏的参数。中国移动各个实验局的测试结果表明，在 SINR>0dB 的环境下，其业务性能达到要求。

10.2.2 覆盖优化目标

开展无线网络覆盖优化之前，首先确定优化的 KPI 目标，TD-LTE 网络覆盖优化的目标 KPI 主要如下。

（1）RSRP：在覆盖区域内，TD-LTE 无线网络覆盖率应满足 RSRP>−105dBm 面积占比大于 95%。

（2）RSRQ：在覆盖区域内，TD-LTE 无线网络覆盖率应满足 RSRQ>−13.8dB 面积占比大于 95%。

（3）SINR：在覆盖区域内，TD-LTE 无线网络覆盖率应满足 SINR>0dB 的面积占比大于 95%。

RSRP 的测试建议采用反向覆盖测试系统或者 SCANNER 在测试区域的道路上测试，当测试天线放在车顶时，要求 RSRP>−95dBm 的面积占比大于 95%；当天线放在车内时，要求 RSRP>-105dBm 的面积占比大于 95%。RSRQ、SINR 建议采用 SCANNER 和专用测试终端通过路测获得，无论天线放在车内还是车外，均应满足上述第（2）点和第（3）点的要求。

10.3 弱覆盖

10.3.1 弱覆盖判断手段

（1）路测：采用测试工具进行现场测试。路测是发现弱覆盖最直接、最有效的方法。路测分 DT、CQT 两种，前者主要针对道路，了解“线”的连续覆盖情况，后者主要针对室内，了解“点”的深度覆盖情况。在如图 10-1 所示的椭圆形区域中，红点比较多，RSRP<−110dBm，处于弱覆盖区（具体颜色显示情况见电子课件）。

（2）KPI 指标统计。主要对重定向次数及 LTE 向 2G、3G 高倒流比例进行统计。对于 4G 小区向 2G 小区的重定向，当前事件判决的 RSRP 门限为-122dBm。因此，若 LTE 小区向 2G 小区发起重定向，一般认为是 LTE 网络弱覆盖所致。高倒流小区为 LTE 用户占用 2G、3G 网络产生较高数据流量的小区。弱覆盖为产生高倒流的原因之一。统计指标如表 10-1 和表 10-2 所示。表 10-1 列出了异系统重定向比例较高小区，表 10-2 列出了 LTE 用户占用 3G 网络产生数据流量比例较高的小区。

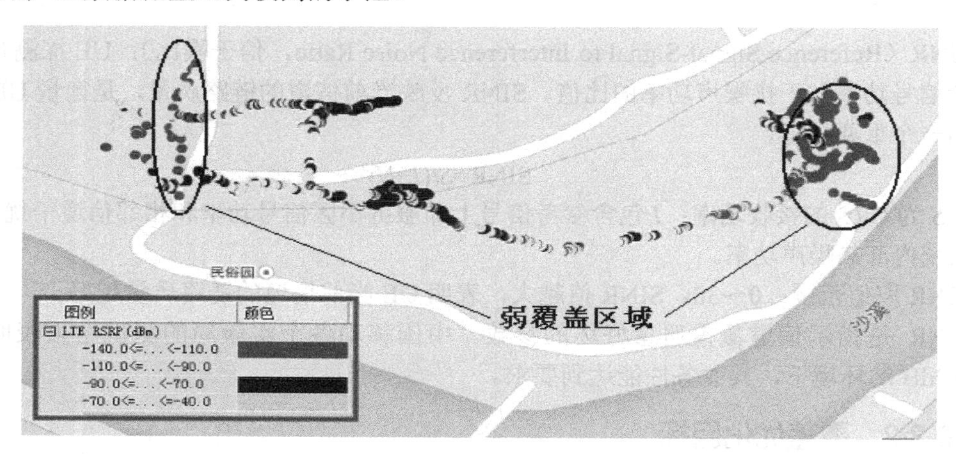

图 10-1　弱覆盖示意图

表 10-1　异系统重定向比例较高小区

归属区域	室内/外	经度	纬度	覆盖区域类型	CELLNAME	LTE数据流量/Mbps	正常的eNB请求释放的E-RAB数目	异系统重定向成功次数（2G+3G）	异系统重定向比例
主城区	室内	117.6314	26.26922	商业中心	sanmingkait	140.9959068	106	33	31.13%
主城区	室内	117.6402	26.278664	企事业单位	sanmingrenmi	49.84174526	667	199	29.84%
主城区	室内	117.6313	26.27239	写字楼	sanmingmeili	5.223348214	542	118	21.77%
主城区	室外	117.6298	26.2652	医院	sanmingdiyiy	1405.811318	14658	3008	20.52%
主城区	室内	117.6304	26.2646	医院	sanmingdiyiy	900.8851186	11590	1837	15.85%

表 10-2　LTE 用户占用 3G 网络产生数据流量比例较高的小区

归属区域	室内/外	经度/°	纬度/°	语音话务量	TD系统分组域业务流量/Mbps	3G手机终端数据流量（含智能和非智能手机）/Mbps	LTE手机终端数据流量/Mbps	LTE手机数据流量比例
主城区	室内	117.64043	26.28078	34.12415714	660.9612863	8646.71	3724.28	30.16%
县城城区	室内	117.78326	26.39796	46.48874286	733.2803762	16320.02	7113.29	30.36%
主城区	室内	117.63585	26.27649	66.3243	1715.334343	29415.18	12933.63	30.54%
主城区	室内	117.6315	26.26852	36.17885714	895.7113266	12437.27	5520.36	30.74%
县城城区	室外	117.34605	26.96664	16.25078571	692.7489512	8527.44	4058.18	32.24%

（3）MR 数据分析。通过对 MR 数据的采集、解析，可栅格化显示全网弱覆盖的区域。MR 数据栅格化显示如图 10-2 所示。

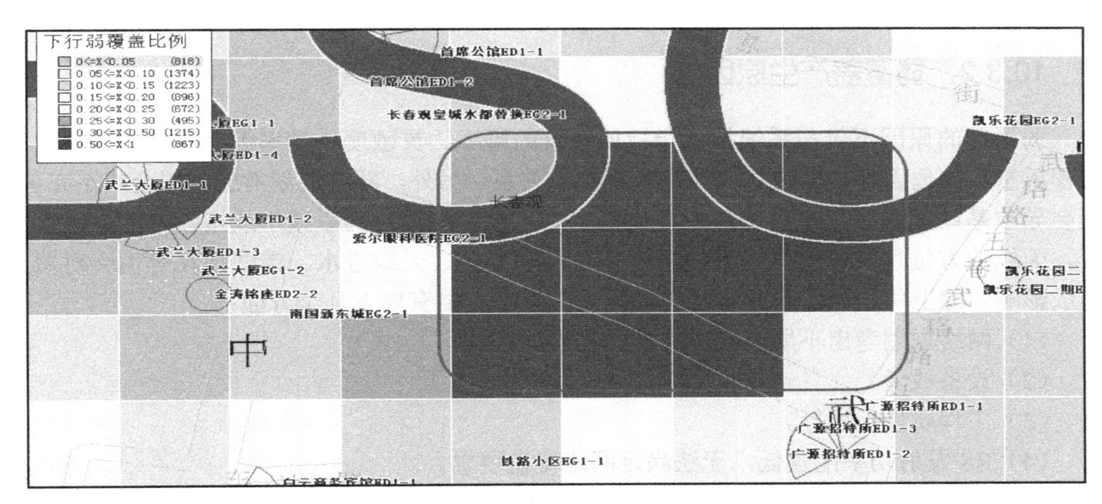

图 10-2 栅格化显示

（4）站点覆盖仿真。结合基站站高、方位角、下倾角、地理环境等，应用仿真工具，可仿真出目前网络中可能存在弱覆盖的区域。仿真弱覆盖区域如图 10-3 所示。

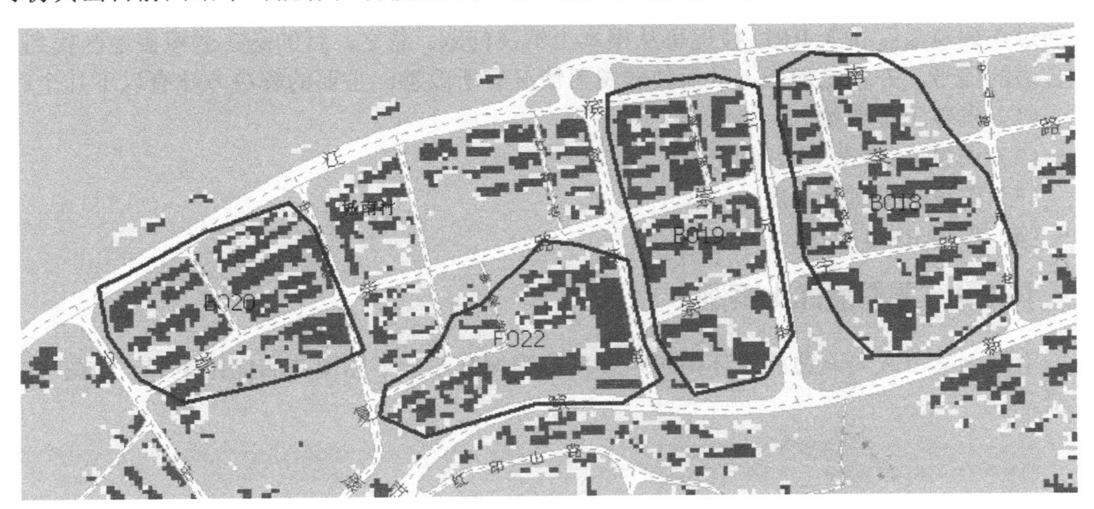

图 10-3 仿真弱覆盖区域

上述四种判断弱覆盖的手段各有优缺点，具体情况如表 10-3 所示。

表 10-3 弱覆盖判断手段比较

发现手段	优点	缺点
路测	目前最直接、最有效的方法	只能发现所测区域是否存在问题，较耗费人力、物力
KPI 指标统计	能够随时提取全网小区的 KPI	统计粒度为小区级，具体的弱覆盖点要进行现场测试
MR 数据分析	能够显示全网的覆盖情况，涉及面广，可涵盖整个“面”	要用专门分析软件对 MR 数据进行解析，具体的弱覆盖点要进行现场测试
站点覆盖仿真	在站点规划阶段即可发现可能存在的弱覆盖问题，为周边站点的规划提供参考	无法全面综合基础信息和地理环境，结果可能存在偏差，具体的弱覆盖点要进行现场测试

10.3.2 弱覆盖产生原因

弱覆盖的原因不仅与系统技术指标如系统的频率、灵敏度、功率等有直接的关系，与工程质量、地理因素、电磁环境等也有直接的关系。另外，网络规划考虑不周全或不完善，也会导致基站开通后存在弱覆盖或者覆盖空洞。发射端输出功率减小或接收端的灵敏度降低，天线的方位角发生变化、天线的俯仰角发生变化、天线进水、馈线损耗等也会对覆盖造成影响。综上所述，引起无线网络弱覆盖的原因主要有以下几个方面：

（1）网络规划考虑不周全或不完善。

（2）设备故障。

（3）工程质量不达标。

（4）RS 发射功率配置低，无法满足网络覆盖要求。

（5）建筑物等的阻挡。

10.3.3 弱覆盖解决措施

改变弱覆盖主要通过调整天线方位角、下倾角等工程参数以及修改功率参数解决，另外通过在弱覆盖区引入 RRU 拉远可从根本上解决问题。总之，目的是在弱覆盖地区找到一个合适的信号，并使之加强，从而使弱覆盖情况有所改善。主要的解决方法有以下几个：

（1）调整工程参数。

（2）调整 RS 的发射功率。

（3）改变波瓣赋形宽度。

（4）使用 RRU 拉远。

10.3.4 弱覆盖优化案例

下面以某市政局北边的二环南东路弱覆盖为例介绍一下弱覆盖的优化案例，如图 10-4 所示。

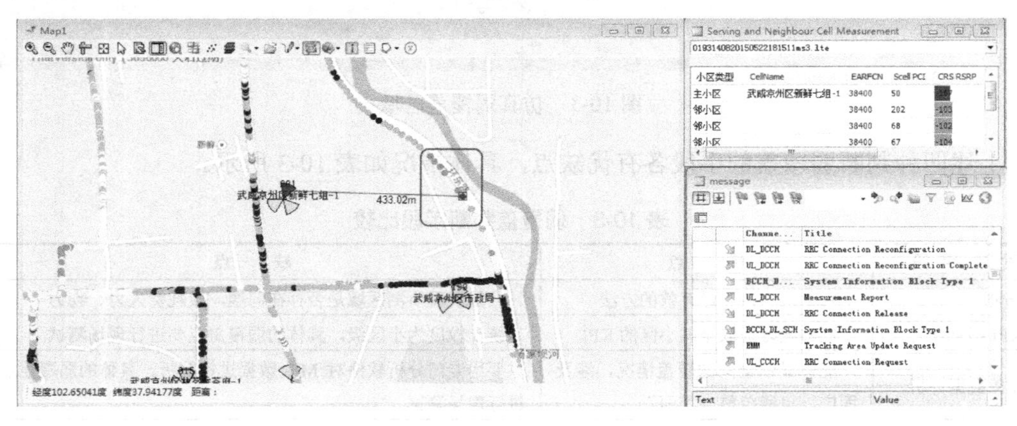

图 10-4 优化案例

（1）问题描述。图中圆角矩形框所示路段覆盖较差，RSRP 低于-100dBm，从该路段覆盖基站位置看，离基站较近（只有430多米）。

（2）问题分析。该路段占用新鲜七组-1（PCI：50；RSRP）小区，而且是天线旁瓣覆盖，而该市政局-1（PCI：199）距离该路段更近，且信号没有覆盖。

（3）问题解决。调整天线的方位角或下倾角，增强该路段的信号覆盖。具体来说，一是调整新鲜七组-2小区的方位角至90°；下倾角减小2°减小弱覆盖。二是调整该市政局-1小区的下倾角至4°增强覆盖。

提示：“调整天线方位角”是解决弱覆盖问题的常用方法。

10.4 越区覆盖的优化

越区覆盖一般是指某些基站的覆盖区域超过了规划的范围，在其他基站的覆盖区域内形成不连续的、满足全覆盖业务要求的主导区域。越区覆盖很容易导致手机上行发射功率饱和、切换关系混乱等问题，从而严重影响下载速率甚至导致掉线。

10.4.1 越区覆盖产生原因

越区覆盖往往由于基站天线挂高过高、俯仰角过小、街道效应、水面反射等原因引起该小区覆盖距离过远，从而越区覆盖到其他站点覆盖的区域，并且在该区域手机接收到的信号电平较好。

天线挂高引起的越区覆盖主要是站点选择或者在建网初期只考虑覆盖引起的，一般为了保证覆盖，多将站址选择在高大建筑物或者郊区的高山之上，但是在后期这将带来严重的越区现象；通常在市区内，站间距较小、站点密集的情况下，下倾角设置不够大会使该小区信号覆盖比较远；站址选择在比较宽阔的街道旁边，由于波导效应使信号沿着街道传播很远；城市中有大面积的水域，如穿城而过的江河等，由于信号在水面的传播损耗很小，因此一般在此环境下信号覆盖非常远。

10.4.2 越区覆盖解决措施

越区覆盖的解决思路就是减弱越区覆盖小区的覆盖范围，使之对其他小区的影响减到最小。

通常最为有效的措施就是对天馈线系统参数进行调整，主要是下倾角，实际优化工作当中进行下倾角调整之前要对路测数据进行分析，调整后再验证。对功率等参数的调整也能够有效地消除越区覆盖。越区覆盖的解决一般要经过两到三次调整验证。如果调整天线的下倾角和方位角、调整RS的发射功率仍然解决不了问题，可以考虑调整天线的高度和更换天线型号。所有的调整都要在保证小区覆盖目标的前提下进行。解决越区覆盖主要有以下4种措施：

（1）调整天线的下倾角和方位角。

（2）调整RS的发射功率。

（3）调整天线高度。

（4）更换天线型号。

10.4.3　越区覆盖优化案例

下面以将军岭 5-2 小区为例介绍，如图 10-5 所示。

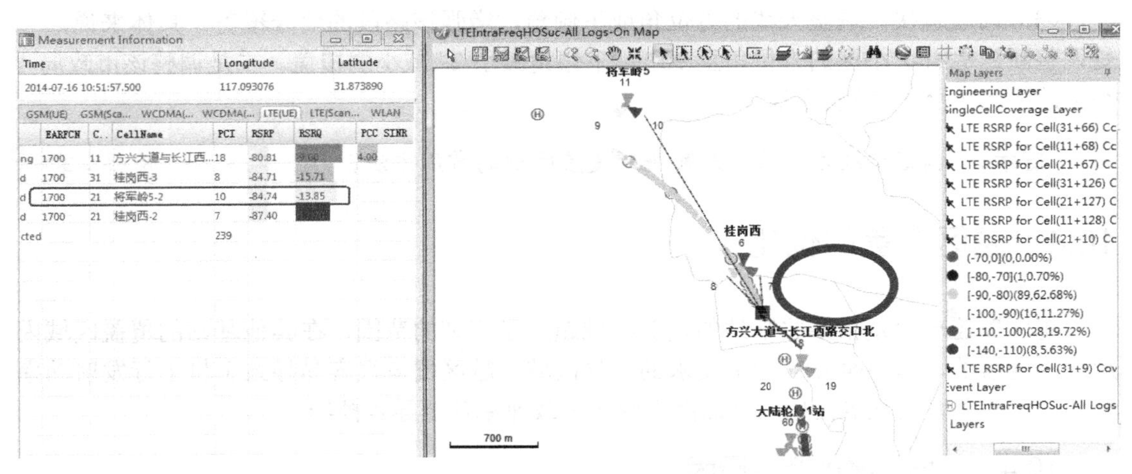

图 10-5　将军岭无线信号情况

（1）问题描述。从测试软件可以看出，将军岭 5-2 小区越区覆盖至桂岗西站点往南的方向，在椭圆形区域中，RSRP 仍然比较强，达到-84.74dBm，造成明显的越区，导致 RSRQ 变差，从而影响数据下载速率。

（2）问题分析。经现场勘察发现，该小区的天线方位角为 160°，电子下倾角 0°，机械下倾角 2°，信号覆盖过远。

（3）问题解决。调整将军岭 5-2 小区天线方位角为 130°，电子下倾角调整到 4°，机械下倾角调整为 8°。

10.4.4　孤岛效应

1. 孤岛效应产生原因

由于各种原因，导致服务小区覆盖面积太大，以至于将邻区甚至更远的小区覆盖在内，造成服务小区的某些区域在地理上没有邻区，类似于“孤岛”，我们把这种现象称为孤岛效应。出现孤岛效应的小区在远离本小区覆盖的区域外形成一个较强信号区域。

如果移动台在此“孤岛”区域移动，由于服务小区没有邻区，因此移动台无法切换到其他小区，容易导致掉话。如图 10-6 所示，小区 D 因为某种原因在相距很远的小区 A 覆盖区域内，小区 D 的信号仍然很强，由于这个区域超出小区 D 实际覆盖范围，往往这一区域没有和周围小区形成邻区关系，对小区 A 产生干扰，或在孤岛区域起呼的 UE 无法切换到小区 A，产生掉话。

孤岛效应在无线通信系统中主要是由于复杂的无线环境（无线信号经过山脉、建筑物，以及大气层的反射、折射使得无线环境变得复杂），波导效应，基站安装位置过高，天线的下倾角较小以及小区功率过大等原因引起的。

2．解决措施

要改善孤岛效应，首先应该采用调整工程参数等方法，降低山脉、建筑物等对孤岛区域的反射和折射，将无线信号控制在本小区覆盖区域内，消除或降低孤岛区域的无线信号，消除孤岛区域对其他小区的干扰。但有时因为无线环境复杂，无法完全消除孤岛区域的信号，我们可以通过修改频率（异频组网时）和 PCI 降低对其他小区的干扰，并根据实际路测情况配备邻区关系，使小区间切换正常，能够保持正常业务。调整方法主要有以下几个：

（1）调整工程参数。

（2）调整 RS 的发射功率。

（3）优化邻区配置。

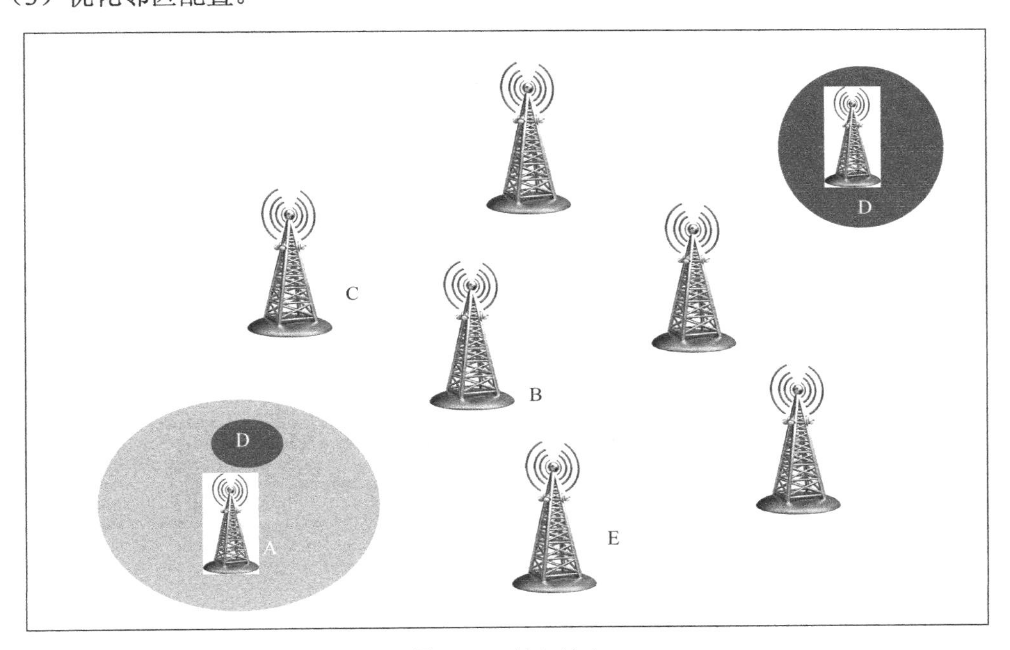

图 10-6　孤岛效应

10.5　重叠覆盖

在 TD-LTE 同频网络中，将弱于服务小区信号强度 6dB 以内且 CRS RSRP 大于−100dBm 的重叠小区数目超过 3 个（含服务小区）的区域，定义为重叠覆盖区域。重叠覆盖给 TD-LTE 网络带来了严重的同频干扰，造成 SINR 低、小区吞吐量低，极大地降低了受影响区域的用户体验。

10.5.1　重叠覆盖解决措施

重叠覆盖问题可用以下常用方法解决：

（1）调节基站下倾角或方位角，控制基站覆盖范围。

（2）现网通过扫频数据定位出主动干扰基站，对这类站点采取更换或取消站址策略。

（3）对于影响比较大但又无法通过以上两种方法解决的站点可以考虑更换频点。

10.5.2 重叠覆盖优化案例

（1）问题描述。在如图 10-7 所示地图窗口中，圆角矩形所示路段有 5 个较强小区信号的覆盖，RSRP 值在-82dBm 与-88dBm 之间。

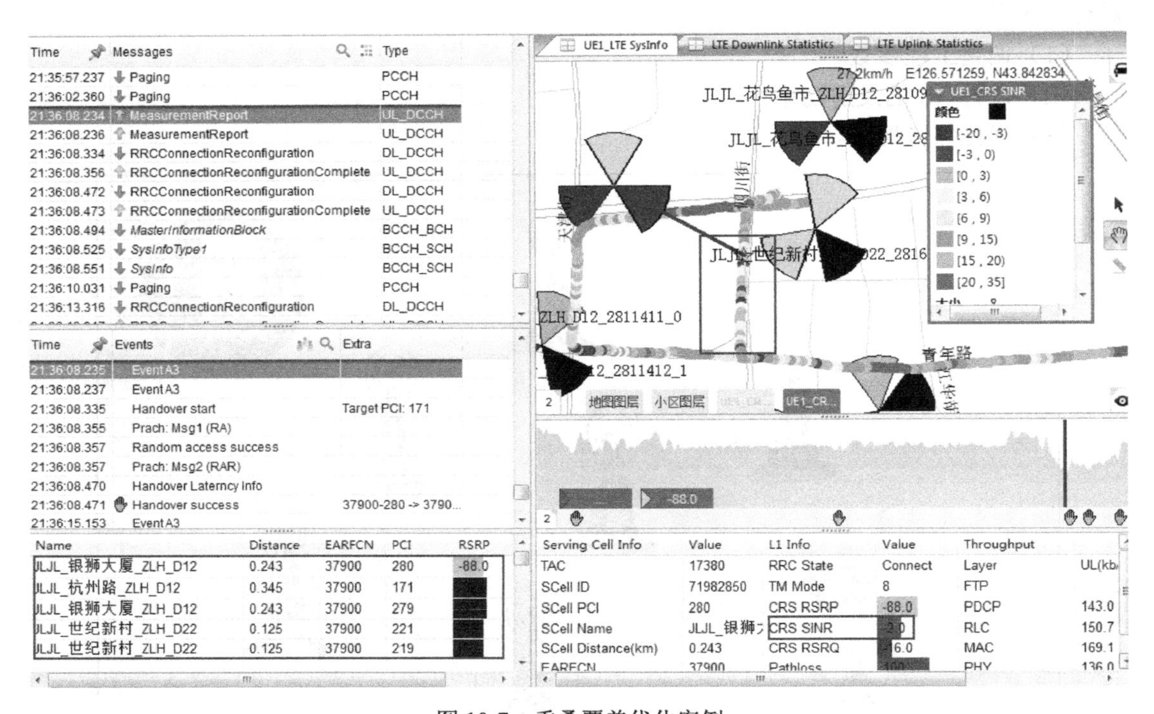

图 10-7 重叠覆盖优化案例

（2）问题分析。根据 LTE 网络中重叠覆盖的判决条件，强导频信号 RSRP≥-90dBm 的小区个数≥4，RSRP 值相差在 6dB 以内，同时满足上述两个条件时定义为重叠覆盖，本案例同时满足这两个条件，因此可以判断该路段存在重叠覆盖。

（3）问题解决。发现重叠覆盖区域后，首先根据距离判断重叠覆盖区域应该由哪个小区作为主导小区，明确该区域的切换关系，尽量做到相邻两小区间只有一次切换。

① 调整 PCI=171 和 PCI=279 小区天线的下倾角和方位角，以加强在此路段的信号覆盖。

通过增大其他在该区域不需要参与切换的邻小区的天线下倾角和方位角或者降低 RS 功率等，以降低其他不需要参与切换的邻小区的信号，直到不满足重叠覆盖的判断条件。

② 削弱 PCI=280、PCI=221、PCI=219 三个小区在此路段的信号覆盖。

【思考与复习题】

一、填空题

（1）覆盖优化主要消除网络中存在的四种问题：_________、_________、_________和_________。

（2）________是指 UE 探测带宽内的参考信号功率与干扰噪声功率的比值。

（3）________是发现弱覆盖最直接、最有效的方法。

二、判断题

（1）在密集城区、一般城区和重点交通干线上，RSRP 应大于-100dBm，并且 RSRP 测量值均是置于车内的测试手机测得。（ ）

（2）由于 RSSI 包括了外部信号和噪声功率，因此通常测量的 RSSI 平均值要比带内真正有用信号 RSRP 的平均值要高。（ ）

（3）RSRQ 不但与承载 RS 的 RE 功率相关，还与承载用户数据的 RE 功率，以及邻区的干扰相关。（ ）

（4）RSRQ 随着网络负荷和干扰的变化而变化，网络负荷越大，干扰越大，RSRQ 测量值越小。（ ）

（5）SINR 值越大，表明 UE 当前信道的链路质量越好。（ ）

（6）LTE 小区向 2G 小区发起重定向，一般认为是 LTE 网络弱覆盖所致。（ ）

（7）高倒流小区为 LTE 用户占用 2G、3G 网络产生较高数据流量的 2G、3G 小区。（ ）

（8）出现孤岛效应的小区在远离本小区覆盖的区域外形成一个较强信号区域。（ ）

三、单项选择题

（1）RSSI（接收信号强度指示）是指 UE 探测带宽内一个 OFDM 符号所有 RE 上的总接收功率，包括（ ）。

A. 服务小区和非服务小区信号　　B. 相邻信道干扰
C. 系统内部热噪声　　D. 带外干扰信号

（2）下列不是弱覆盖问题解决措施的是（ ）。

A. 调整切换参数　　B. 调整 RS 的发射功率
C. 改变波瓣赋形宽度　　D. 使用 RRU 拉远

（3）下列哪个不是造成孤岛效应的原因？（ ）

A. 复杂的无线环境　　B. 基站安装位置过高
C. 小区功率过大　　D. 天线的倾角较大

（4）下列不是弱覆盖问题的主要解决方法的是（ ）。

A. 调整工程参数　　B. 调整 RS 的发射功率

C．改变波瓣赋形宽度　　　　D．调整邻区的 CIO

（5）LTE 为了解决深度覆盖的问题，以下哪些措施是不可取的？（　　）
A．增加 LTE 系统带宽　　　　B．降低 LTE 工作频点，采用低频段组网
C．采用分层组网　　　　D．采用家庭基站等新型设备

（6）哪些不属于 LTE 进行覆盖和质量评估的参数？（　　）
A．RSRP　　B．RSRQ　　C．CPI（扰码）　　D．SINR

（7）下面哪些不属于覆盖问题？（　　）
A．弱覆盖　　B．越区覆盖　　C．无主导小区　　D．频率规划不合理

（8）增大下倾角是必要的网络优化手段，可以____覆盖范围，____小区间干扰。（　　）
A．减小，减少　　B．减小，增大　　C．增大，减少　　D．增大，增大

（9）对 RSRP 描述错误的是（　　）。
A．RSRP 是一个表示接收信号强度的绝对值
B．一定程度上可以用来反映移动台距离基站的远近，因此可以用来度量小区覆盖范围大小
C．只通过 RSRP 即可以确定系统实际覆盖情况
D．RSRP 是承载小区参考信号 RE 上的线性平均功率

四、多项选择题

（1）导致无线网络覆盖问题的原因主要有（　　）。
A．无线网络规划不合理
B．实际站点与规划站点位置有偏差
C．实际工参和规划参数不一致
D．覆盖区无线环境的变化

（2）弱覆盖判断手段主要有（　　）。
A．路测　　B．KPI 指标统计　　C．MR 数据分析　　D．站点覆盖仿真

（3）引起无线网络弱覆盖的主要原因有（　　）。
A．网络规划考虑不周全或不完善
B．设备故障
C．工程质量不达标
D．RS 发射功率配置低，无法满足网络覆盖要求

（4）UE 接收到的 RSRP 与下面哪些因素有关？（　　）
A．RS 信号发射功率　　　　B．扇区侧天线增益和终端天线增益
C．传播损耗和建筑物穿损　　　　D．人体损耗和阴影衰落

五、问答题

（1）请分析仅通过 UE 接收到的 RSRP 值是否就能判断出 UE 是否处于弱覆盖区域。
（2）LTE 弱覆盖判断手段有哪些？请比较这些手段的优点和缺点。
（3）越区覆盖解决措施有哪些？并请按照简单、易行的原则对解决措施进行排序。

第 11 章　LTE 无线网络干扰优化

随着 4G 基站的逐步建设，目前已形成了 2G、3G、4G 基站共存的局面。不同网络之间、网络内部的干扰问题也日益严重，干扰是影响网络质量的关键因素之一，对通话质量、掉话率、切换、吞吐量均有显著影响。如何降低或消除干扰是网络规划、优化的重要任务。

所有网络上存在的影响通信系统正常工作又不是通信系统需要的信号均视为干扰。通常将出现在接收频带内，但不影响系统正常工作的非系统内部信号也视为干扰。

11.1　干扰成因

LTE 系统最常遇到的干扰可以分为系统内干扰、系统外干扰、硬件故障几类，系统内干扰主要是同频干扰，如 LTE TDD 帧失步（GPS 失锁）、TDD 超远干扰、数据配置错误导致干扰、越区覆盖导致干扰等；系统外干扰主要是异系统非法使用 LTE 频段、异系统的杂散、阻塞或者互调干扰对本系统的影响；硬件故障包括 RRU 故障、自系统杂散和互调干扰、天馈线避雷器干扰等。

11.1.1　系统内干扰

1．帧失步（GPS 失锁）造成的干扰

LTE TDD 系统属于时分双工系统，对系统的时钟同步要求很高。如果一个网络中的某基站 A 与周围其他基站的时钟不同步，那么当基站 A 的下行信号被周围的基站接收到时，就会干扰到周围基站的上行接收。如图 11-1 所示，时钟不同步的 A 基站发射信号干扰到了 B 基站的上行接收。通常基站天线比较高（城区 30m，郊区 40m），两个基站天线间可能都是视距传播，一个基站的发射信号很容易被其他基站接收到，因而干扰会很严重。

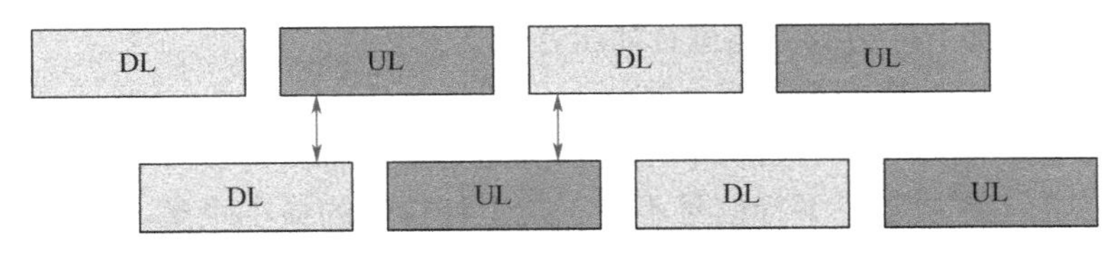

图 11-1　帧失步干扰示意图

TD-LTE 的帧结构中的特殊子帧上下行保护间隔 GP 就是为上行和下行留出的保护带，其值从 100μs 到 700μs 不等，如图 11-2 所示，如果失步时间大于 GP 就会造成基站间干扰。

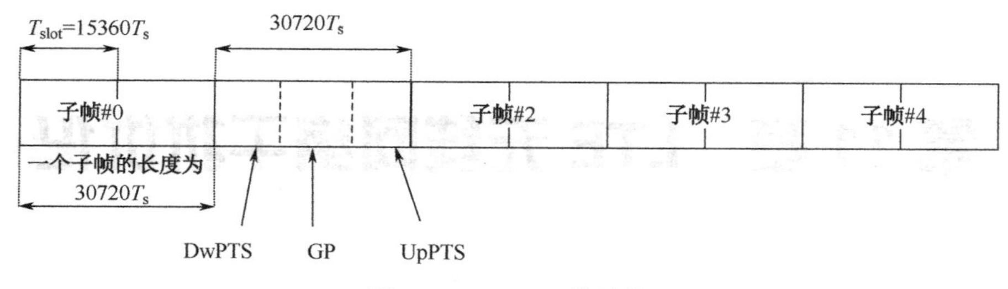

图 11-2　TD-LTE 帧结构

GPS 失锁也会造成同样的问题，但是 GSP 时钟不同步（失锁）造成的干扰通常影响比较严重，且范围很广。可能在 GPS 失锁基站周围的一大片基站都会受到干扰，导致这些基站覆盖范围内的 UE 无法正常工作，严重的甚至在基站 RSRP 很好的情况下，UE 都无法入网。在这些基站侧跟踪上行 RSSI 值，通常会发现 RSSI 值可能比正常值高出 10～20dB，甚至更高。

引起 GPS 失锁的原因主要有以下三种情况：

（1）GPS 安装不规范，导致无法搜到足够的卫星信号。

（2）GPS 受到干扰。

（3）时钟接收板卫星卡异常。

2．TD-LTE 基站超远干扰

远距离的 TD-LTE 基站信号经过较长的传播时延，会出现其 DwPTS 与受扰基站的 UpPTS 在时间上重叠，导致干扰基站下行信号 DwPTS 对受扰基站上行子帧信号的干扰。如图 11-3 所示。

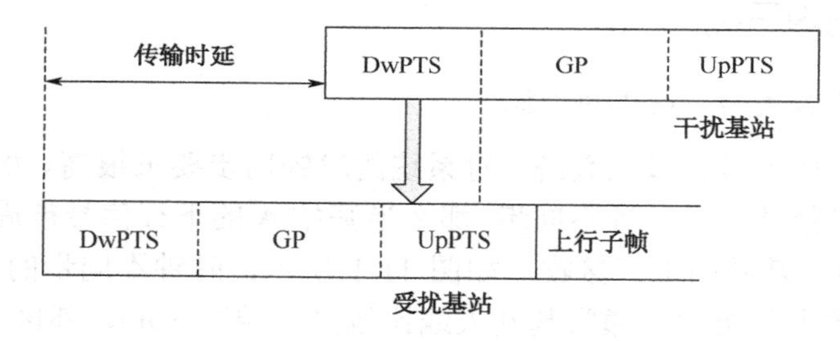

图 11-3　超远干扰示意图

出现 TD-LTE 基站超远干扰会导致下列问题：

（1）UE 在被干扰小区边缘不能进行随机接入。

（2）邻区 UE 不能切换到被干扰小区。

（3）干扰严重时会导致下行业务和上行业务速率都大幅下降。

特殊子帧中的 GP 决定了下行信号不会干扰上行信号的最小距离。根据表 11-1 特殊子帧 GP 长度可以算出保护距离从 21.4km 到 214.3km 不等。当基站间配置的特殊子帧 GP 很小时，很有可能造成 TD-LTE 基站之间的超远干扰。

3．数据配置错误

小区频率、PCI、上下行配比等参数配置错误，会导致同系统间干扰增大，表现在 RSRP、

SINR 等参数远低于预期值。

表 11-1 特殊子帧配比与保护距离对应表

特殊子帧配比	DwPTS	GP	UpPTS	保护距离（km）
0	3	10	1	214.3
1	9	4	1	85.7
2	10	3	1	64.3
3	11	2	1	42.9
4	12	1	1	21.4
5	3	9	2	192.9
6	9	3	2	64.3
7	10	2	2	42.9
8	11	1	2	21.4

由于数据配置错误引起的系统内干扰可通过数据配置核查，再进行确认和处理，确保基站的配置与规划相同。

4．越区覆盖

越区覆盖是指某小区的服务范围过大，在间隔一个以上的基站后仍有足够强的信号电平，手机可以占用该小区进行驻留和保持连接。越区覆盖小区容易对其他小区造成干扰，严重时还会出现拥塞、切换失败、掉话等问题。越区覆盖属于下行干扰。

11.1.2 系统外干扰

LTE 系统常用的频率较多，受到干扰的可能性也较大。如军方通信、大功率电子设备、非法发射器等微波通信设备会对 LTE 系统造成干扰。与 LTE 系统共存的系统，如 WiMAX、UMTS 也可能对 LTE 系统造成干扰。

1．杂散干扰

杂散干扰是指干扰源在被干扰接收端工作频段产生的加性干扰，包括干扰源的带外功率泄漏、放大的热噪声、发射互调产物等，使被干扰接收端的信噪比恶化。

如图 11-4 所示，右边的基站产生了较强的带外杂散信号，会对左边的基站造成干扰。

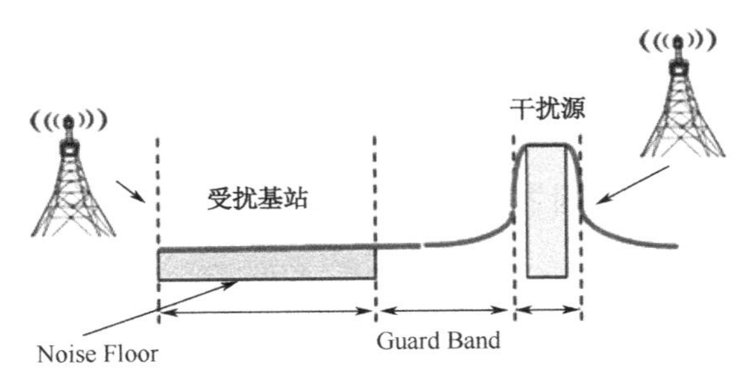

图 11-4 杂散干扰示意图

2．阻塞干扰

接收端通常工作在线性区，当有一个强干扰信号进入接收端时，接收端会工作在非线性状态下，干扰严重时会导致接收端工作在饱和状态下，我们称这种干扰为阻塞干扰，如图 11-5 所示。阻塞干扰可以导致接收端增益的下降与噪声的增加，以及与本振信号混频后产生落在中频的干扰信号和由于带外抑制度有限而直接造成干扰。

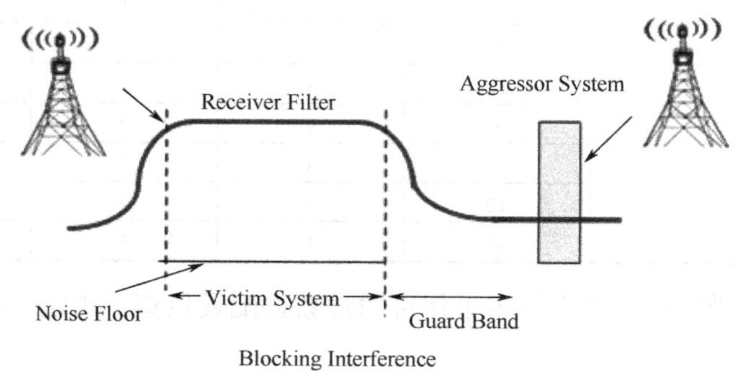

图 11-5　阻塞干扰示意图

3．互调干扰

当频率不同的两个或更多的干扰信号同时进入接收端时，由于接收端的非线性电路产生的互调产物落在接收端的工作频带内，就形成了接收互调干扰。

由于接收端的非线性特性及对带外抑制不够，所以会对接收到的信号产生多次谐波，当接收端同时接收到两个强干扰信号时，会出现两个强干扰信号的组合频率，如图 11-6 所示，两个强信号（频率 f_1 和 f_2）发生三阶互调，生成频率是 $2f_1-f_2$，$2f_2-f_1$ 的两个较强信号，而 $2f_1-f_2$ 恰好落入受扰接收端的频带内，从而对受扰信号造成干扰。

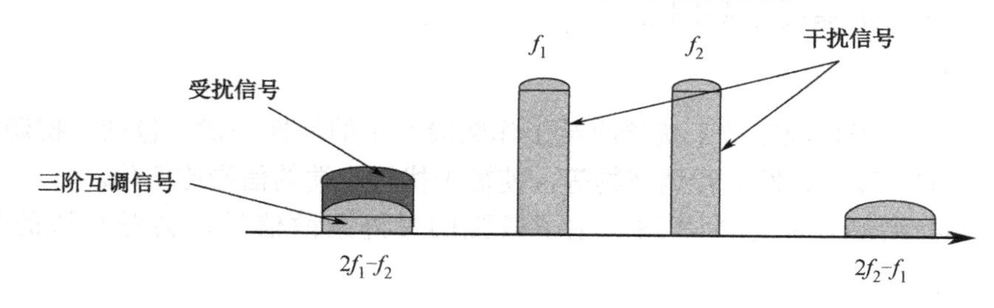

图 11-6　互调干扰示意图

11.1.3　硬件故障

（1）RRU 故障：如果 RRU 因生产原因或在使用过程中性能下降，可能会导致 RRU 放大电路自激，产生干扰。

（2）自系统杂散和互调干扰：如果基站 RRU 或功放的带外杂散超标，或者双工器的收发隔离过小，都会形成对接收通道的干扰。天线、馈线等无源设备也会产生互调干扰。

（3）天馈线避雷器干扰：由于天馈线避雷器老化或质量问题导致基站出现互调信号，无线信号杂乱，影响正常的频率计划，从而使无线环境恶化。

11.2 干扰处理

要解决干扰，改善通话质量，首先要发现干扰，然后采取适当的手段定位干扰，最后是排除或降低干扰。在LTE系统中可以用来发现干扰的方法有：检查话筒、使用LMT /M2000辅助分析、查看RSSI、路测、频谱扫描。

在检测干扰时，首先根据从UE/eNB侧跟踪的业务应用质量、RSSI、RSRP、SINR、BLER等指标判断是上行链路受到干扰，还是下行链路受到干扰，然后再根据上行链路干扰、下行链路干扰的特性进一步检测。本节主要介绍检测干扰的流程与操作方法。

11.2.1 路测

当某基站覆盖范围内业务异常，怀疑可能是干扰造成的，则首先要判断是上行链路干扰还是下行链路干扰。

需要说明的是由于终端的多样性以及性能差异，下行测量到的SINR和RSSI可能有较大差距，如不能确认，可设法获取无干扰状态环境下的测试值，与之对比。

1）下行干扰判断

如果在该测试点，UE测量的下行RSRP指标正常，但是下行SINR指标明显偏低，并且下行数据传不动、BLER高，则有可能是下行链路受到了干扰。

如果在该测试点，UE测量的下行RSSI指标异常，则有可能受到了异系统干扰，可以通过下行频谱扫描功能查看频域情况。

如图11-7所示。可以看到所测UE接收到的信号的频率情况，横轴为频点，纵轴为信号大小。这里信号是以载波级15kHz为测量单位的，因此底噪通常在-125dBm左右。

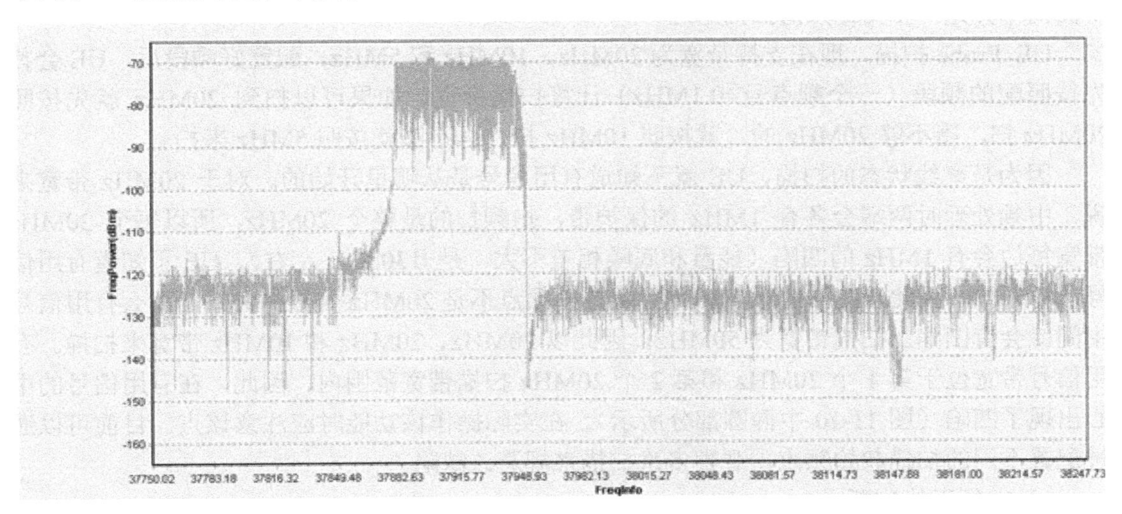

图11-7　接收信号的频率情况

操作方法：

（1）正确连接UE后，在Probe上选择【Test Plan Control】选项，如图11-8所示。

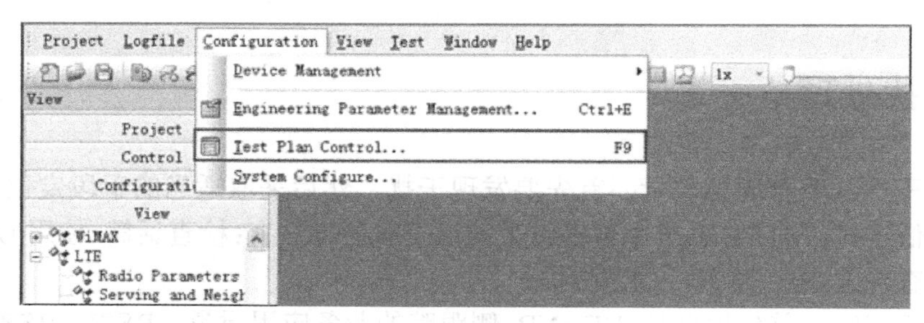

图 11-8　步骤 1

（2）选择扫频项，在扫频参数项输入需要扫频的频段，图 11-9 中示例为对 LTE BAND38 频段进行扫频。

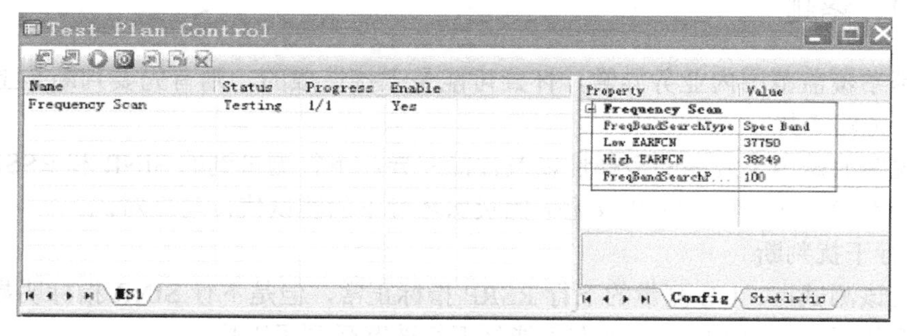

图 11-9　步骤 2

（3）启动测试。

（4）观察频谱图。

观察频谱图时，需要对 UE 扫描原理有一些了解，才能更好地看懂 UE 的频谱扫描图。下面简单介绍一下 UE 频谱扫描原理。

UE Probe 扫描，现在支持带宽为 20MHz，10MHz 和 5MHz。配置好频段后，UE 会首先按照配的频段（一个频点号=0.1MHz）计算扫频带宽，如果可以扫到 20MHz 就先按照 20MHz 扫，凑不够 20MHz 的，就按照 10MHz 扫，再不够就按照 5MHz 来扫。

因为是离线状态的扫描，UE 就不知道有用信号是从哪里开始的。对于 20MHz 带宽来说，中频处理时两端会各有 1MHz 的保护带，扫频扫的是整个 20MHz，所以每个 20MHz 带宽每边会有 1MHz 的凹陷（能量和底噪相差不大，是-130dBm 左右）。UE 不知道有用信号从哪开始，因此当扫描的频点和实际配置的频点不是 20MHz 倍数的关系，那么有用信号中间就会有凹陷。扫描带宽为 50MHz，因此以 20MHz、20MHz 和 10MHz 带宽来扫描。有用信号带宽位于第 1 个 20MHz 和第 2 个 20MHz 扫描带宽范围内，因此，在有用信号的中心出现了凹陷（图 11-10 中椭圆部分所示）。在实际操作该功能时应注意该点。目前可以通过配置不同的扫描起始频点，观察多次扫描来规避该缺陷。

2）上行干扰判断

如果在该测试点，UE 下行测量的 RSRP 及 SINR 正常，测量的上行 RSSI 指标异常，并且上行数据传不动、BLER 高，甚至 UE 在该点无法入网，则有可能是上行链路受到了干扰。可以通过基站侧观察 RSSI 来确认是否存在干扰（怎样通过 RSSI 判断见后文）。

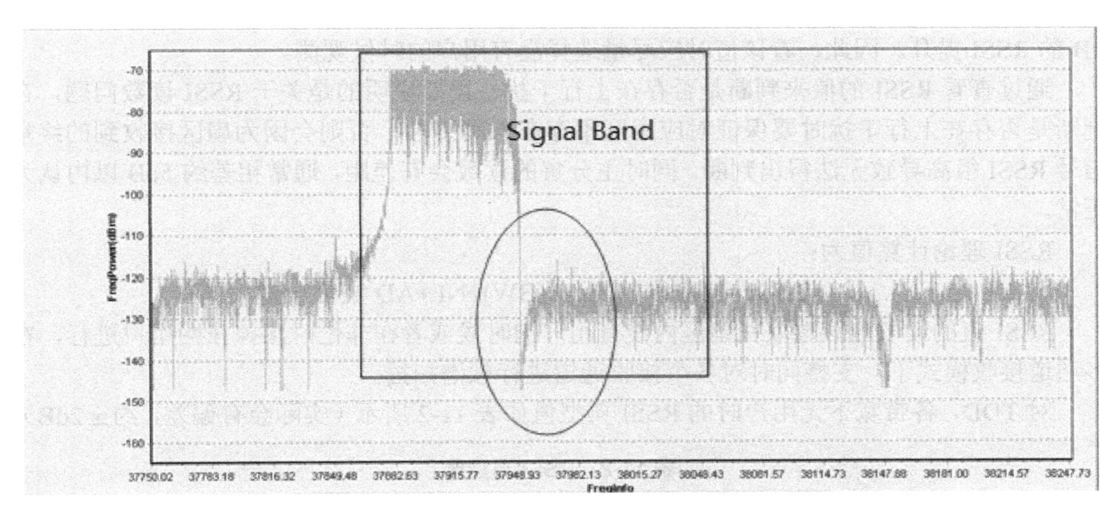

图 11-10　凹陷

采用 M2000（或 WebLMT）跟踪小区 RSSI（WebLMT 离线监测操作方法：【监测】→【扇区性能检测】→【上行宽频扫描】，目前只能通过业务数据回顾工具离线分析），或者通过 M2000 在线实时跟踪（操作方法：【监控】→【信令跟踪】→【信令跟踪管理】→【小区性能测试：干扰检测监控】）。

跟踪的 RB 级 RSSI 及图示如图 11-11 所示。

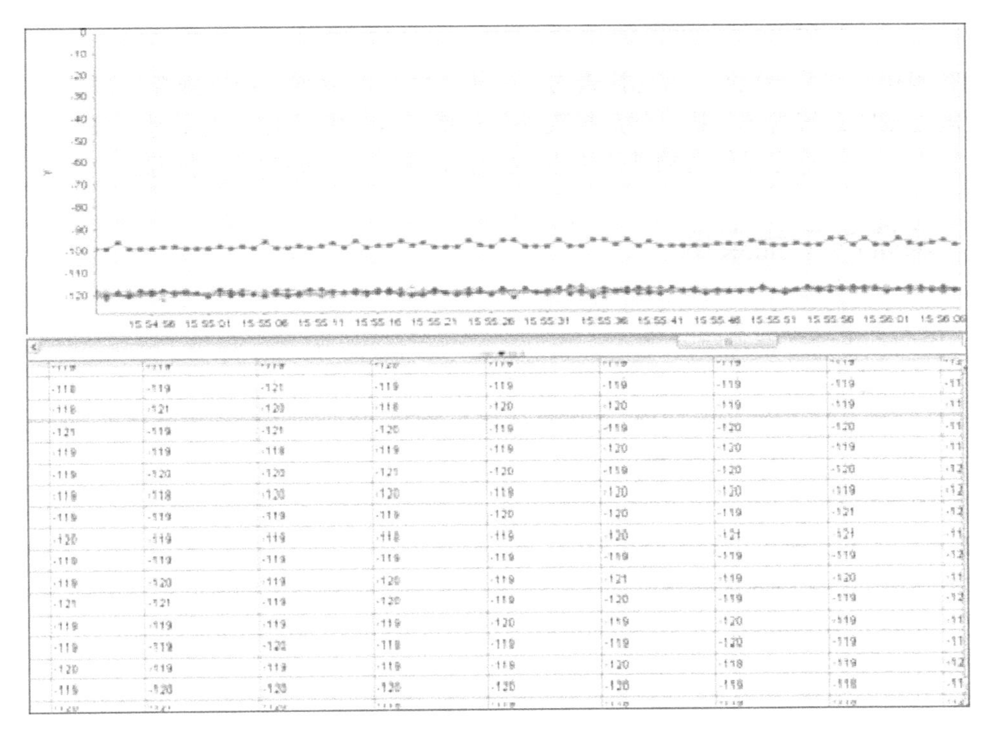

图 11-11　跟踪的 RB 级 RSSI 及图示

这里可以看到没有业务的时候 RB 上的底噪在-119dBm 左右，当有上行业务时，上行

RB 的 RSSI 提升。因此，看该值时应尽量选择没有用户的时候观测。

通过查看 RSSI 的值来判断是否存在上行干扰：需要说明的是关于 RSSI 读数问题，在判断是否存在上行干扰时要保证对应扇区不存在入网终端，否则会因为扇区接收到的终端信号 RSSI 很高导致无法得出判断。同时主分集的读数会有差距，通常相差约 5dB 以内认为正常。

RSSI 理论计算值为：

$$RSSI = -174 + 10 \times \lg 10(BW) + NF + AD \text{ 量化误差}$$

RSSI 值的读取应该选取在扇区内没有用户的时候或者在非忙时踢掉在网用户进行，在多通道接收模式下，支持同时对各个接收通道进行频谱扫描。

对 TDD，各带宽下无用户时的 RSSI 典型值如表 11-2 所示（实际会有偏差，约±2dB）。

表 11-2　RSSI 典型值

带宽（MHz）	RSSI（dBm）
1.4	−109
3	−105
5	−103
10	−100
15	−98
20	−97

11.2.2　频谱仪扫描定位

当初步排查硬件干扰时，首先排查内部干扰，对 TDD 系统，着重排查基站 GPS 时钟不同步问题造成的系统内部干扰；然后排查外部干扰；再考虑因 LTE 与其他系统共存造成的干扰；以上干扰排查可以借助频谱仪/扫描仪扫描，查找干扰并定位干扰源。

11.3　系统内干扰案例

1. 帧失步导致终端不能入网

【现象描述】

用测试 UE 在全网范围内测试，发现只能偶尔接入，其他地方基本不能接入，即使 RSRP 很好（如−70dBm），UE 仍不能接入。

【原因分析】

UE 不能入网大概可以分为两类原因：

（1）基站/UE 模块内部问题。

（2）外界干扰引起的。

【处理过程】

逐一单开一个基站再进行验证，入网正常，同时全部开启，不正常，排除基站/UE 模块出问题的可能。

到基站侧通过 LMT 查看 RSSI，看到上行 RSSI 在−80dBm 左右，而根据以往经验，在上行无接入时此值应该在-100dBm 左右，对所有基站进行 GPS 时钟对齐。再次验证，恢复正常。

2．互调干扰

【现象描述】

站点存在比较频繁的 RSSI 不平衡报警。

【原因分析】

根据一线采集的数据，通过 MatLab 可以将采集的数据还原成接收通道内的频谱特征（注：对于 2.0 版本需要用 MatLab 分析，2.1 及更高版本可以用 WebLMT 分析），从频谱看，分集（图 11-12 中蓝线，见电子课件）内的频谱整体都有很大的抬升，并且整体上呈现左高右低的特点，符合互调的基本特征。

提示：DD800 的频段中，上行频段高于下行频段，当产生互调时的频谱特征就是左高右低；对于 900MHz、850MHz 等频段，上行频段低于下行频段，当产生互调时的频谱特征就是左低右高）。

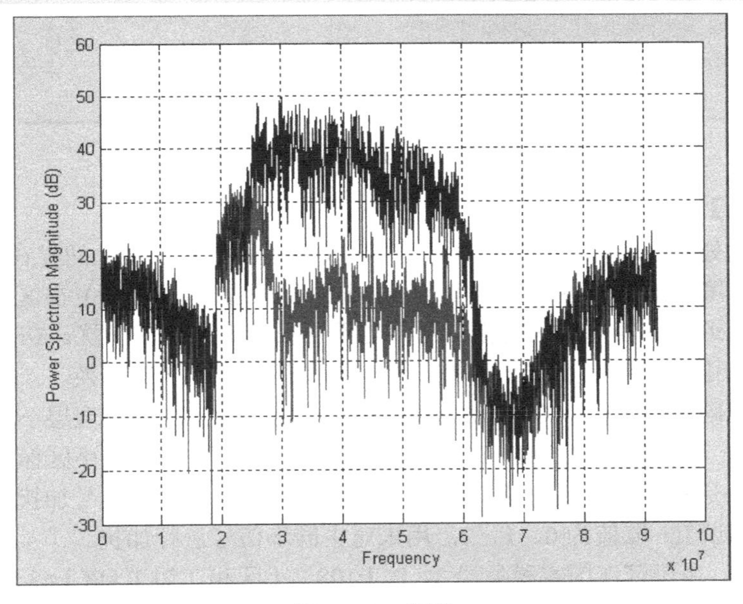

图 11-12　频谱

【处理过程】

网络用户少时，通过模拟加载，观察加载前后 RSSI 变化来判断是否有互调干扰。下行加载后上行 RSSI 随之增加，则表明存在互调干扰。

分别更换天线、合路器、天馈接头等器件观察是否有互调干扰。

3．模三干扰

【问题描述】

UE 占用滨江国家税务局 3（PCI:108）小区进行 FTP 下载测试，在长河路口附近 UE 尝试切换到江边 1（PCI:63）小区，结果切换失败导致下载业务掉线，速率降为 0。UE 重选到江边 1 小区。此处 RSRP 正常（−80dBm），但 SINR 较差（−8dB 左右）。由江边 1 小区向滨江国家税务局 3 小区也不能正常切换，也会发生业务掉线，小区重选。

问题截图如图 11-13 所示。

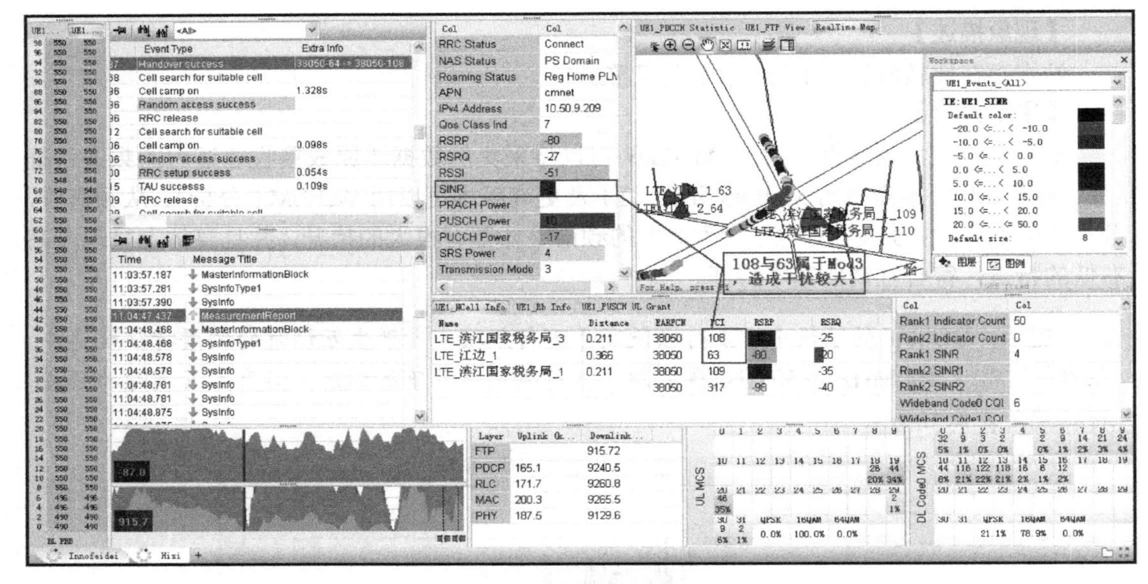

图 11-13　模三干扰示意图

【原理分析】

（1）由于此处无线环境 RSRP 较好但是 SINR 较差，判定小区之间存在干扰。

（2）此处在滨江国家税务局 3（PCI:108）小区和江边 1（PCI:63）小区的切换带上，扫频仪扫频发现附近没有其他小区的强信号，也不存在异系统间的干扰。初步怀疑是两小区 PCI Mod3 结果相同，在切换同步时存在干扰，造成两者不能正常切换。

（3）LTE 扰码中小区标识 Cell ID 由物理层小区标识组 ID 和物理层小区标识组内的小区标识 ID 构成。小区标识 Cell ID=3×物理层小区标识组 ID+物理层小区标识组内的小区标识 ID。物理层小区标识组 ID 取值范围为 0 到 167，用来对辅同步信号加扰；物理层小区标识组内的小区标识 ID 取值为 0、1、2，用来对主同步信号进行加扰。

（4）切换时，由于滨江国家税务局 3（PCI:108）小区和江边 1（PCI:63）小区 PCI Mod3 结果都为 0，对主同步信号的加扰方式相同，造成切换时 SINR 较差，干扰严重，导致切换失败，业务掉线。

【优化措施】

结合周围站点的覆盖情况分析，将江边 1（PCI:63）小区和江边 3（PCI:65）小区的 PCI 进行对调，具体如表 11-3 所示。

表 11-3　对调情况

小　区　名	PCI	参 数 名 称	原　配　置	更改后配置
LTE_江边_1	63	PCI	63	65
LTE_江边_3	65	PCI	65	63

修改前后 PCI 分布如图 11-14 所示。

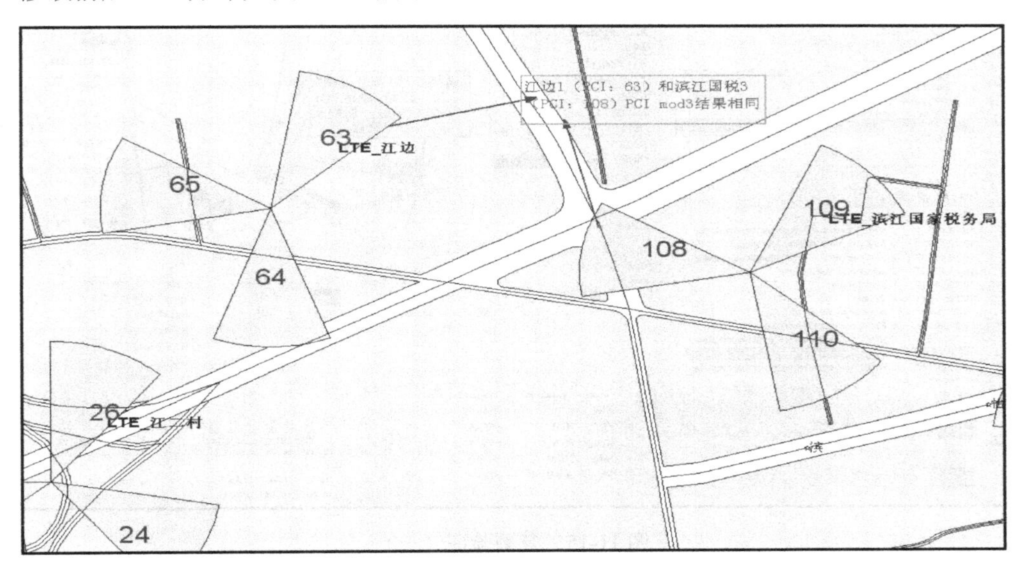

（a）修改前

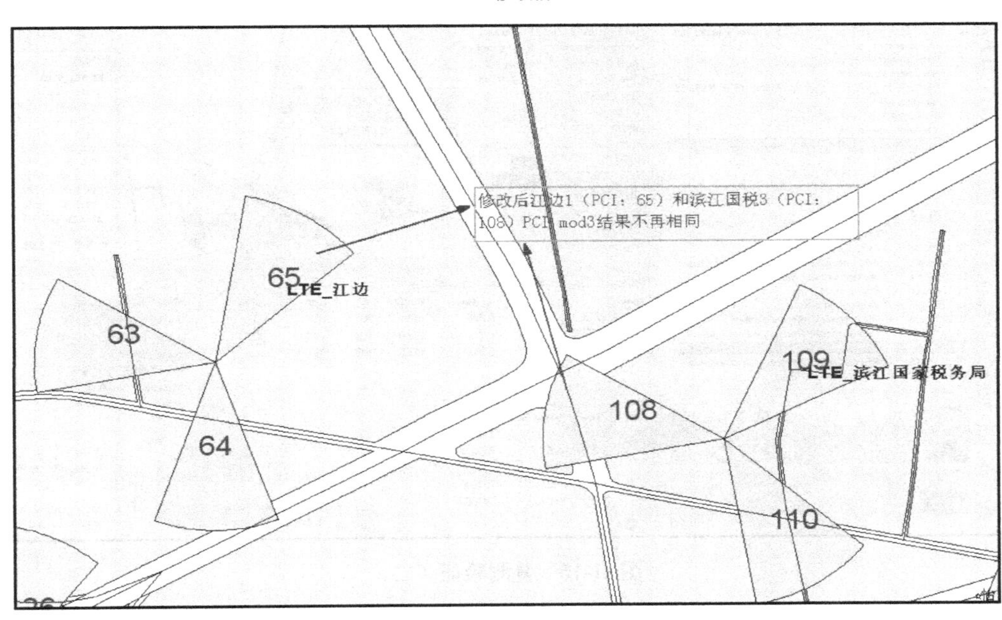

（b）修改后

图 11-14　对调示意图

复测验证：参数修改后，多次复测此路段小区间切换情况，滨江国家税务局 3（PCI:108）小区和江边 1（PCI:65）小区都能正常切换，反向切换也正常。SINR 值由原来的-8dB 提升到 10dB，业务进行正常，不会发生掉线。

滨江国家税务局 3 小区到江边 1 小区切换正常，截图如图 11-15 所示。

江边 1 小区到滨江国家税务局 3 小区切换正常，截图如图 11-16 所示。

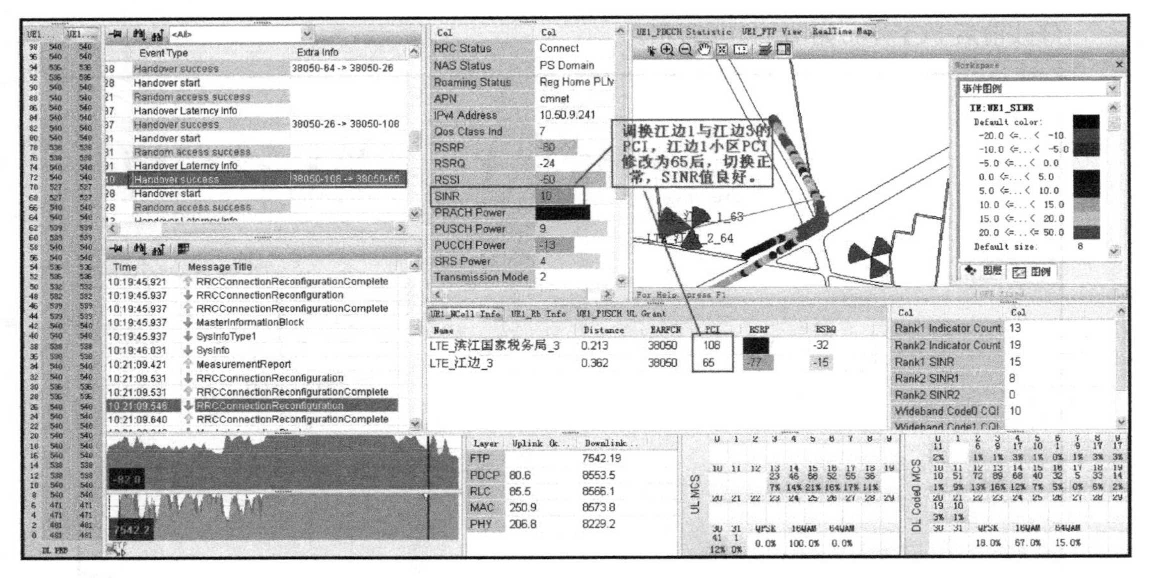

图 11-15　复测验证（一）

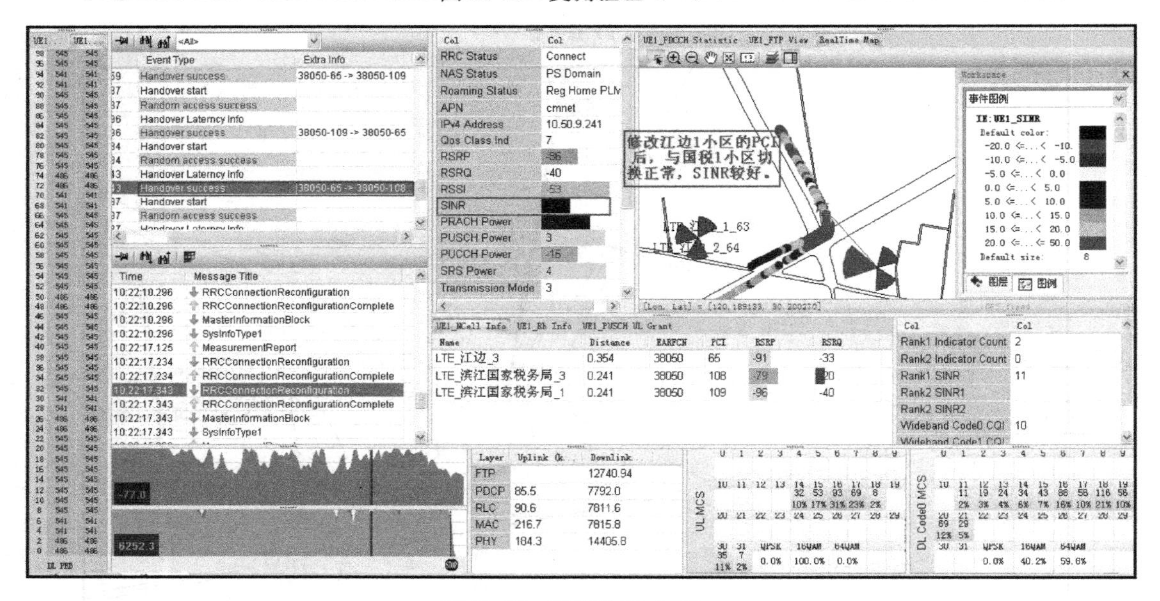

图 11-16　复测验证（二）

【思考与复习题】

一、填空题

（1）LTE 系统最常遇到的干扰可以分为系统内干扰和__________干扰。

（2）特殊子帧中的__________大小决定了下行信号不会干扰上行信号的最小距离。

（3）__________干扰是指干扰源在被干扰接收机工作频段产生的加性干扰，包括干扰源的带外功率泄漏、放大的热噪声、发射互调产物等。

（4）当有一个强干扰信号进入接收机时，接收机会工作在非线性状态下，干扰严重时会导致接收机工作在饱和状态下，我们称这种干扰为________干扰。

（5）当频率不同的两个或更多干扰信号同时进入接收机时，由于接收机的非线性电路作用而产生互调产物，若这些互调产物落在接收机的工作带内，就形成了接收__________干扰。

（6）两个强信号（频率为f_1和f_2）生成频率是$2f_1$-f_2,$2f_2$-f_1的两个较强信号，而$2f_1$-f_2恰好落入受扰接收机的频带内，从而对受扰信号造成干扰。我们称这种干扰为____________干扰。

二、判断题

（1）越区覆盖属于下行干扰。（　　）

（2）如果在某个测试区域，UE 测量的下行 RSRP 指标正常，但是下行 SINR 指标明显偏低，则有可能该区域上行链路受到了干扰。（　　）

（3）如果在该测试点，UE 下行测量的 RSRP 及 SINR 正常，测量的上行 RSSI 指标异常，则有可能是上行链路受到了干扰。（　　）

（4）如果上行链路受到了干扰，往往要通过基站侧观察 RSSI 来确认是否存在上行干扰。（　　）

（5）模三干扰属于系统外干扰。（　　）

（6）采用小区间干扰抑制技术可提高小区边缘的数据率和系统容量。（　　）

三、选择题

（1）正常组网条件下，每 RB 接收信号强度约为多少？（　　）

A．−80dBm　　B．−90dBm　　C．−100dBm　　D．−110dBm

（2）下列不属于系统外干扰的是（　　）。

A．杂散干扰　　B．阻塞干扰　　C．互调干扰　　D．GPS 失步

（3）TD-LTE 系统支持的特殊子帧配比是 SSP5、SSP6、SSP7 和 SSP8，在这些配特殊子帧配比中，哪一个使用的 GP 最小?（　　）

A．SSP5　　B．SSP6　　C．SSP7　　D．SSP8

（4）LTE 网络中常用哪个参数表示干扰水平？（　　）

A．RSRP　　B．SINR　　C．RSRQ　　D．RSCP

（5）接收机通常工作在线性区，当有一个强干扰信号进入接收机时，接收机会工作在非线性状态下，严重时导致接收机饱和，称这种干扰为（　　）。

A．阻塞干扰　　B．杂散干扰　　C．互调干扰　　D．带内干扰

（6）下列哪一种干扰是由于受扰系统的设备性能指标不合格导致的？（　　）

A．阻塞干扰　　B．杂散干扰

C．互调干扰　　D．谐波干扰

（7）进行干扰分析的常用工具是（　　）。

A．扫频仪　　B．GPS　　C．罗盘　　D．测试终端

（8）下述关于干扰的说法哪一项是不正确的？（　　）

A．干扰的本质就是未按频率分配规定的信号占据了合法信号的频率，影响了合法信号的正常工作

B．根据技术特性，干扰可分为杂散干扰、阻塞干扰和互调干扰等

C．杂散干扰是指加于接收机的干扰功率很强，超出了接收机的线性范围，导致接收机因饱和而无法工作

D．互调干扰是指频率为 f_1 和 f_2 的两个信号经过非线性器件或传播媒介后出现的频率为 f_1 和 f_2 的和或差的新信号，主要有二阶、三阶及四阶等互调产物

（9）考虑到干扰控制，城区三扇区站水平波束宽度一般不大于（　　）。

A．45　　B．90　　C．120　　D．65

四、多选题

（1）下列属于系统内干扰的是（　　）。

A．TD-LTE 帧失步（GPS 失锁）

B．TD-LTE 超远干扰

C．越区覆盖导致干扰

D．阻塞干扰

（2）引起 GPS 失锁的原因主要有（　　）。

A．GPS 安装不规范，导致无法搜到足够强的卫星信号

B．GPS 受到干扰

C．时钟接收板星卡异常

D．GPS 接收天线受到遮挡

（3）3GPP 提出了多种解决干扰的方案，包括（　　）。

A．分集接收　　B．干扰随机化

C．干扰消除　　D．干扰协调技术

（4）下列各项属于小区干扰随机化技术是（　　）。

A．加扰　　B．交织

C．跳频　　D．干扰抑制合并 IRC

五、问答题

（1）请简述模三干扰问题的分析方法。

（2）共址基站干扰主要干扰类型有哪些？

第 12 章　LTE 无线网络切换优化

12.1　切换的含义

小区具有一定的覆盖范围，当移动终端 UE 在系统内不断移动时，小区边缘信号质量可能会逐步降低，UE 为了保持连续的通信服务，需要根据服务小区和相邻小区的信号测量结果触发事件上报，以便切换到信号质量更好的小区。

根据切换间小区频点的不同与所属系统的不同，LTE 切换可分为同频切换、异频切换以及异系统切换。本文不涉及异系统切换。

切换包括切换测量、切换决策与切换执行三个阶段。测量阶段，UE 根据 eNodeB 下发的测量配置消息进行相关测量，并将测量结果上报给 eNodeB。决策阶段，eNodeB 根据 UE 上报的测量结果进行评估，决定是否触发切换。执行阶段，eNodeB 根据决策结果，控制 UE 切换到目标小区，由 UE 完成切换。

整个切换流程采用了 UE 辅助网络控制的思路，即测量下发、测量上报、判决、资源准备、执行、原有资源释放 6 个步骤。

系统内切换主要可以分为：

（1）站内切换：同一 eNodeB 下不同小区间的切换。

（2）站间切换：

① eNodeB 间 X2 口切换：适用于同属于一个 MME 且之间有 X2 连接的两个 eNodeB。

② eNodeB 间 S1 口切换：适用于无 X2 连接的两个 eNodeB 切换或者是跨 MME 切换。

12.2　切换基本流程解析

下面以站内切换为例，简要介绍一下切换基本流程。

站内切换流程比较简单，不涉及 X2、S1 的交互。打开某站点的 M2000 信令跟踪，可以看到站内切换有如图 12-1 所示流程（2.1 版本之后的基本信令都是通过 M2000 来跟踪的）。

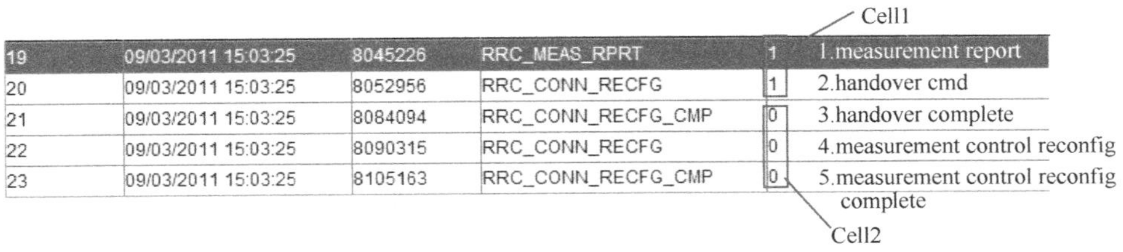

Cell1

19	09/03/2011 15:03:25	8045226	RRC_MEAS_RPRT	1	1.measurement report
20	09/03/2011 15:03:25	8052956	RRC_CONN_RECFG	1	2.handover cmd
21	09/03/2011 15:03:25	8084094	RRC_CONN_RECFG_CMP	0	3.handover complete
22	09/03/2011 15:03:25	8090315	RRC_CONN_RECFG	0	4.measurement control reconfig
23	09/03/2011 15:03:25	8105163	RRC_CONN_RECFG_CMP	0	5.measurement control reconfig complete

Cell2

图 12-1　站内切换

以下为接口消息展开示意图：

RRC_MEAS_RPRT：该消息携带服务小区和邻小区的质量信息，如图 12-2 所示。

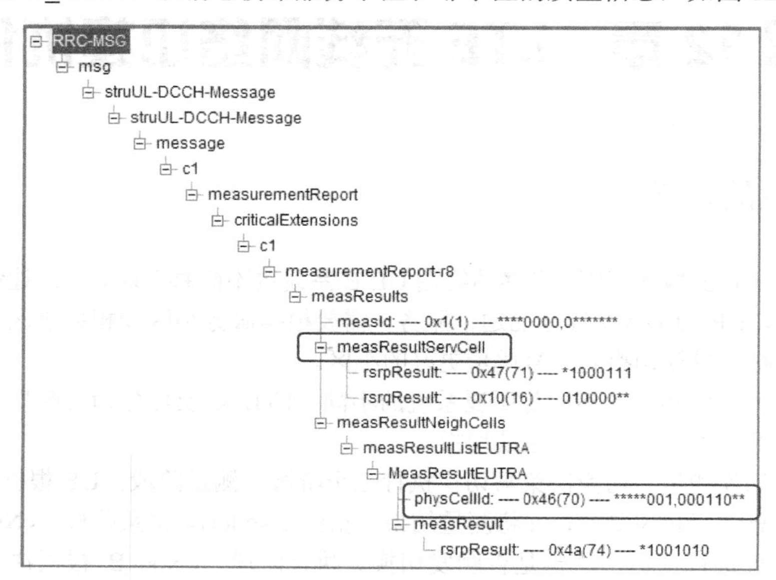

图 12-2　RRC_MEAS_RPRT

RRC_CONN_RECFG：该消息携带切换请求命令时如图 12-3 所示。

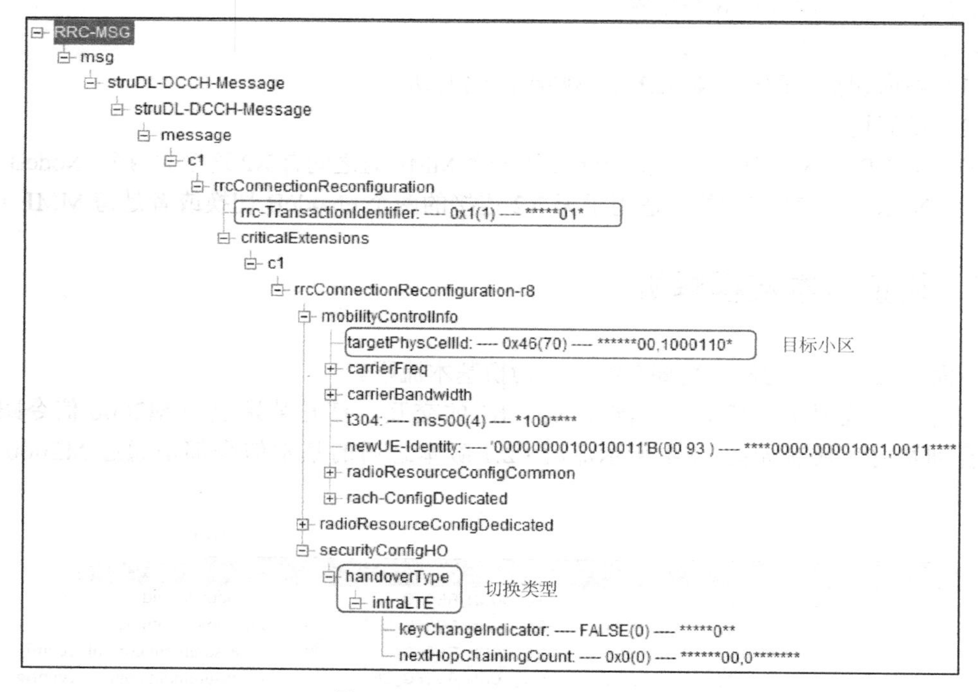

图 12-3　RRC_CONN_RECFG

RRC_CONN_RECFG_CMP：该消息携带切换完成消息（rrc-TransactionIdentifier 数值与切换命令中的一致）时如图 12-4 所示。

```
⊟ RRC-MSG
  ⊟ msg
    ⊟ struUL-DCCH-Message
      ⊟ struUL-DCCH-Message
        ⊟ message
          ⊟ c1
            ⊟ rrcConnectionReconfigurationComplete
                rrc-TransactionIdentifier: ---- 0x1(1) ---- *****01*
              ⊟ criticalExtensions
                  rrcConnectionReconfigurationComplete-r8: ---- (0) ---- 0*******
```

图 12-4　RRC_CONN_RECFG_CMP

RRC_CONN_RECFG：该消息携带测量控制命令（用于配置 UE 需要完成的测量，如要测量的小区、频点、测量类型等）时如图 12-5 所示。

```
⊟ struDL-DCCH-Message
  ⊟ struDL-DCCH-Message
    ⊟ message
      ⊟ c1
        ⊟ rrcConnectionReconfiguration
            rrc-TransactionIdentifier: ---- 0x2(2) ---- *****10*
          ⊟ criticalExtensions
            ⊟ c1
              ⊟ rrcConnectionReconfiguration-r8
                ⊟ measConfig
                  ⊟ measObjectToAddModList
                    ⊟ MeasObjectToAddMod
                        measObjectId: ---- 0x1(1) ---- **00000*
                      ⊟ measObject
                        ⊟ measObjectEUTRA
                            carrierFreq: ---- 0xea5(3749) ---- *0000111,01010010,1*******
                            allowedMeasBandwidth: ---- mbw50(3) ---- *011****
                            presenceAntennaPort1: ---- FALSE(0) ---- ****0***
                            neighCellConfig: ---- '01'B(40 ) ---- *****01*
                            offsetFreq: ---- dB0(15) ---- *******0,1111****
                          ⊞ cellsToAddModList
                  ⊟ reportConfigToAddModList
                    ⊟ ReportConfigToAddMod
                        reportConfigId: ---- 0x1(1) ---- *00000**
                      ⊞ reportConfig
                  ⊟ measIdToAddModList
                    ⊞ MeasIdToAddMod
                  ⊟ quantityConfig
                    ⊞ quantityConfigEUTRA
```

图 12-5　RRC_CONN_RECFG

RRC_CONN_RECFG_CMP：该消息携带测量控制完成消息（用于指示 eNB，UE 已经收到并完成了测量配置）时如图 12-6 所示。

注 1：测量控制、测量控制完成不属于切换流程；但是，切换流程结束后一般总伴随着测量控制、测量控制完成。

注 2：当 CIO 不为零时，通过测量控制消息下发该邻区信息；CIO 为零时，该值不下发，涉及该参数的事件判决中该值默认为 0（当 CIO 配置为 0 时，eNodeB 可以不在测量控制中下发邻区消息，由 UE 自己进行测量）。

注 3：不同条件下，同一信令携带的内容不同。

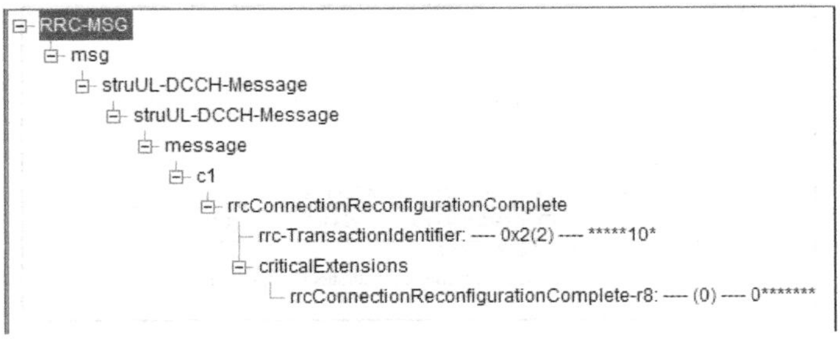

RRC-MSG
msg
struUL-DCCH-Message
struUL-DCCH-Message
message
c1
rrcConnectionReconfigurationComplete
rrc-TransactionIdentifier: ---- 0x2(2) ---- *****10*
criticalExtensions
rrcConnectionReconfigurationComplete-r8: ---- (0) ---- 0*******

图 12-6　RRC_CONN_RECFG_CMP

12.3　切换常见异常场景

12.3.1　切换过早

切换过早，一般是邻区的信号还不够好或不够稳定，eNodeB 就发起了切换，主要有以下几种。

（1）源小区下发切换命令后，由于目标小区信号质量不佳，UE 切换到目标小区失败，UE 发起 RRC 重建回到源小区。如图 12-7 所示，这种场景下，UE 切换到新小区随机接入或发送 MSG3 失败导致切换失败，然后 UE 在源小区发起 RRC 连接重建。

eNodeB1
eNodeB2
UE
6.Measure Report(HO)
7.Handover Request(UE History)
8.Handover Response
9.Handover Command
10.RLF(to/in eNB1)
11.Reestablish(to old cell)
12.Judge UE Context(in local cell)
1)If find UE Id in local cell;
2)mum_ho_too_early++;
Handover too early

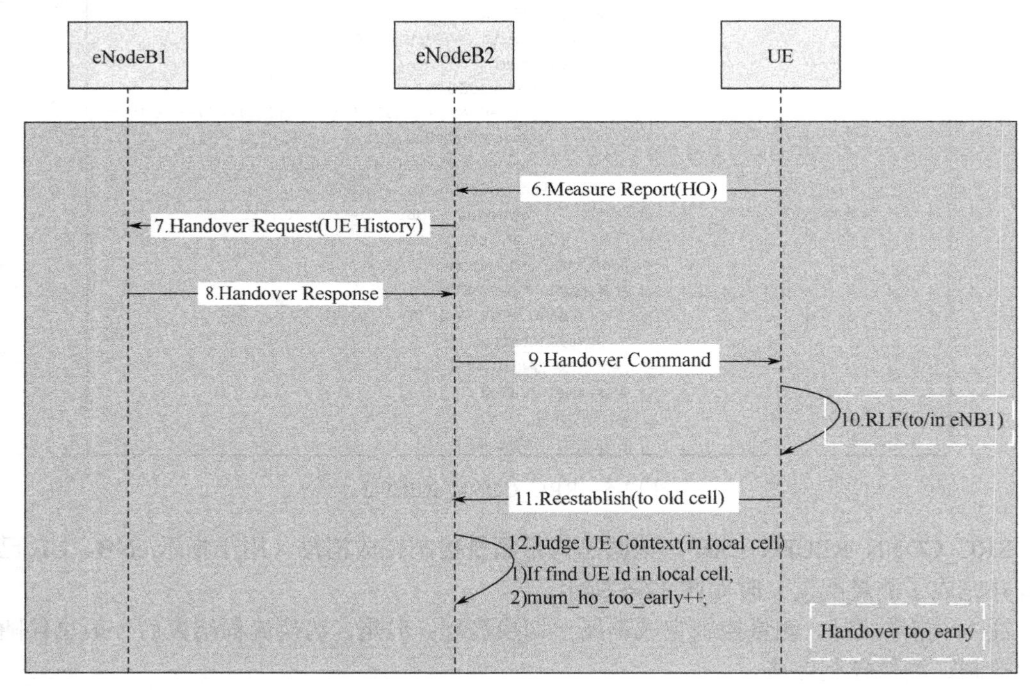

图 12-7　切换过早示意图

（2）UE 虽然成功切换到目标小区但是立即出现下行失步，然后在源小区发起 RRC 连接重建，这也是切换过早。

（3）UE 虽然成功切换到目标小区但在很短时间内（5s）切换到第 3 方小区，也是切换过早。

如图 12-8 所示是切换过早典型信令：

12	2008-01-05 06:13:1...	RRC_UL_INFO_TRANSF	RECEIVE
13	2008-01-05 06:13:1...	RRC_CONN_RECFG	SEND
14	2008-01-05 06:13:1...	RRC_CONN_RECFG_CMP	RECEIVE
15	2008-01-05 06:13:1...	RRC_CONN_RECFG	SEND
16	2008-01-05 06:13:1...	RRC_CONN_RECFG_CMP	RECEIVE
17	2008-01-05 06:13:1...	RRC_CONN_RECFG	SEND
18	2008-01-05 06:13:1...	RRC_CONN_RECFG_CMP	RECEIVE
19	2008-01-05 06:13:5...	RRC_MEAS_RPRT	RECEIVE
20	2008-01-05 06:13:5...	RRC_CONN_RECFG	SEND
21	2008-01-05 06:13:5...	RRC_CONN_REESTAB_REQ	RECEIVE
22	2008-01-05 06:13:5...	RRC_CONN_REESTAB	SEND
23	2008-01-05 06:13:5...	RRC_CONN_REESTAB_CMP	RECEIVE
24	2008-01-05 06:13:5...	RRC_CONN_RECFG	SEND
25	2008-01-05 06:13:5...	RRC_CONN_RECFG_CMP	RECEIVE
26	2008-01-05 06:13:5...	RRC_CONN_RECFG	SEND
27	2008-01-05 06:13:5...	RRC_CONN_RECFG_CMP	RECEIVE
28	2008-01-05 06:13:5...	RRC_CONN_RECFG	SEND
29	2008-01-05 06:13:5...	RRC_CONN_RECFG_CMP	RECEIVE
30	2008-01-05 06:13:5...	RRC_CONN_RECFG	SEND

图 12-8　切换过早典型信令

12.3.2　切换过晚

切换过晚实际上在外场场景下出现得比较多，主要有以下几种：

（1）在下行 100%加载的场景，源小区服务质量不好（一般 SINR 低于-3 就会有一定概率出现切换命令发送失败），UE 因为服务小区信号不好没有收到切换命令，或收到切换命令，但随机接入过程失败，UE 就发起 RRC 连接重建，重建到目标小区，此时由于目标小区已建立上下文，重建可以成功。

（2）UE 还来不及上报测量报告，源小区的信号已经急剧下降导致下行失步，UE 直接在目标小区发起 RRC 连接重建，此时由于目标小区无 UE 上下文，重建必然被拒绝，信令流程如图 12-9 所示。

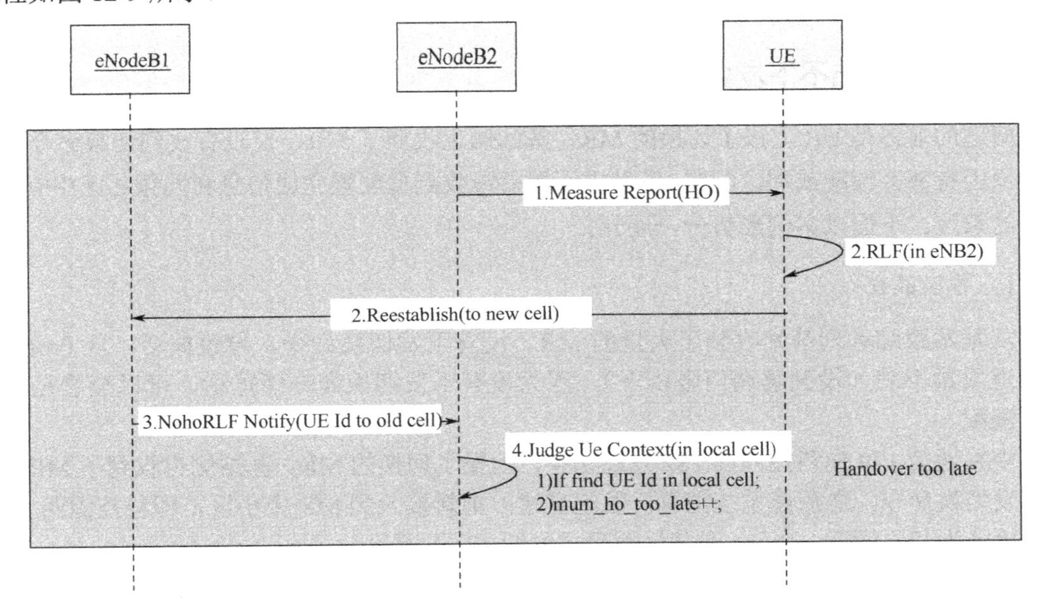

图 12-9　切换过晚示意图

如图 12-10 所示是切换过晚典型信令。

2011-05-26 16:14:38	UE	eNodeB	UU Message	RRC_MEAS_RPRT	1
2011-05-26 16:14:38	UE	eNodeB	UU Message	RRC_MEAS_RPRT	1
2011-05-26 16:14:38	eNodeB	UE	UU Message	RRC_MASTER_INFO_BLOCK	
2011-05-26 16:14:38	eNodeB	UE	UU Message	RRC_SIB_TYPE1	
2011-05-26 16:14:38	eNodeB	UE	UU Message	RRC_SIB_TYPE1	
2011-05-26 16:14:38	eNodeB	UE	UU Message	RRC_SIB_TYPE1	
2011-05-26 16:14:38	eNodeB	UE	UU Message	RRC_SIB_TYPE1	
2011-05-26 16:14:38	eNodeB	UE	UU Message	RRC_SYS_INFO	
2011-05-26 16:14:38	UE	eNodeB	UU Message	RRC_CONN_REESTAB_REQ	0
2011-05-26 16:14:38	eNodeB	UE	UU Message	RRC_CONN_REESTAB_REJ	0
2011-05-26 16:14:38	UE	MME	Nas Message	MM_TAU_REQ	
2011-05-26 16:14:38	eNodeB	UE	UU Message	RRC_MASTER_INFO_BLOCK	
2011-05-26 16:14:38	eNodeB	UE	UU Message	RRC_SIB_TYPE1	
2011-05-26 16:14:38	eNodeB	UE	UU Message	RRC_SIB_TYPE1	
2011-05-26 16:14:38	eNodeB	UE	UU Message	RRC_SIB_TYPE1	
2011-05-26 16:14:38	eNodeB	UE	UU Message	RRC_SIB_TYPE1	
2011-05-26 16:14:38	eNodeB	UE	UU Message	RRC_SYS_INFO	
2011-05-26 16:14:38	eNodeB	UE	UU Message	RRC_SIB_TYPE1	
2011-05-26 16:14:38	eNodeB	UE	UU Message	RRC_SYS_INFO	
2011-05-26 16:14:38	eNodeB	UE	UU Message	RRC_SYS_INFO	
2011-05-26 16:14:38	eNodeB	UE	UU Message	RRC_SIB_TYPE1	
2011-05-26 16:14:38	eNodeB	UE	UU Message	RRC_SYS_INFO	
2011-05-26 16:14:38	eNodeB	UE	UU Message	RRC_SYS_INFO	
2011-05-26 16:14:39	UE	eNodeB	UU Message	RRC_CONN_REQ	0
2011-05-26 16:14:39	eNodeB	UE	UU Message	RRC_CONN_SETUP	0
2011-05-26 16:14:39	UE	eNodeB	UU Message	RRC_CONN_SETUP_CMP	1
2011-05-26 16:14:39	eNodeB	UE	UU Message	RRC_SECUR_MODE_CMD	1

图 12-10　切换过晚典型信令

12.3.3　乒乓切换

UE 进行 A→B→A 这样的反复来回切换称为乒乓切换，即从小区 A 切换到小区 B 后，在小区 B 停留的时间很短，又返回到小区 A，这个通过信令流程比较容易分析，就是看上一次切换入到下一次切换出的时间是否太短了（一般认为一秒发生多次切换为乒乓切换）。

12.4　切换问题优化案例

12.4.1　基站不下发切换命令

该问题的前提是 UE 上报了切换的 MR，基站侧也收到了 MR，但没有收到切换命令，可能的原因有邻区漏配或邻区配错、下发重配置后没收到重配置完成信息和同频邻区中有 PCI 相等的邻区。下面以案例形势一一展开。

1．邻区漏配

从基站跟踪看到基站收到了大量的 MR，没有下发切换命令，导致掉话。从 Probe 上看信道质量不差（没到解调门限以下），因为没有下发切换命令而掉话，可以查看是否为邻区漏配。

中兴通信 179 向科技园四 182 发起切换，上报了切换的 MR，基站侧也收到了 MR，没有下发切换命令，之后读系统消息，发起重建，重新接入到 MR 中小区，即科技园四 182，可以确认为邻区漏配。Probe 和基站侧日志如图 12-11 所示。

邻区漏配有两种情况：（1）同频邻区和外部小区都没有配置；（2）配置了外部邻区，但没配置同频邻区。

Type	Value
PCI	179
RSRP(dBm)	-99
RSRQ(dB)	-11.50
RSSI(dBm)	-67
PUSCH Power(dBm)	22
PUCCH Power(dBm)	-1
RACH Power(dBm)	9
SRS Power(dBm)	6
AGC Power(dBm)	
Power Headroom(dB)	1
PDCCH UL Grant Count	344
PDCCH DL Grant Count	176
Average SINR(dB)	1.00
Rank1 SINR(dB)	0.50

Event List

Time	Event
17:40:28.199	HOA3Measurement
17:40:28.235	HOAttempt
17:40:28.617	HOSuc
17:40:34.467	Session End
17:40:49.617	Session Start
17:40:52.658	Data Transfer ...
17:40:54.529	HOA3Measurement

Time	Message
17:40:28.436	RRCConnectionReconfiguration
17:40:28.447	RRCConnectionReconfigurationComplete
17:40:28.466	RRCConnectionReconfiguration
17:40:28.475	RRCConnectionReconfigurationComplete
17:40:28.498	RRCConnectionReconfiguration
17:40:28.509	RRCConnectionReconfigurationComplete
17:40:28.548	RRCConnectionReconfiguration
17:40:28.556	RRCConnectionReconfigurationComplete
17:40:28.591	MasterInformationBlock
17:40:28.612	SystemInformationBlockType1
17:40:28.625	SystemInformation
17:40:29.838	RRCConnectionReconfiguration
17:40:29.842	RRCConnectionReconfigurationComplete
17:40:34.326	RRCConnectionReconfiguration
17:40:34.330	RRCConnectionReconfigurationComplete
17:40:54.529	MeasurementReport

（a）邻区漏配 UE 侧无线环境

Time	Message
17:40:58.848	MeasurementReport
17:40:59.088	MeasurementReport
17:40:59.088	MeasurementReport
17:40:59.328	MeasurementReport
17:40:59.569	MeasurementReport
17:40:59.808	MeasurementReport
17:41:00.048	MeasurementReport
17:41:00.288	MeasurementReport
17:41:00.528	MeasurementReport
17:41:00.768	MeasurementReport
17:41:01.008	MeasurementReport
17:41:01.248	MeasurementReport
17:41:01.488	MeasurementReport
17:41:01.728	MeasurementReport
17:41:01.968	MeasurementReport
17:41:02.289	MasterInformationBlock
17:41:02.312	SystemInformationBlockType1
17:41:02.339	RRCConnectionReestablishmentRequest
17:41:02.629	MasterInformationBlock
17:41:02.652	SystemInformationBlockType1
17:41:02.675	ServiceRequest
17:41:02.685	RRCConnectionRequest
17:41:02.721	RRCConnectionSetup

（b）邻区漏配 UE 侧日志

14/06/2011 17:40:24	RRC_CONN_RECFG
14/06/2011 17:40:24	RRC_CONN_RECFG_CMP
14/06/2011 17:40:29	RRC_CONN_RECFG
14/06/2011 17:40:29	RRC_CONN_RECFG_CMP
14/06/2011 17:40:49	RRC_MEAS_RPRT
14/06/2011 17:40:49	RRC_MEAS_RPRT
14/06/2011 17:40:49	RRC_MEAS_RPRT
14/06/2011 17:40:50	RRC_MEAS_RPRT
14/06/2011 17:40:50	RRC_MEAS_RPRT
14/06/2011 17:40:50	RRC_MEAS_RPRT
14/06/2011 17:40:50	RRC_MEAS_RPRT
14/06/2011 17:40:51	RRC_MEAS_RPRT
14/06/2011 17:40:56	RRC_MEAS_RPRT
14/06/2011 17:40:56	RRC_MEAS_RPRT
14/06/2011 17:40:56	RRC_MEAS_RPRT
14/06/2011 17:40:56	RRC_MEAS_RPRT
14/06/2011 17:40:57	S1AP_UE_CONTEXT_REL_CMD
14/06/2011 17:40:57	RRC_CONN_REL
14/06/2011 17:40:57	S1AP_UE_CONTEXT_REL_CMP

（c）邻区漏配基站日志

图 12-11　邻区漏配

建议：添加邻区。

注：也可通过对比 SIB4 中的邻区信息与 MR 中的邻区 PCI 来判断是否为邻区漏配，如图 12-12 所示。

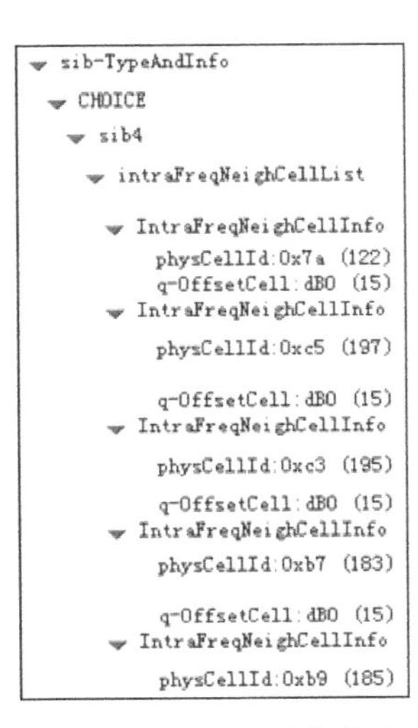

图 12-12　SIB4 消息内容

2．邻区配错

下述为外部小区和同频邻区均已配置，且同频邻区也配置正确，但外部小区的 PCI 添加有错导致的掉话。如图 12-13 所示，102（科技园三 1 小区）上报 181（科技园四 1 小区）的 MR，但没下发切换命令，查询同频邻区已配置 eNB 的 ID 为 28，即科技园四的 1 小区为邻区，但 1 小区的 PCI 被配成了 182，且配置了同站的两个 PCI 相等的外部邻区。

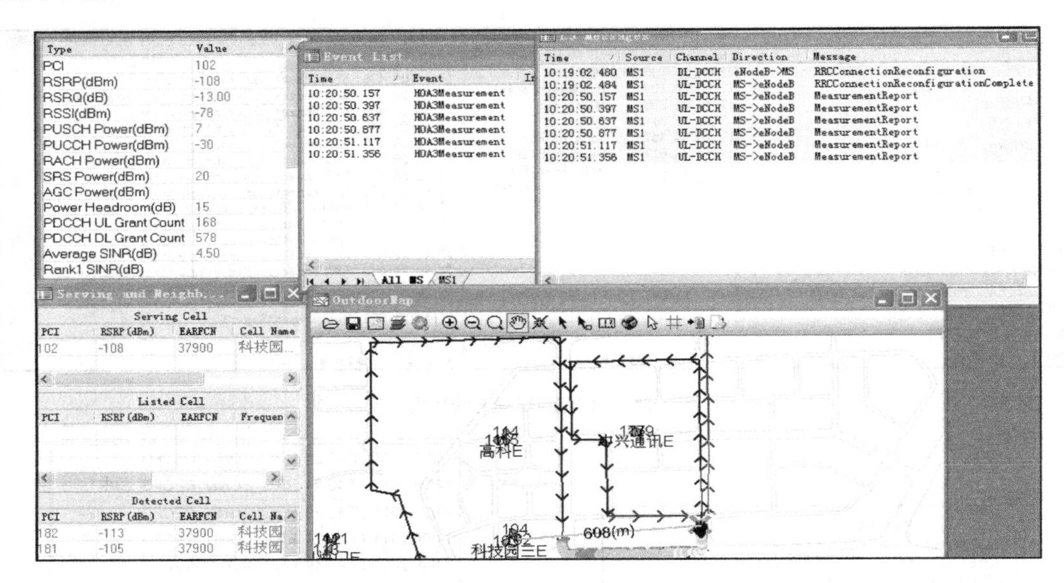

（a）邻区错配终端侧

eNodeB Name	本地小区标识	相邻基站标识	相邻小区标识
科技园三E	1	24	2
科技园三E	1	28	0
科技园三E	1	28	1
科技园三E	1	28	2
科技园三E	1	31	0
科技园三E	1	31	1
科技园三E	1	82	0
科技园三E	1	82	2

（b）科技园三 1 小区的同频邻区

移动国家码	移动网络码	基站标识	小区标识	下行频点	上行频点配置指示	上行频点	物理小区标识	跟踪区域码	小区名称
460	00	22	1	37900	不配置	NULL	177	1	NULL
460	00	23	0	37900	不配置	NULL	114	1	NULL
460	00	23	1	37900	不配置	NULL	115	1	NULL
460	00	23	2	37900	不配置	NULL	116	1	NULL
460	00	28	0	37900	不配置	NULL	180	1	NULL
460	00	28	1	37900	配置	37900	182	1	NULL
460	00	28	2	37900	配置	37900	180	1	NULL
460	00	77	0	37900	不配置	NULL	168	1	NULL
460	00	77	1	37900	不配置	NULL	170	1	NULL
460	00	77	2	37900	不配置	NULL	169	1	NULL
460	00	78	0	37900	不配置	NULL	233	1	NULL
460	00	78	1	37900	配置	37900	235	1	NULL
460	00	79	0	37900	不配置	NULL	213	1	NULL
460	00	79	1	37900	不配置	NULL	215	1	NULL
460	00	79	2	37900	不配置	NULL	214	1	NULL

(结果个数 = 19)

（c）科技园三的外部邻区

图 12-13　邻区配错

建议：修正外部小区的 PCI，在添加邻区时务必保证外部小区的 PCI 及同频邻区的 eNB ID 正确，减少优化工作量。

3．PCI 相等导致不发切换命令

现象：基站标识 117，67（本地小区 1）、68（本地小区 0）为同站邻区，68 往 67 切换正常，67 往 68 则切换不过去，表现为上报了 MR，不发切换命令，日志如图 12-14 所示。

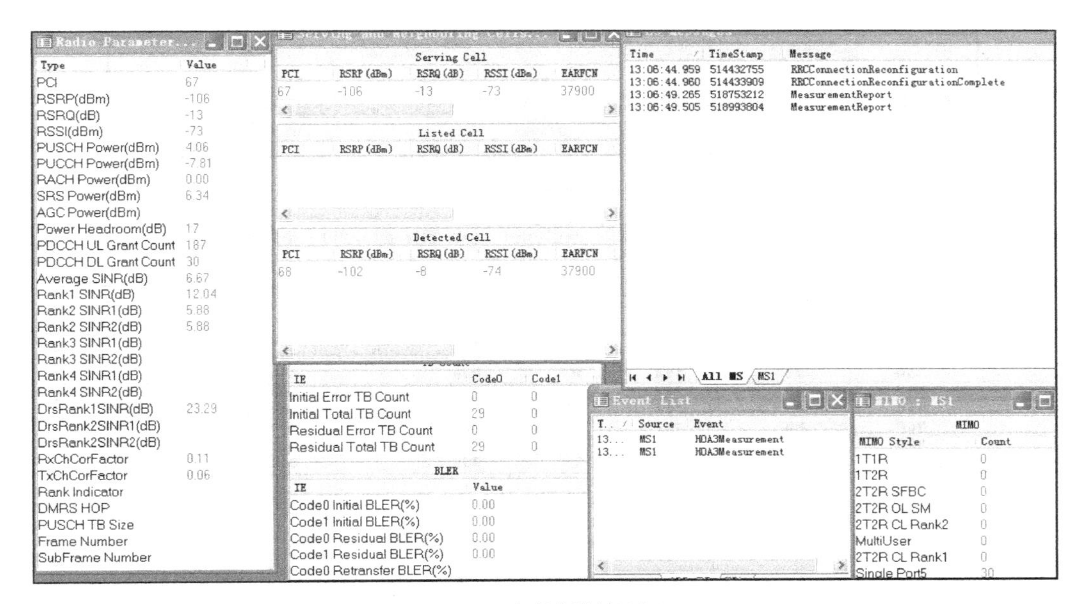

（a）PCI 相等终端侧日志

19/06/2011 13:06:52	RRC_MEAS_RPRT
19/06/2011 13:06:53	RRC_MEAS_RPRT
19/06/2011 13:06:53	RRC_MEAS_RPRT
19/06/2011 13:06:53	RRC_MEAS_RPRT
19/06/2011 13:06:53	RRC_MEAS_RPRT
19/06/2011 13:06:54	RRC_MEAS_RPRT
19/06/2011 13:06:54	RRC_MEAS_RPRT
19/06/2011 13:06:54	RRC_MEAS_RPRT
19/06/2011 13:06:54	RRC_MEAS_RPRT
19/06/2011 13:06:54	RRC_MEAS_RPRT
19/06/2011 13:06:55	RRC_MEAS_RPRT
19/06/2011 13:06:55	RRC_MEAS_RPRT
19/06/2011 13:06:55	RRC_CONN_RECFG
19/06/2011 13:06:55	RRC_CONN_RECFG_CMP

（b）PCI 相等基站侧日志

图 12-14　不发切换命令

经查询 67（本地小区标识为 1）的外部邻区中有 PCI 为 68，和同站邻区的 PCI 相等，如图 12-15 所示，在 ANR 关闭情况下，导致不发切换命令。

措施：首先核查是外部邻区中的 PCI 配置错误（即该站不存在，或基站存在但 PCI 配置有错）；核查都无误时调整 PCI。

建议：

（1）调整完 PCI 后或新加站后用 M2000 上的 PCI 冲突核查工具进行核查，确认邻区中是否存在 PCI 相等情况。

（2）使用 Excel 原型工具进行对比，使用该工具相对麻烦一点，要将邻区信息导出来。

在 M2000 的配置中选择 LTE 自优化，在优化菜单中双击 PCI 优化任务，如图 12-16 所示。

移动国家码	移动网络码	基站标识	小区标识	下行频点	上行频点配置指示	上行频点	物理小区标识
460	00	108	0	37900	不配置	NULL	78
460	00	129	2	37900	不配置	NULL	65
460	00	134	0	37900	不配置	NULL	68
460	00	134	1	37900	不配置	NULL	67
460	00	134	2	37900	不配置	NULL	66

（a）67 小区的外部邻区

本地小区标识	移动国家码	移动网络码	基站标识	小区标识	小区偏移量(分贝)	小区偏置(分贝)	禁止切换标识
1	460	00	108	2	0dB	0dB	允许切换
1	460	00	110	2	0dB	0dB	允许切换
1	460	00	112	2	0dB	0dB	允许切换
1	460	00	113	0	0dB	0dB	允许切换
1	460	00	113	2	0dB	0dB	允许切换
1	460	00	114	0	0dB	0dB	允许切换
1	460	00	117	0	0dB	0dB	允许切换
1	460	00	117	2	0dB	0dB	允许切换
1	460	00	129	1	0dB	0dB	允许切换
1	460	00	134	0	0dB	0dB	允许切换
1	460	00	134	2	0dB	0dB	允许切换

（b）67 小区的同频邻区

图 12-15　两区 PCI 相等

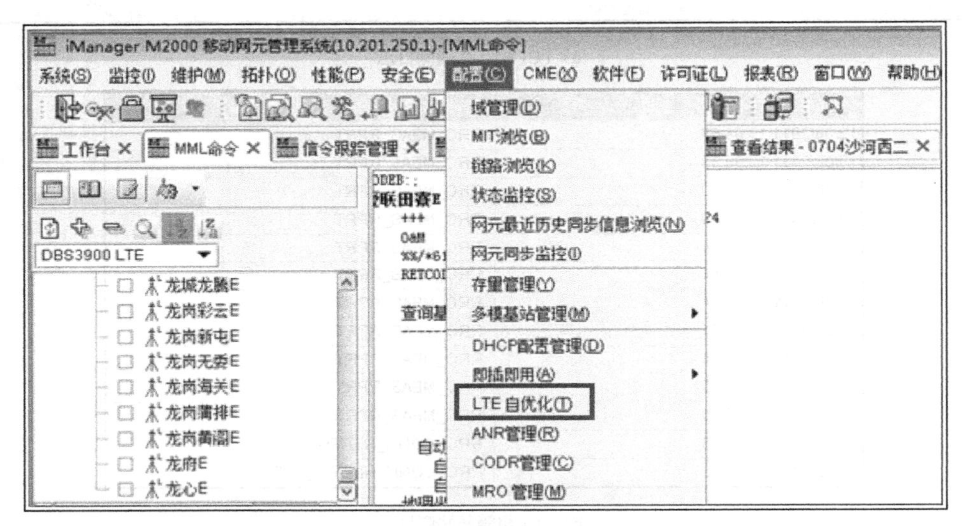

（a）M2000 PCI 自优化界面

优化　设置　日志

优化任务
- PCI优化任务
- TA优化任务

PCI优化任务

PCI冲突信息

小区GCI(MC...	小区名称	网元名称	下行频点	PCI
460-00-33-2	南山岁宝E_2	南山岁宝E	37900	411
460-00-33-2	南山岁宝E_2	南山岁宝E	37900	413
460-00-45-0	爱联田寨E_0	爱联田寨E	37900	60
460-00-45-0	爱联田寨E_0	爱联田寨E	37900	61
460-00-45-1	爱联田寨E_1	爱联田寨E	37900	61
460-00-45-1	爱联田寨E_1	爱联田寨E	37900	62
460-00-45-2	爱联田寨E_2	爱联田寨E	37900	60
460-00-45-2	爱联田寨E_2	爱联田寨E	37900	62

（b）PCI 冲突信息

图 12-16　优化任务

在 PCI 冲突信息中单击任何一条信息，在旁边会显示与其冲突的邻区的具体信息，如

图 12-17 所示。

PCI优化任务

PCI冲突信息

小区GCI(MC...	小区名称	网元名称	下行频点	PCI
460-00-33-2	南山岁宝E_2	南山岁宝E	37900	411
460-00-33-2	南山岁宝E_2	南山岁宝E	37900	413
460-00-45-0	爱联田寨E_0	爱联田寨E	37900	60
460-00-45-0	爱联田寨E_0	爱联田寨E	37900	61
460-00-45-1	爱联田寨E_1	爱联田寨E	37900	61
460-00-45-1	爱联田寨E_1	爱联田寨E	37900	62
460-00-45-2	爱联田寨E_2	爱联田寨E	37900	60
460-00-45-2	爱联田寨E_2	爱联田寨E	37900	62

PCI冲突的相邻小区

小区GCI(MCC-MNC-网元I...	小区名称	网元名称
460-00-45-1	爱联田寨E_1	爱联田寨E
460-00-112-1	unknown	unknown

图 12-17　PCI 冲突详细信息

单击下面优化任务中的有三角形图案的按钮，会弹出如图 12-18 所示对话框。

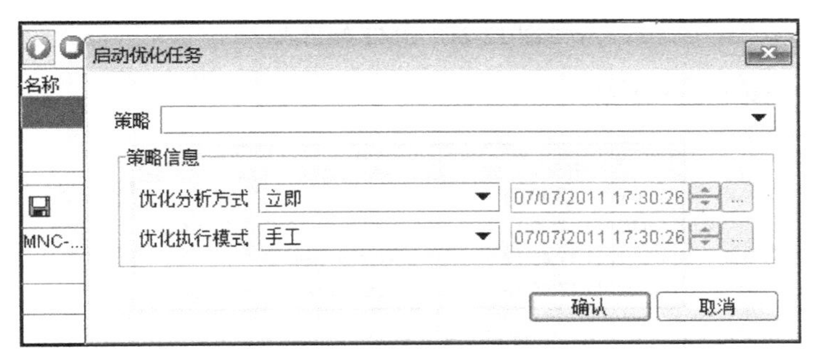

图 12-18　优化任务启动界面

单击【确认】后，会显示如图 12-19 所示进度条。

优化任务

任务名称	创建者	状态	进度	下一步	下一步时间
system task	admin	进行中	5%	Impl	

图 12-19　优化进度条

完成后会显示已成功，进度条显示 100%，建议的优化值如图 12-20 所示。

任务名称	创建者	状态	进度	下一步
system task	admin	已成功	100%	Impl

小区GCI(MCC-MNC-...	小区名称	网元名称	下行频点	当前PCI	建议PCI
460-00-45-0	爱联田寨E_0	爱联田寨E	37900	62	86
460-00-45-1	爱联田寨E_1	爱联田寨E	37900	60	84
460-00-45-2	爱联田寨E_2	爱联田寨E	37900	61	85
460-00-66-0	南山E_0	南山E	37900	411	93
460-00-66-2	南山E_2	南山E	37900	413	95

图 12-20　优化结果

4．基站下发的 RRC 连接重配置没收到 RRC 连接重配置完成信息

场景：科技园三 102 切换到科技园三 104 后，基站侧下发了 RRC 连接重配置命令，为

重配置 CQI，UE 侧没收到，一直上报 MR，基站侧不处理，导致掉话。

UE 侧日志如图 12-21 所示。

2011-06-14 17:39:58	UE	eNodeB	UU Message	RRC_CONN_RECFG_CMP
2011-06-14 17:39:58	eNodeB	UE	UU Message	RRC_MASTER_INFO_BLOCK
2011-06-14 17:39:58	eNodeB	UE	UU Message	RRC_SIB_TYPE1
2011-06-14 17:39:58	eNodeB	UE	UU Message	RRC_SIB_TYPE1
2011-06-14 17:39:58	eNodeB	UE	UU Message	RRC_SIB_TYPE1
2011-06-14 17:39:58	eNodeB	UE	UU Message	RRC_SIB_TYPE1
2011-06-14 17:39:58	eNodeB	UE	UU Message	RRC_SIB_TYPE1
2011-06-14 17:39:58	eNodeB	UE	UU Message	RRC_SYS_INFO
2011-06-14 17:39:59	UE	eNodeB	UU Message	RRC_MEAS_RPRT
2011-06-14 17:39:59	UE	eNodeB	UU Message	RRC_MEAS_RPRT
2011-06-14 17:39:59	UE	eNodeB	UU Message	RRC_MEAS_RPRT
2011-06-14 17:40:00	UE	eNodeB	UU Message	RRC_MEAS_RPRT
2011-06-14 17:40:00	UE	eNodeB	UU Message	RRC_MEAS_RPRT
2011-06-14 17:40:00	UE	eNodeB	UU Message	RRC_MEAS_RPRT
2011-06-14 17:40:00	UE	eNodeB	UU Message	RRC_MEAS_RPRT
2011-06-14 17:40:01	eNodeB	UE	UU Message	RRC_MASTER_INFO_BLOCK

图 12-21　OMT 侧日志

基站侧日志如图 12-22 所示。

14/06/2011 17:40:06	RRC_CONN_RECFG
14/06/2011 17:40:06	RRC_MEAS_RPRT
14/06/2011 17:40:13	S1AP_UE_CONTEXT_REL_CMD
14/06/2011 17:40:13	RRC_CONN_REL
14/06/2011 17:40:13	S1AP_UE_CONTEXT_REL_CMP

图 12-22　基站侧日志

在切换到 104 后，104 小区的信道质量很差，导致没有解析出 RRC 连接重配置命令而不下达切换命令继而掉话，如图 12-23 所示。

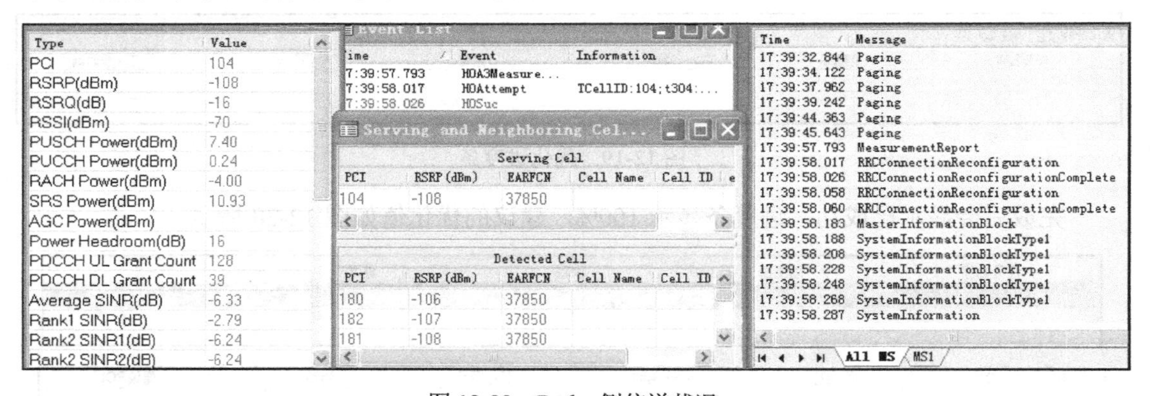

图 12-23　Probe 侧信道状况

措施：测量到邻区中 182 与服务小区 104 模 3 相等，由于此路段为弱覆盖路段，建议调整 182 的 PCI，将 182 调整为 180，180 调整为 181，181 调整为 182，但由于高新公寓处基站建不起来，弱覆盖无法解决。

12.4.2　乒乓切换

场景：在高科 E 内 114 和 115 间乒乓切换，将时间迟滞由 320ms 调整 480ms，调整后有所缓解，如图 12-24 所示。

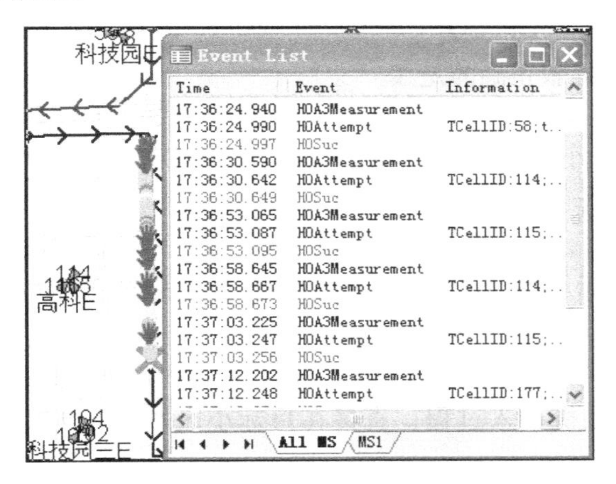

（a）调整前

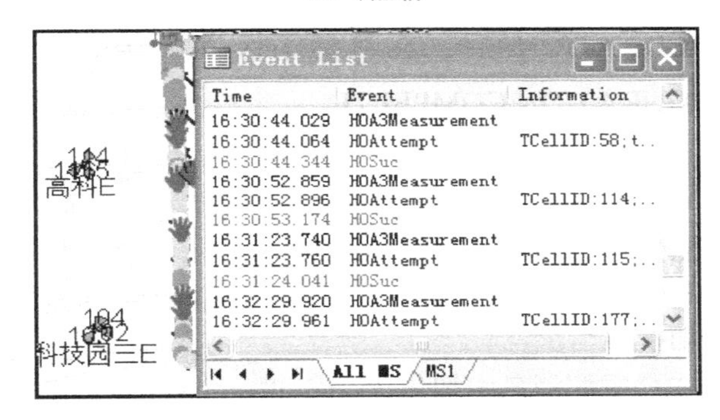

（b）调整后

图 12-24 114 和 115 切换情况

注：根据实际情况也可调整 IntraFreqHoA3Hyst 和 IntraFreqHoA3Offset，但该参数会影响到所有和该小区进行切换的邻区。

【思考与复习题】

一、判断题

LTE 系统中采用了软切换技术。（ ）

二、单项选择题

（1）邻区比服务小区质量高于一个绝对门限，用于频内/频间基于覆盖的切换是基于哪个事件的切换？（ ）

A．A3 B．A5 C．A2 D．B1

（2）单站验证测试过程中，发现小区之间切换不及时，下列哪种说法是正确的？（ ）

A．CIO 变小 B．CIO 变大 C．增大切换时延 D．增大切换门限

（3）目前阶段，LTE 系统内的切换基于（　　）。
A．RSRP　　B．CQI　　C．RSRQ　　D．RSSI

（4）关于切换过程描叙正确的是（　　）。
A．切换过程中，收到源小区发来的 RRC CONNECTION RECONFIGURATION，UE 在源小区发送 RRC CONNECTION SETUP RECONFIGURATION COMPELTE
B．切换过程中，收到源小区发来的 RRC CONNECTION RECONFIGURATION，UE 在目标小区随机接入并在目标小区发送 RRC CONNECTION SETUP RECONFIGURATION COMPELTE
C．切换过程中，收到源小区发来的 RRC CONNECTION RECONFIGURATION，UE 无需随机接入过程，直接在目标小区发送 RRC CONNECTION SETUP RECONFIGURATION COMPELTE
D．切换过程中，UE 在目标随机接入后收到目标小区发来的 RRC CONNECTION RECONFIGURATION 后，在目标小区发送 RRC CONNECTION SETUP RECONFIGURATION COMPELTE

三、多项选择题

下列关于 LTE 中 RRC 重配消息的描述正确的是（　　）。
A．LTE 中，RRC 重配消息中如包含 mobilityControlInfo IE，则该 IE 主要功能是描述执行切换
B．LTE 中，RRC 重配消息中如包含 radioResourceConfigDedicated IE，则该 IE 主要功能是描述建立、修改和释放无线承载
C．LTE 中，RRC 重配消息中如包含 DedicatedInfoNASList IE，则该 IE 主要功能是描述 NAS 信息传递
D．LTE 中，RRC 重配消息中如包含 measConfig IE，则该 IE 主要功能是描述 建立、修改和释放测量

四、问答题

（1）邻区漏配问题的典型特征是什么？
（2）解决乒乓切换的方法有哪些？

实训篇

实训 1　测试软件的安装和驱动程序安装

【实训目的】

（1）掌握 Pilot Pioneer 软件的安装。
（2）掌握测试手机的驱动程序和 GPS 接收机驱动程序的安装。
（3）了解 Pilot Pioneer 软件的菜单和工具栏的使用。

【实训工具与设备】

Pilot Pioneer 软件、SONY M35T 手机、环天 BU353 GPS 接收机、笔记本电脑。

【实训步骤及注意要求】

Pilot Pioneer（简称为 Pioneer）软件是集成了多个网络进行同步测试的新一代无线网络测试及分析软件。Pilot Pioneer 基于 PC 和 WindowsXP/7/8/10 平台，结合了鼎利公司长期无线网络优化的经验和最新的研究成果，除了具备完善的 GSM、CDMA、EVDO、WCDMA、TD-SCDMA、LTE 网络测试以及 Scanner 测试功能外，还支持后期分析功能，如报表汇总，覆盖分析，干扰分析等。

S1.1　软件安装

1．计算机推荐配置

1）硬件配置

CPU：Intel（R）Core（TM）i5；内存：2.00GB；显卡：SVGA，16 位彩色以上显示模式；显示分辨率：1366×768；硬盘空间：100GB 或以上；USB 口数量：4 个。

2）操作系统

Windows 10（64 位）、Windows 8（64/32 位）、Windows 7（64/32 位）、Windows XP（要求 SP2 或以上）。

2．安装步骤

1）安装驱动程序及运行环境

运行 Pioneer Drivers Setup.exe，该程序为 Pilot Pioneer 创建软件的运行环境以及测试前的准备。在安装时会出现如图 S1-1 所示的组件选择界面。

各个模块的说明如表 S1-1 所示，用户可以根据实际需要选择安装。

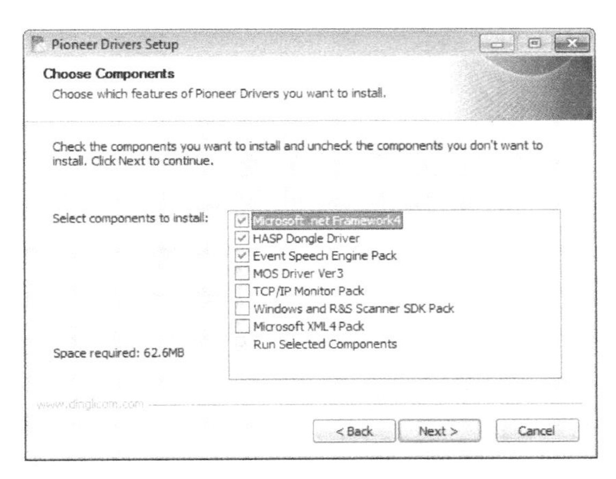

图 S1-1　基础包组件选择

表 S1-1　Pioneer 基础包组件说明

组 件 名 称	组 件 说 明
Microsoft.net Framework 4	微软.net 框架基础组件，初次使用必须安装
HASP Dongle Driver	Pioneer 硬件加密锁驱动程序，初次使用必须安装
Event Speech Engine Pack	事件语音播报程序，安装后 Pioneer 中的事件才可进行语音提醒，推荐安装
MOS Driver Ver3	语音质量测试驱动，可以按需求进行安装
TCP/IP Monitor Pack	TCP/IP 抓包功能库，可以按需求进行安装
Windows and R&S Scanner SDK Pack	使用 R&S 扫频仪时需要的组件库，可以按需求进行安装
Microsoft XML 4 Pack	微软 XML 组件包，初次使用必须安装
Run Selected Components	系统默认组件，必须安装

注：计算机安装的杀毒软件有可能会导致本软件无法安装成功或者软件在运行过程中出现异常，请关闭杀毒软件重新安装或者把本软件添加至“信任列表”中。

2）安装测试软件

运行 Pioneer Setup.exe，按照提示安装软件。

安装成功后，把加密狗插到计算机的 USB 上，则软件可正常使用；若未插入加密狗，软件只支持对数据回放等简单的功能，其他大部分功能将不能使用。

3）M35T 手机驱动程序的安装

① 通过手机数据线，将手机与计算机连接起来。

② 打开设备管理器，找到未识别的设备（如果连接手机后未找到未识别的设备，打开手机设定，选择【开发人员】选项，再打开开发人员选项开关并勾选上【USB 调试模式】）。

③ 单击更新驱动程序软件，浏览驱动程序所在的文件夹，然后选择【安装】就可以了。

④ 打开设备管理器，查看端口安装情况。如图 S1-2 所示，上面的方框表示 LTE Trace 接口，下面的方框表示 GSM Trace 接口。

4）环天 BU353 GPS 接收机驱动程序的安装

双击环天 BU353 GPS 接收机驱动程序的安装文件，直接进行 GPS 接收机驱动程序的安装，待安装完毕后，将 GPS 接收机的 USB 端口连接到计算机的 USB 接口上。安装成功后可以在计算机上“设备管理器”中的“端口”处查看，如图 S1-2 所示。

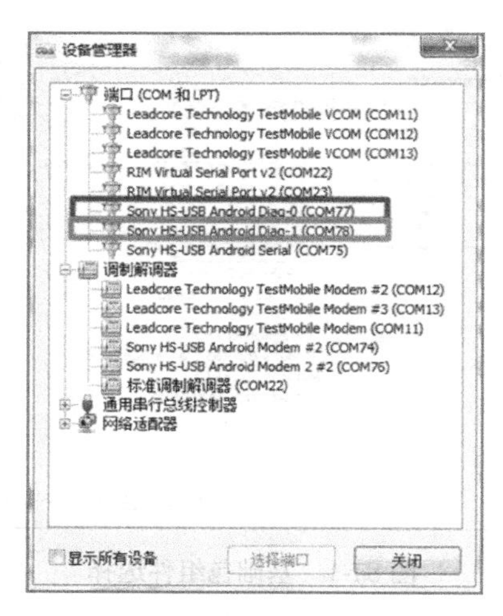

图 S1-2　计算机设备管理器窗口

S1.2　设备连接

先将 GPS、M35T（Sony）及电子狗插入计算机，打开 Pilot Pioneer 测试软件，打开软件主菜单栏【记录】，然后选择弹出式菜单【自动检测】。

自动检测即计算机连接上设备后，软件根据计算机硬件扫描信息自动识别端口和配置。对于常用的测试设备进行自动检测，配置成功的设备会自动出现在导航栏【Device Manager】管理框中，用户不必手动配置设备信息，更加快捷方便。

若自动检测成功，单击【记录】栏里的【连接】，直接连接设备。若自动配置未完全成功，可选择进入手动配置。

成功连接设备后的工作界面如图 S1-3 所示。

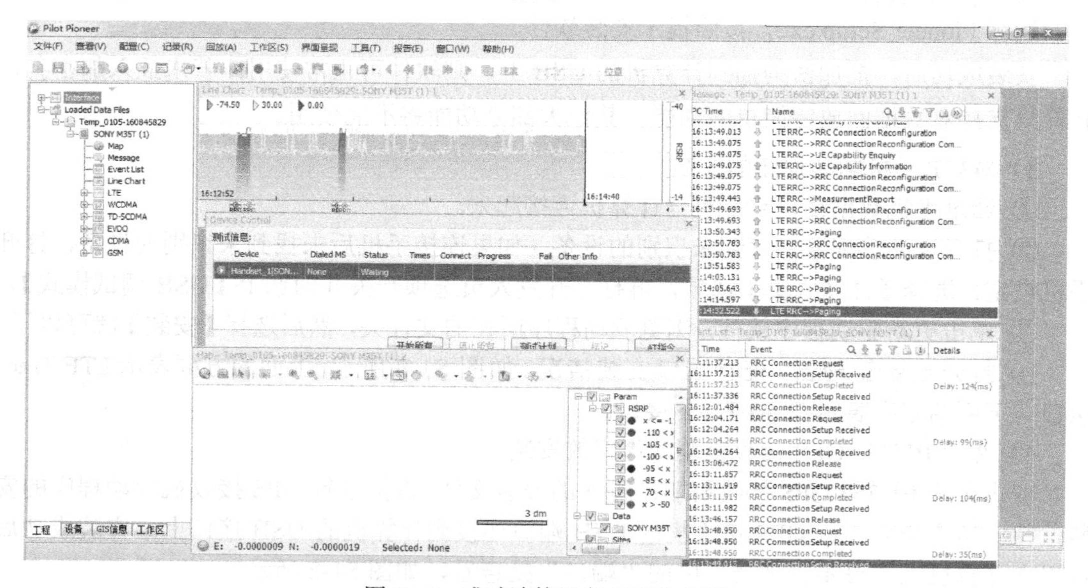

图 S1-3　成功连接设备后工作界面

【思考与复习题】

一、填空题

M35T 测试手机、环天 BU353 GPS 接收机安装成功后可以在笔计本电脑上__________中的“端口”处查看是否安装成功。

二、判断题

计算机安装的杀毒软件有可能会导致 Pilot Pioneer 软件无法安装成功或者在运行过程中出现异常，此时可关闭杀毒软件重新安装 Pilot Pioneer 或者把 Pilot Pioneer 软件添加至“信任列表”中。（ ）

三、单项选择题

运行 Pioneer 软件需要进行的操作是（ ）。

A．直接单击运行

B．将权限文件复制到安装目录后单击运行软件

C．将权限文件复制到安装目录下，插上硬件狗，单击运行软件

D．以上说法均不对

四、简答题

（1）请简述 SONY M35T 测试手机安装步骤。

（2）如何检验 M35T 测试手机和环天 BU353 GPS 接收机驱动程序安装成功。

实训 2　语音业务测试

【实训目的】

（1）掌握 Pilot Pioneer 软件测试计划的设置。
（2）能使用 Pilot Pioneer 软件进行测试设备的连接。
（3）能使用 Pilot Pioneer 软件进行语音测试。
（4）熟悉 Pilot Pioneer 软件的菜单和工具栏的使用。

【实训工具与设备】

Pilot Pioneer 软件、SONY M35T 测试手机、环天 BU353 GPS 接收机、笔记本电脑。

【实训内容和步骤】

1．新建工程

软件是基于工程运行的，Pilot Pioneer 软件全部操作都是在工程中实现的。所以使用软件前需要新建工程。新建工程方法如下。

首次或在未保存过工程的情况下打开软件，系统默认新建工程；在已保存过工程的情况下打开软件时会弹出对话框询问是否打开上次工程，若选择【是】，则系统打开上次使用的工程；若选择【否】，则系统自动打开新建工程。

若计算机连接 GPS、Handset、Scanner 硬件设备，通过自动检测或手动配置的方式配置，成功后可使用相关的测试业务。

2．测试模板与测试计划

Pilot Pioneer 可调用不同的测试模板来设置不同的测试计划。进行设备配置前，首先需要选择一套用来生成该设备测试计划的测试模板，设备配置完成后，选择该设备测试计划中的单个测试业务或者测试业务的组合来测试。

1）测试模板

Pilot Pioneer 软件中自带一套测试模板。可编辑该模板测试业务的内容或者重新生成另一套测试模板。

（1）新建模板。选中【Template】节点，右键单击【New Template】选项，输入名称，新建测试模板。

（2）编辑。选中【Test Plan】（测试业务），右键单击【Edit】选项打开测试业务，设置测试内容。

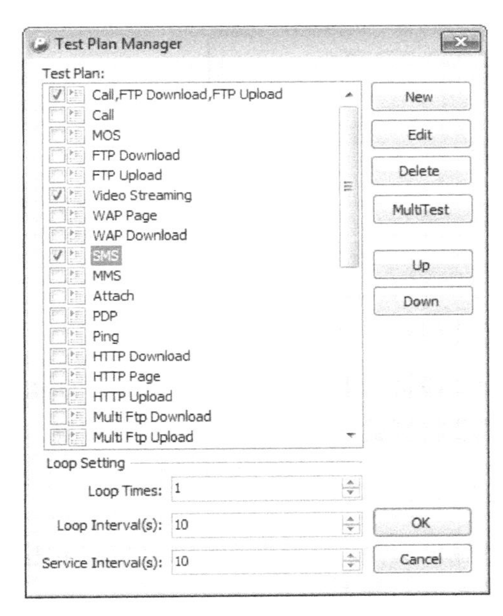

图 S2-1　测试管理界面

2）测试计划

测试计划是具体测试业务的一个组合，可以是一个或者多个测试业务，针对具体设备而言。选中【Test Plan】(测试业务)，右键单击【Test Plan Manager】选项，进入测试管理界面，如图 S2-1 所示。

（1）新建业务：

步骤 1：单击【New】选项打开 Add Test Plan 窗口。

步骤 2：双击业务名称添加该业务。

步骤 3：设置业务内容，单击【确定】后添加至测试计划中。

（2）编辑业务。在 Test Plan Manager 窗口选中测试业务，单击【Edit】按钮打开该业务，修改测试内容。

（3）删除业务。在 Test Plan Manager 窗口选中测试业务，单击【Delete】按钮删除该业务后，再单击【OK】按钮关闭该窗口。

（4）并发业务。单击【MultiTest】按钮打开并发业务窗口，勾选需要并发的业务，单击【OK】按钮后生成一组并发业务。

Pilot Pioneer 支持将测试计划导出到计算机中，保存为.tpl 格式文件，同时也支持将已保存的测试计划文件（.tpl 格式）导入到软件中。

测试计划修改后，可将该测试计划内容保存至测试模板。在默认状态下，对测试计划的修改都会保存到模板中，如果不需要保存到模板中，可以去除【Test Plan】节点下右键菜单中【Save to Template】条目下【Template】条目的勾选。

3. 数据采集

数据采集是指从设备连接软件到断开设备连接的这段测试过程。主要用于收集测试信息，实时观测动态或将测试信息保存至测试文件中。

1）连接设备

正常情况下，单击【Connect】按钮连接设备后，设备都会顺利连接，并进入工作状态，但在某些情况下，比如可能不连接某些配置的设备，或忽略未正常连接的设备。在这里，Pioneer 也提供了忽略选项，提示界面如图 S2-2 所示。

连接异常提示的界面中，三个选项含义解释如下。

（1）Ignore：忽略，单击该选项后，软件不再去连接之前连接失败的设备。

（2）Reconnect：重新连接，单击该选项后，软件会重新尝试连接之前连接失败的设备。

（3）Disconnect All：断开所有，单击该选项后，软件会断开与所有设备的连接，回到未连接状态。

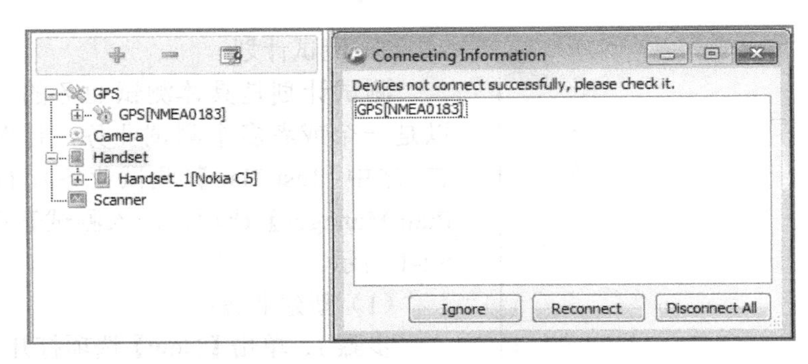

图 S2-2　设备连接异常信息窗口

正常连接设备后，软件就会获取终端信息，并在相应窗口中显示。但此时我们只能称之为连接模式，因为此时保存的只是临时文件。如果要将测试记录文件保存在指定位置，就需要单击【Start Recording】按钮，进入记录模式。

2）记录测试

记录测试是对终端的输入信息进行解码等处理并输出文件，保存在指定目录下。单击菜单栏【Record】→【Start Recording】选项，可以进入记录测试。

记录保存测试数据时的相关信息，主要包括日志默认存储路径，快速记录，按照大小或时间自动分割保存，保存文件的格式等方面，如图 S2-3 所示。

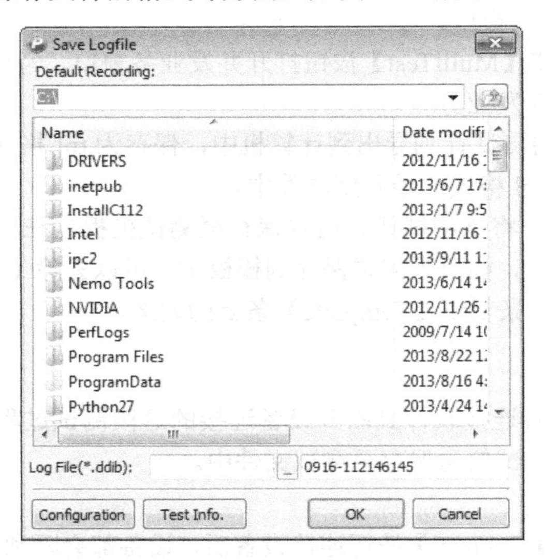

图 S2-3　保存文件格式

4．语音测试

Call 业务是对语音通话过程进行的测试，常用来验证网络语音业务的接入和保持性能等，是传统网络最常用的测试，支持长呼、短呼、循环测试等功能。

在导航栏【Template & Test Plan】管理框中，双击【Test Plan】→【Call】或右键单击【Edit】选项，打开 Call 测试模板配置窗口，如图 S2-4 所示。

Call 模板的栏位名称及栏位描述如表 S2-1 所示。

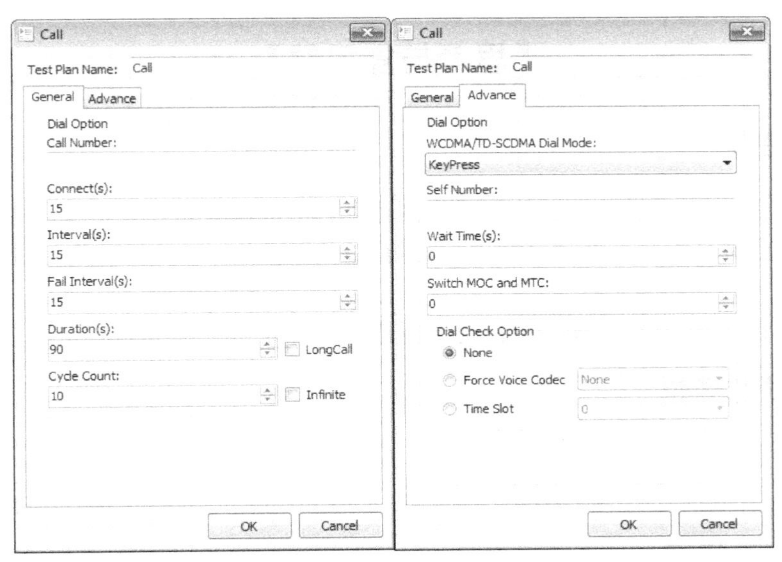

图 S2-4　Call 测试模板配置窗口

表 S2-1　Call 模板的栏位名称及栏位描述

功 能 名 称	功 能 描 述
Call Numbers	填写所拨打的被叫电话号码，该栏位不可为空
Connect（s）	呼叫接入最大时长。单位：秒
Duration（s）	通话时长。单位：秒
Interval（s）	重新拨号的间隔时间，指本次通话正常结束到下次业务拨号的时间。单位：秒
Fail Interval（s）	拨号失败的间隔时间，指本次通话失败到下次业务拨号的时间。单位：秒
Cycle Count	循环次数，在不勾选 Infinite 时有效
Long call	勾选时表示接通后保持通话，软件不做主动挂断处理。
Infinite	勾选表示无限循环
CDMA Dial Mode	CDMA 拨号方式选择
WCDMA/TD-SCDMA Dial Mode	WCDMA/TD-SCDMA 拨号方式选择
Self Number	主叫号码
Wait Time（s）	并发业务的等待时间，指从下发开始业务的指令到真正开始做业务的时间。
Switch MOC and MTC	在设定拨打次数完成后转换主被叫
Force Voice Codec	强制语音编码方式
Time Slot	强制占用时隙

单击工具栏【开始录制】，开始录制测试 LOG，然后在 Device Control 窗口单击【开始所有】进行测试。

测试完成后，在 Device Control 窗口单击【停止所有】按钮停止测试，再单击工具栏【停止录制】按钮，保存 LOG 文件。

【思考与复习题】

一、填空题

（1）Pilot Pioneer 支持将测试计划导出到计算机中，保存为__________格式文件。

（2）Call 业务是对语音通话过程进行的测试，Pilot Pioneer 支持长呼、短呼、________等功能。

（3）Pilot Pioneer 软件在使用软件前要新建__________。

二、单项选择题

执行语音业务时所选的模板类型为（　　）。

A．FTP　　B．Dial　　C．WAP　　D．Ping

三、多项选择题

Pilot Pioneer 软件在测试过程中对原始数据实时保存，从而保证了测试数据的稳定性，不会因系统崩溃或断电而丢失测试数据。测试数据的保存格式是（　　）。

A．RCU　　B．ddib　　C．CHL　　D．GHL

四、简答题

（1）如何理解测试计划和测试业务？

（2）请简述使用 Pioneer 软件启动和关闭语音测试的过程。

实训 3　使用 Pioneer 软件进行 FTP 业务测试

【实训目的】

（1）熟练掌握 Pioneer 软件 FTP 测试计划的设置。
（2）能独立地使用 Pioneer 软件进行 FTP 测试。

【实训工具与设备】

Pilot Pioneer 软件、SONY M35T 测试手机、环天 BU353 GPS 接收机、笔记本电脑。

【实训内容和步骤】

S3.1　数据管理

1．测试数据管理

1）测试数据导入

打开测试数据导入窗口方法如下。

方法 1：单击菜单栏【File】→【Open Logfile】→【General】选项。

方法 2：单击工具栏【Open Logfile】图标。

方法 3：双击导航栏【Project】→【Loaded Data Files】节点。

方法 4：选择导航栏【Project】→【Loaded Data Files】节点，右键单击【Open Logfile】选项。

导入成功后，数据自动加载在导航栏【Project】→【Loaded Data Files】节点下。

2）测试数据导出

测试数据导出是指把某种网络下的测试数据根据用户指定的条件转换成不同格式与内容，并导出到指定的位置。

测试数据导出的操作步骤如下。

（1）打开测试数据导出窗口：

方法 1：单击菜单栏【File】→【Export】→【Logfile】选项。

方法 2：在导航栏 Loaded Data Files 右键单击【Export Logfile】选项。

方法 3：在导航栏测试 RCU 数据名称右键单击【Export Logfile】选项。

（2）根据需要可以使用【Add】或【Delete】按钮来添加 LOG 文件。

（3）已经添加的文件会按照网络归类显示在界面中部区域。

（4）导出的设置部分按照模板管理，对应【Template Manager】和【Settings】选项。

（5）【Template Manager】选项控制当前导出使用哪个具体模板。

（6）选好模板后，单击【Export】按钮，会弹出保存位置对话框，注意该窗口只选择路径，不设置名称，导出文件的名称是自动生成的，不需要设定。

（7）选择好路径后，就开始导出进度，完成后，会返回主导出界面，可以开始下一次导出，或退出。

2．基站数据管理

基站数据管理功能可以将用户存放在文本文档或 Excel 文件中的基站数据库信息导入到当前应用工程里，并结合路测数据对导入的基站数据进行核查，便于用户找到小区配置信息中存在的问题。

1）基站数据库导入

基站数据库导入支持同时导入多网络多数据的基站数据库。导入分为自动导入和手动导入两种方式。

（1）自动导入。导入基站数据库中的字段与某种网络下指定的必填字段能够完全匹配，则自动加载至该网络节点下。

自动导入的方法如下。

方法 1：双击导航栏【GIS Info】→【Sites】根节点。

方法 2：在导航栏【GIS Info】→【Sites】根节点下，右键单击，选择【Open】选项。

① 若系统判断出导入的基站数据库所属网络且与该网络的必填字段能完全匹配，则自动导入。

② 若系统判断出导入的基站数据库所属网络但不能与该网络的必填字段完全匹配，则转入手动导入窗口。

③ 若系统无法判断导入基站数据库所属网络，则提示导入失败，要求手动指定网络。

方法 3：双击导航栏【GIS Info】→【Sites】根节点下的各网络节点。

方法 4：在导航栏【GIS Info】→【Sites】根节点的各网络节点下，右键单击，选择【Open】选项。

① 若与该选择网络的必填字段能完全匹配，则自动导入。

② 若与该选择网络的必填字段不能完全匹配，则转入手动导入窗口。

（2）手动导入。导入基站数据库中的字段与系统设定的必填字段未能完全匹配，即自动匹配不成功的情况下需要用户手动匹配导入。导入成功后自动加载至相应的网络节点下。

手动导入的方法如下。

方法 1：双击导航栏【GIS Info】→【Sites】根节点。

方法 2：在导航栏【GIS Info】→【Sites】根节点下，右键单击，选择【Open】选项。

若与所有网络中任何一种网络的必填字段都未能完全匹配，则弹出【Import Site File】窗口手动匹配。

方法 3：双击导航栏【GIS Info】→【Sites】根节点下的各网络节点。

方法 4：在导航栏【GIS Info】→【Sites】根节点的各网络节点下，右键单击，选择【Open】

选项。

若与选择网络中的必填字段未能完全匹配，则弹出【Import Site File】窗口手动匹配。

2）制作基站数据库

Pilot Navigator 按照不同的网络对基站数据库进行字段识别，可支持的网络包括 GSM、CDMA、UMTS、TD-SCDMA 和 LTE，各网络基站数据库必须包含的字段如下。

GSM 网络：SITE NAME、CELL NAME、LONGITUDE、LATITUDE、BCCH、BSIC、LAC、CELLID（或 CELL ID）、AZIMUTH。

CDMA 网络：SITE NAME、CELL NAME、SID、BID、NID、PN、LONGITUDE、LATITUDE、AZIMUTH。

UMTS 网络：SITE NAME、CELL NAME、LONGITUDE、LATITUDE、PSC、LAC、CELLID（或 CELL ID）、AZIMUTH。

TD-SCDMA 网络：SITE NAME、CELL NAME、LONGITUDE、LATITUDE、UARFCN、Cell ID、Cell Param ID（或 CPI）、LAC、AZIMUTH。

LTE 网络：CELL NAME、EARFCN、PCI、LONGITUDE、LATITUDE、AZIMUTH、Mech.TILT、Elec.TILT、ANTENNA HEIGHT、3dB Power Beamwidth、eNodeB IP。

下面以 LTE 基站数据库的制作为例进行说明。

（1）打开 Pioneer 安装路径下的\Samples\Sites 文件夹，选择相应的网络。

（2）用 Excel 打开所保存的 LTE SITE 基站数据库模板文件进行编辑，如图 S3-1 所示。

图 S3-1　打开基站数据库模板

（3）填入相关的基站信息即可完成对基站数据的制作，表 S3-1 是一个已完成的 LTE 基站数据库。

表 S3-1　基站数据库

SITE NAME	eNodeB ID	SECTOR ID	LONGITUDE	LATITUDE	PCI	EARFCN	AZIMUTH	CELL NAME
LTE_ASite	1	1	120.1742	30.19121	453	38050	35	LTE_ASite_1
LTE_ASite	1	2	120.1742	30.19121	455	38050	180	LTE_ASite_2
LTE_ASite	1	3	120.1742	30.19121	454	38050	260	LTE_ASite_3
LTE_BSite	2	1	120.16878	30.18454	393	38050	60	LTE_BSite_1
LTE_BSite	2	2	120.16878	30.18454	394	38050	160	LTE_BSite_2
LTE_BSite	2	3	120.16878	30.18454	395	38050	320	LTE_BSite_3

3．地图数据管理

Map 窗口用于显示路测区域的地理环境及路测轨迹。其显示的对象包括参数、基站、事件、地图的相关信息。

1）Map 窗口数据显示

Map 窗口支持显示的数据包括测试数据、基站数据和地图数据 3 种。其中，地图数据支持的格式有：MapInfo（*.tmb；*.tmd）、Image（*.bmp；*.jpg；*.gif；*.tif；*.tga）、Terrain（*.tmb；*.tmd）、AutoCAD（*.dxf）；USGS（*.dem）、ArcInfo（*.shp）等。

（1）测试数据显示。在测试或回放状态下，支持测试数据在 Map 窗口中显示。将关注的参数从导航栏中拖入后，Map 窗口中即显示数据路径。

在 Map 窗口中打开测试数据的方法如下：

方法 1：拖动导航栏中的 RCU 文件夹名称至 Map 窗口，显示该 RCU 文件夹下第 1 个数据默认参数，同时该参数信息在图例窗口中添加，如图 S3-2 所示。

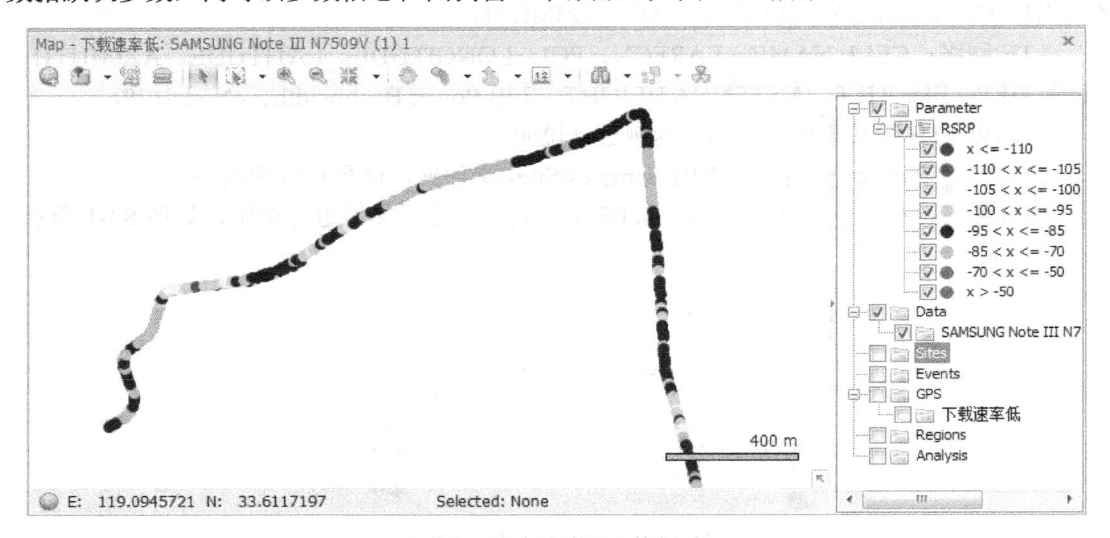

图 S3-2 导入测试数据

方法 2：拖动导航栏中 RCU 文件夹下数据名称至 Map 窗口，显示该数据的默认参数，同时该参数信息在图例窗口中添加。

方法 3：拖动导航栏中 RCU 数据下的参数至 Map 窗口显示，同时该参数信息在图例窗口中添加。

方法 4：双击导航栏中 RCU 数据的 Map 图标，显示该数据的默认参数，同时该参数信息在图例窗口中添加。

方法 5：右键单击导航栏中 RCU 数据下的参数，在弹出的菜单中选择【Map】选项，该参数信息在 Map 窗口中显示。

（2）基站数据显示。在测试或回放状态下，用户从导航栏【工程】→【Sites】根节点下选择基站数据库，并将其拖动到 Map 窗口中显示，如图 S3-3 所示。

（3）地图数据显示。单击 Map 窗口工具栏上的【打开地图图层】图标，选择要添加的图层，将其添加至 Map 窗口，如图 S3-4 所示。

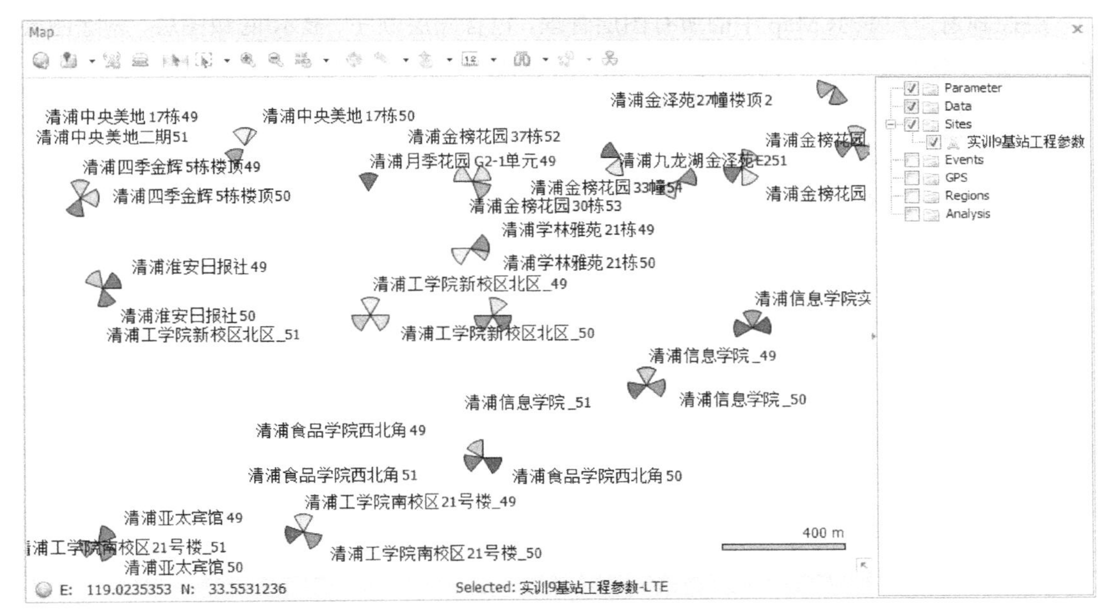

图 S3-3　导入基站数据库

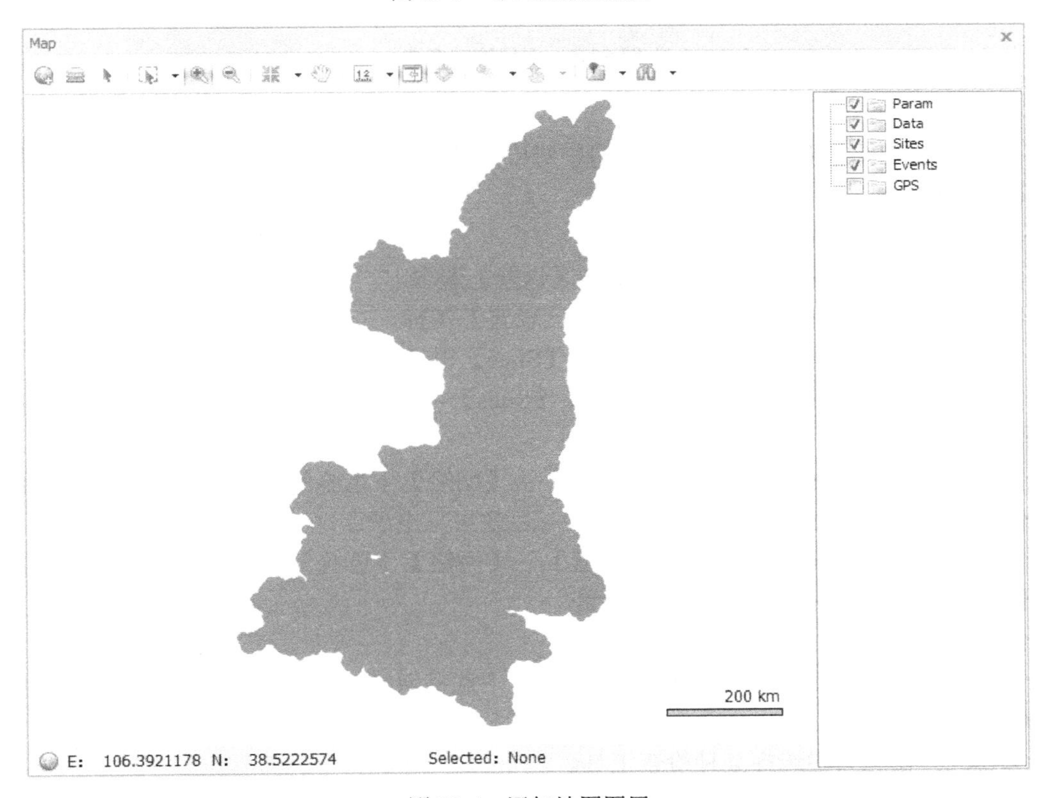

图 S3-4　添加地图图层

2）层控制

层控制窗口对显示 Map 中的所有图层管理，包含图层顺序、显示/隐藏图层、删除图层、图层标签、透明度设置等功能。

单击 Map 窗口上【图层管理】图标，打开图层管理窗口，如图 S3-5 所示。

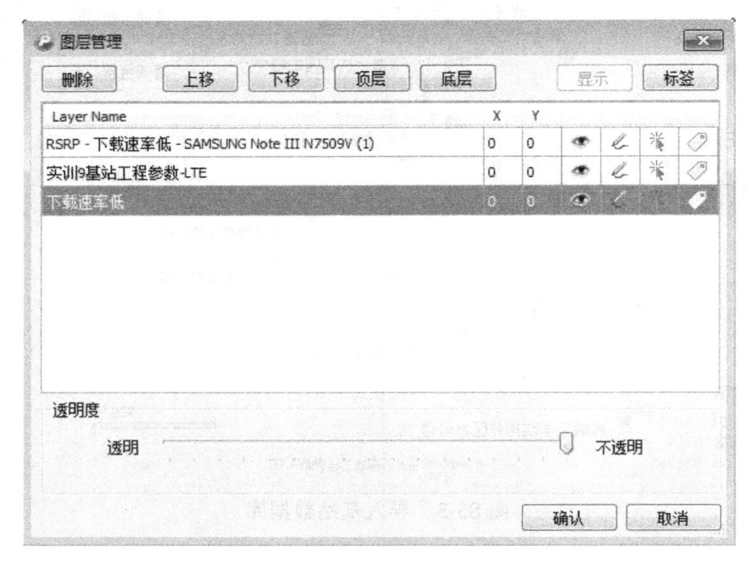

图 S3-5　图层管理窗口

3）小区设置

小区设置的结果对显示在 Map 窗口中对应的基站数据库生效。包括小区显示、小区连线和小区检查。

打开小区设置窗口的方法如下：

方法 1：单击菜单栏【配置】→【小区设置】选项。

方法 2：单击 Map 窗口工具栏的【小区设置】图标。

方法 3：右键单击 Map 中的图例窗口【Sites】根节点，并选择【小区设置】选项。

方法 4：右键单击 Map 中的图例窗口【Sites】根节点下的基站数据库，并选择【小区设置】选项。

（1）小区显示。在该窗口【显示设置】→【网络】下选择网络后对基站的显示颜色、大小以及标签进行设置，如图 S3-6 所示（彩色效果见电子课件）。

（2）小区连线。在该窗口【连线设置】→【网络】下选择网络后对测试数据的采样点与相关小区连线、显示标签信息进行设置。

（3）小区检查：

步骤 1：在该窗口【检查设置】→【网络】下选择网络后对基站数据库中的小区根据某些参数标注不同颜色。

步骤 2：在工具栏选择某种检查工具。

步骤 3：在 Map 窗口单击小区后对整个基站数据库的小区涂色。

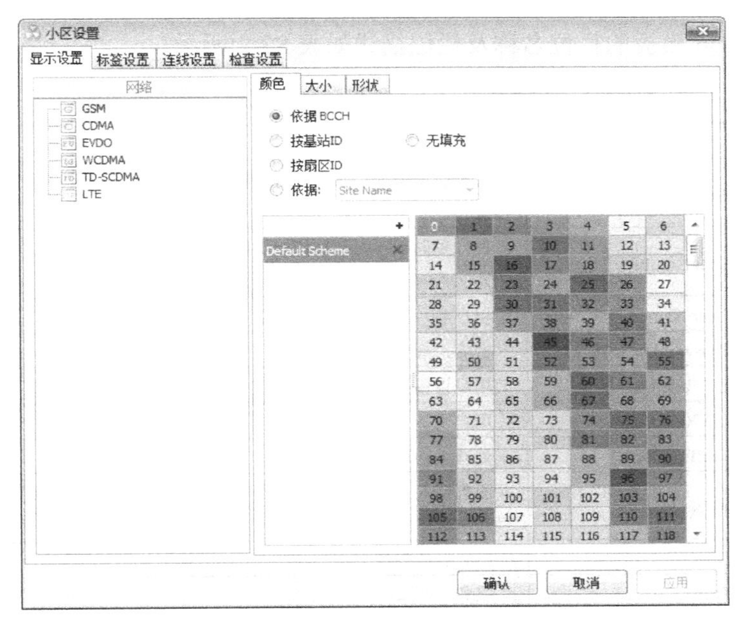

图 S3-6　小区设置窗口

S3.2　FTP 下载测试

FTP 下载测试即使用 FTP 协议把文件从远程计算机上复制到本地计算机的测试。

在导航栏 Template & Test Plan 管理框中，双击【测试计划】→【FTP Download】或右键单击【编辑】选项，打开 FTP Download 测试模板配置窗口，如图 S3-7 所示。

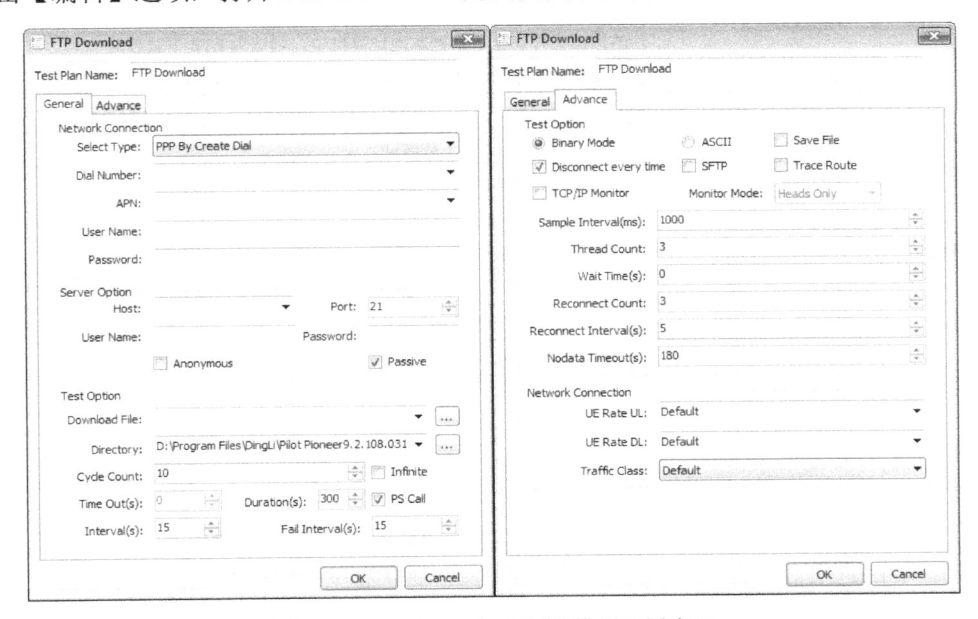

图 S3-7　FTP Download 测试模板配置窗口

FTP Download 模板的栏位名称及栏位描述如表 S3-2 所示。

表 S3-2 FTP Download 模板的栏位名称及栏位描述表

	功能名称	功能描述
Network Connection	Select Type	选择拨号类型：创建新的拨号连接、选择已有的拨号连接、使用当前的拨号连接
	Dial Number	拨号号码，不同网络使用不同的号码。如：GSM、WCDMA 等使用*99#，CDMA 使用#777
	User Name	用户名，部分网络下可为空
	Password	密码，部分网络下可为空
	UE Rate UL	用户设备上行传输速率
	UE Rate DL	用户设备下行传输速率
	Traffic Class	处理级别选择
	APN	服务接入点名称，根据网络不同，选择不同接入点，如移动网络下为 cmnet、联通网络下为 uninet
Server Option	Host	FTP 服务器 IP 地址
	Port	服务器端口
	User Name	用户名。注：必须确保该用户拥有相应业务测试权限
	Password	密码
	Anonymous	勾选表示允许匿名登录
	Passive	勾选表示使用被动方式接入服务器
Test Option	Download File	FTP 服务器中下载文件的路径
	Directory	指定下载文件保存的本地路径
	Cycle Count	循环次数，在不勾选 Infinite 时有效
	Infinite	勾选表示无限循环
	Time Out（s）	超时时间，单位：秒。如果在该设定值时间内，没有将 FTP 服务器中指定的数据文件完全下载到本地计算机中，则认为 FTP 下载超时
	Interval（s）	本次业务正常完成后与下次业务开始前的时间间隔
	Thread Count	下载线程数
	Duration（s）	勾选 PS Call 后的下载时间
	Samples Interval（s）	刷新瞬时速率的时间间隔
	Fail Interval（s）	失败时间间隔，本次业务失败后与下次业务开始前的时间间隔。单位：秒
	Reconnect Count	服务器连接失败后重连次数
	Reconnect Interval	重连间隔时间，例如：服务器连接失败后等待所设定的时间再次尝试连接
	Wait Time（s）	并发业务的等待时间，指从下发开始业务的指令到真正开始执行业务的时间
	Nodata Timeout（s）	如果速率为 0，并达到该设定时间，则记为业务失败
	Binary Mode	二进制模式
	ASCII Mode	ASCII 码模式
	Save File	保存文件，将下载的文件保存到本地计算机
	PS Call	勾选表示进行 PS 域的拨打
	Disconnect every time	勾选表示每次 FTP 下载完成之后就断开拨号连接
	SFTP	勾选表明使用 Secure File Transfer Protocol
	Trace Route	勾选表示启用路由跟踪
	TCP/IP Monitor	勾选表示每次进行 FTP 下载时，进行 FTP/IP 抓包，产生*.Pcap 文件

单击工具栏按钮【开始录制】，开始录制测试 LOG。选择【Device Control】，单击【开始所有】开始执行工作计划。

单击主菜单【界面呈现】，选择【Test service】子菜单，然后选择【DATA】，打开 DATA 窗口，查看实时吞吐量和平均吞吐量。

测试完成后，单击【停止所有】停止测试计划，然后单击工具栏【停止录制】按钮，保存 LOG 文件。

【思考与复习题】

一、填空题

（1）Map 窗口支持显示的数据包括测试数据、_________数据和_________数据。

（2）当 Pilot Pioneer 记录的日志文件较大时，软件可以按照大小或_________自动将其分割保存。

（3）_________测试是使用相关协议把文件从远程计算机上复制到本地计算机的测试。

二、单项选择题

（1）执行语音业务时所选的模板类型为（　　）。

A．FTP　　B．Dial　　C．WAP　　D．Ping

（2）在哪一个窗口查看测试轨迹？（　　）

A．地图窗口　　B．事件窗口　　C．信令窗口　　D．邻区窗口

（3）查看 FTP 下载时的事件应打开哪个窗口？（　　）

A．Data Test　　B．MOS Test　　C．Event List　　D．Information

三、简答题

（1）Pioneer 软件使用到的 LTE 基站数据库涉及到的主要字段有哪些？

（2）请简述使用 Pioneer 软件进行 FTP 测试业务的过程。

实训4 使用WalkTour APP 进行FTP业务测试

【实训目的】

（1）掌握 Walktour 软件进行 FTP 下载测试。
（2）能将测试数据文件复制到本地计算机。

【实训工具与设备】

Pilot Pioneer 软件、SONY M35T 测试手机、笔记本电脑。

【实训内容和步骤】

Pilot Walktour 为珠海世纪鼎利通信科技发展公司自主研发的测试仪表，Pilot Walktour 是基于Android系统的轻巧无线网络测试工具，用于采集GSM/CDMA/UMTS/LTE无线参数，不仅可以作为无线网络的测试工具，而且可以作为普通手机来进行使用，适用于无线网络测试的工程师、技术人员和管理人员。

S4.1 测试前设置

在第 1 次测试前，请检查手机自身的设置项，例如选择的网络制式、手机时间等项目的设定，以保证测试按照规范执行。

不同基于 Android 系统的手机的设置界面可能会有差异，但设置的主体架构一致，均可参照以下方法修改。

1．手机系统设置

1）网络制式的设定

在放入 SIM 卡后，在每次测试前，请检查手机的网络制式，以确保选择正确。在手机系统的【设定】→【更多网络】→【移动网络】→【网络模式】中选择【4G/3G/2G】，如图 S4-1 所示。

若手机无法自动选择 4G 网络，可将手机先切换到 3G/2G 制式，再更改为 4G/3G/2G 制式，也可以启动飞行模式再关闭，以触发终端的网络选择行为。

2）时间的设置

在每次开启手机后，先检查手机的时间是否与当前时间相符，特别是两台语音互拨终端的时间需要一致。

（a）手机应用程序界面

（b）手机连接界面

（c）手机无线和网络界面

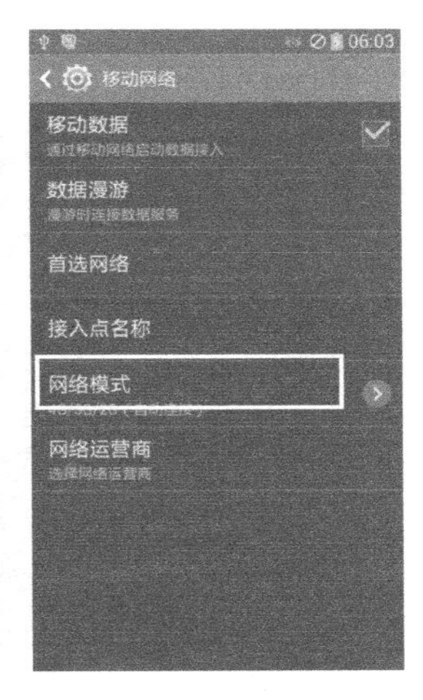

（d）手机移动网络界面

图 S4-1　设定制式

图 S4-2　定位服务设置

手机设置时间的方式为【手机设置】→【时间与日期】。

关闭自动日期和时间开关；在设置日期和时间时设置为当前时间。设定完当前时间后，请开启【自动日期和时间】，在测试前一定保证主被叫时间一致。

3）定位服务的设置

在每次开启手机后，检查手机的定位服务已经开启，开启【访问我的位置】，勾选【使用 GPS 卫星】，勾选【使用无线网络】，开启【AGPS 功能设置】，如图 S4-2 所示。

2．软件设置

在 Walktour 软件的设置中，对数据业务接入点进行设置，插上 USIM 卡后，在软件的设置功能界面进行 APN 接入点的选择。对于中国移动 LTE 网络来说，Internet 接入点选择 CMNET，WAP 接入点选择 CMWAP。

1）FTP 服务器设置

单击【设置】，选择进入 FTP 分页，单击左下角【新建 FTP】，如图 S4-3 所示。输入 FTP 服务器信息，匿名选择【OFF】，连接模式选择【被动】，最后单击【保存】按钮。

2）报警设置

为避免声音报警对语音互拨 MOS 测试产生影响，在开始测试前，请关闭进行语音 MOS 互拨业务测试终端的声音报警提示。

进入 Walktour 设置界面，并选择【告警】分页，关闭如图 S4-4 所示中的三个声音报警开关。

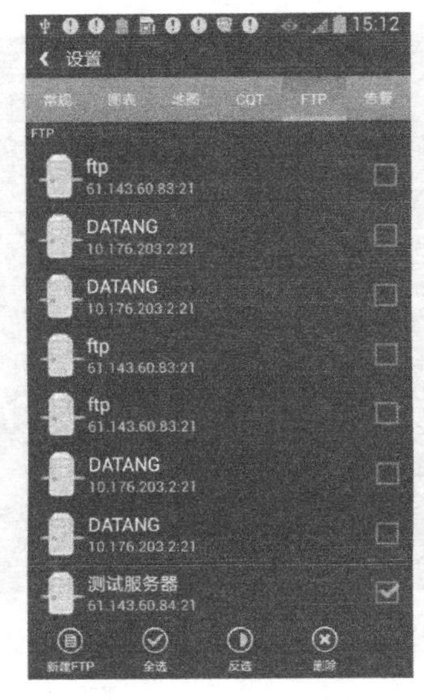

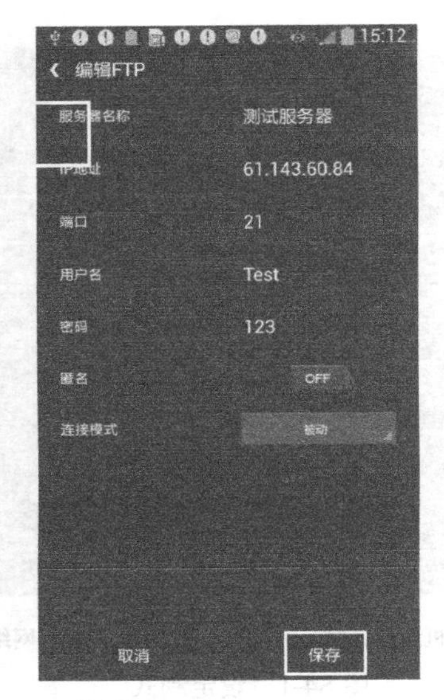

图 S4-3 FTP 设置

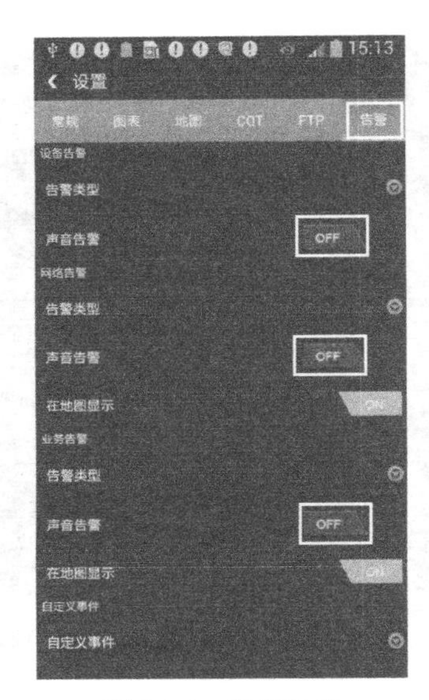

图 S4-4 报警设置

S4.2 软件业务配置

1. 自动获取平台下发计划

在平台下发测试计划后，在终端业务测试界面中单击【测试任务】，在【测试任务】界面左下方单击【下载】按钮，终端会自动收取平台所下发的计划，如图 S4-5 所示。

2. 导出及导入测试任务

在【测试任务】界面，单击【更多】→【导入】，即可导入之前保存在手机中的测试任务，单击【更多】→【导出】，可以将当前的测试任务命名，并另存至任务模板中，如图 S4-6 所示。可以根据不同的测试需求，选择对应的测试任务模板。

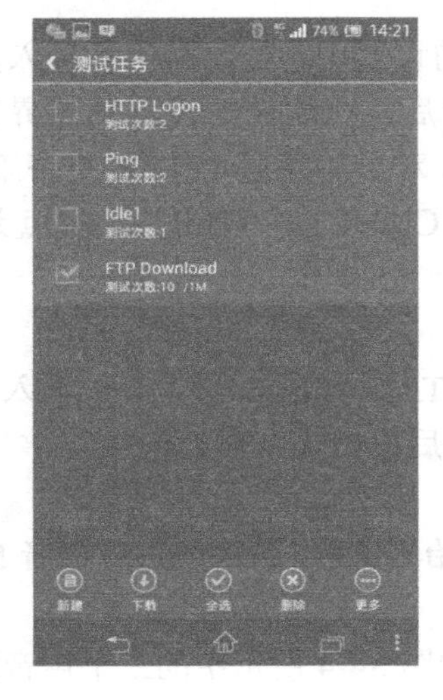

图 S4-5 获取计划

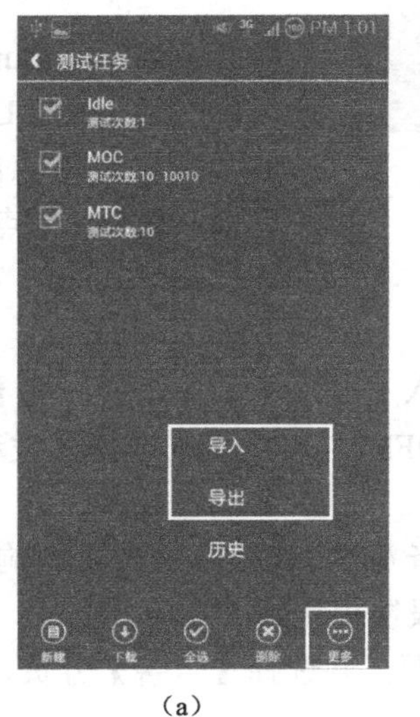

（a）

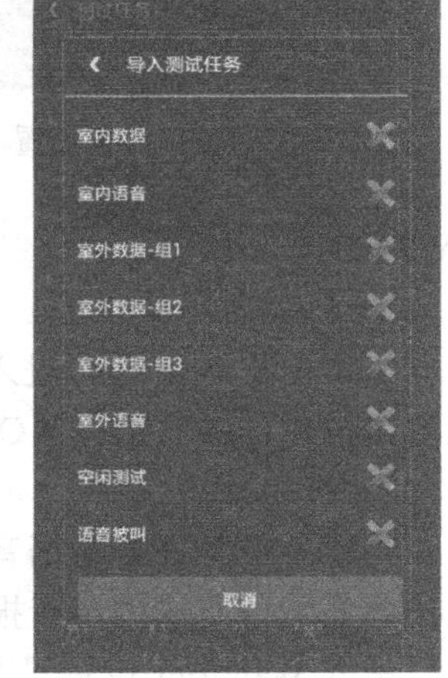

（b）

图 S4-6 导入及导出

3．自定义测试信息

进行第 1 次测试，需要对主叫的拨打号码、发送短信的号码、发送彩信的号码、FTP 服务器、FTP 上传路径、FTP 下载文件等进行自定义设置，这些设置在用户根据实际情况设定后，可单击【导出】另存为一个模板并自定义命名，在下一次的测试可以直接使用，不用再进行任何设置。

1）语音拨打

对于导入的语音业务模板，根据测试需要，更改被叫手机号码，单击【保存】即可，本书此处拨打号码为 10086，如图 S4-7 所示。

2）SMS Send

如图 S4-8 所示。

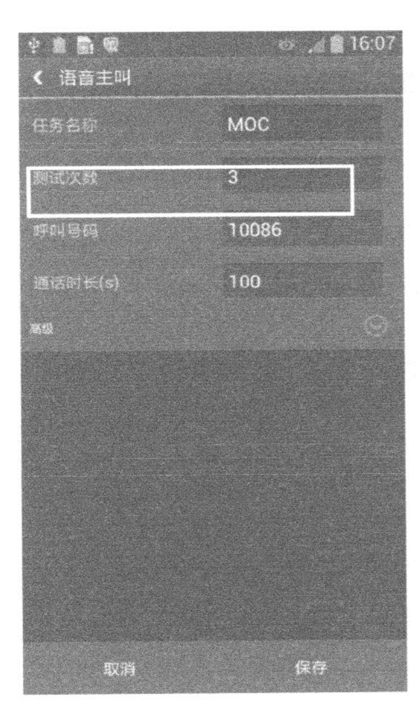

（a）

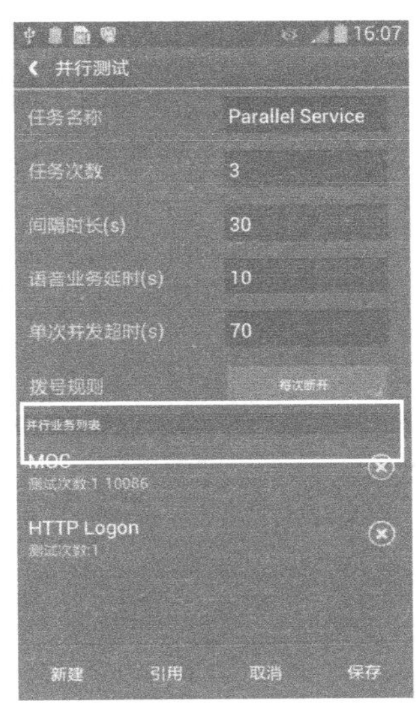

（b）

图 S4-7　语音拨打

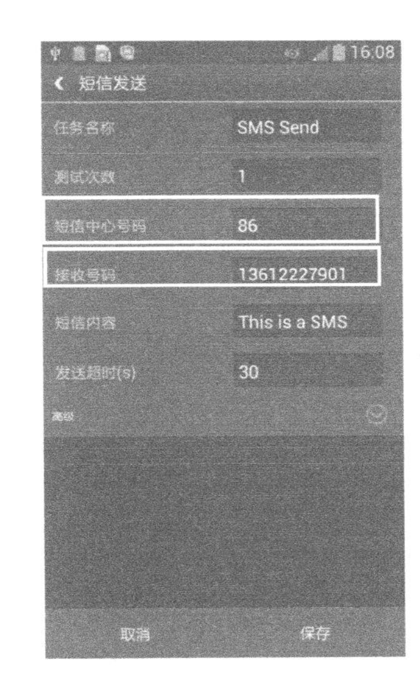

图 S4-8　SMS Send

① 查看短信中心号码。打开手机短信应用，在【设定】中查看短信中心号码，如图 S4-9 所示。

② 测试前输入接收短信号码以及短信中心号码，并单击【保存】。

3）MMS Send

测试前更改彩信接收手机的电话号码，并单击【保存】，如图 S4-10 所示。

4）FTP 文件的上传和下载

① 单击【FTP 服务器】按键，会弹出如前所示的 FTP 服务器列表，勾选需要测试的服务器即可，如图 S4-11 所示。

② 在手机插入 SIM 且数据连接状态可用的前提下，单击【浏览】，可以对勾选的服务器上的信息进行查看，选择对应的上传路径、下载文件，单击【保存】即可。

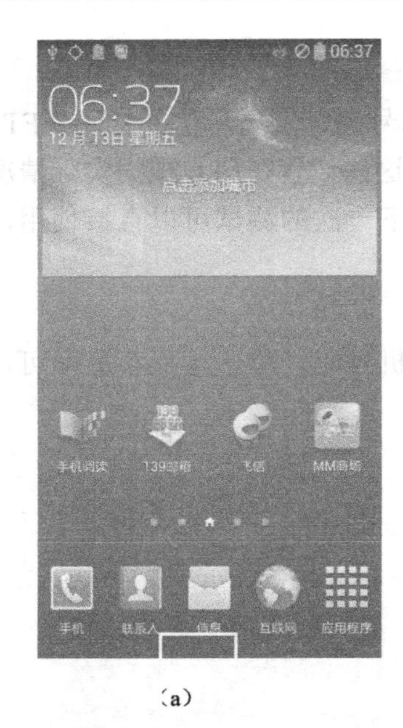

（a）

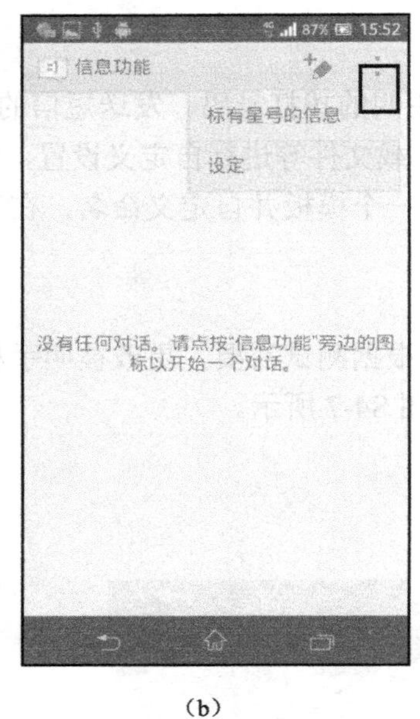

（b）

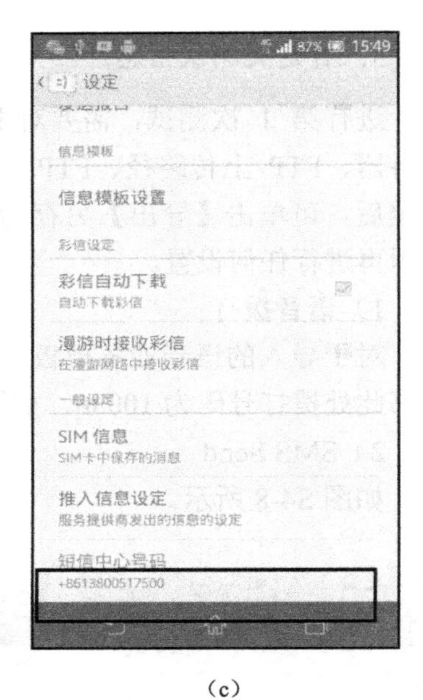

（c）

图 S4-9　查看短信中心号码

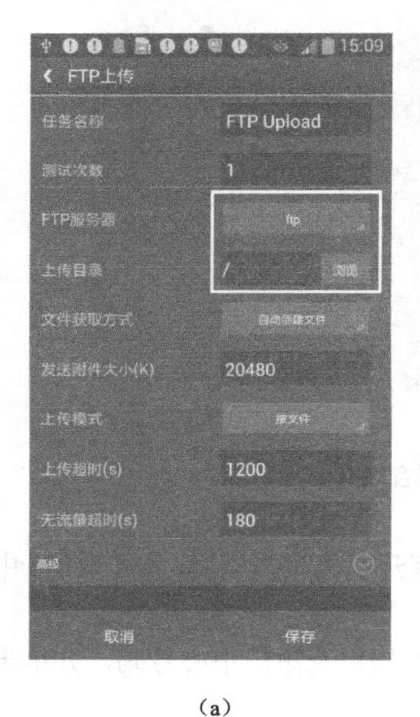

（a）

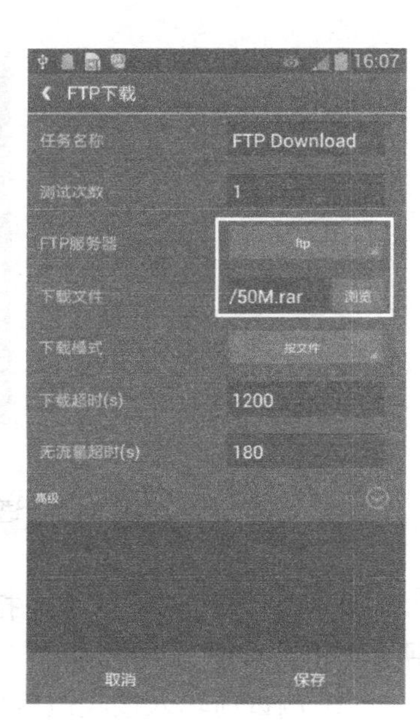

（b）

图 S4-10　MMS Send

图 S4-11　上传和下载

S4.3　开始和停止测试

1．开始测试

（1）单击【开始测试】后，根据测试需要选择测试方式（DT 或者 CQT），如图 S4-12 所示。

（2）若选择 DT 测试，保证经纬度信息出现后，再开始测试，如图 S4-13 所示。

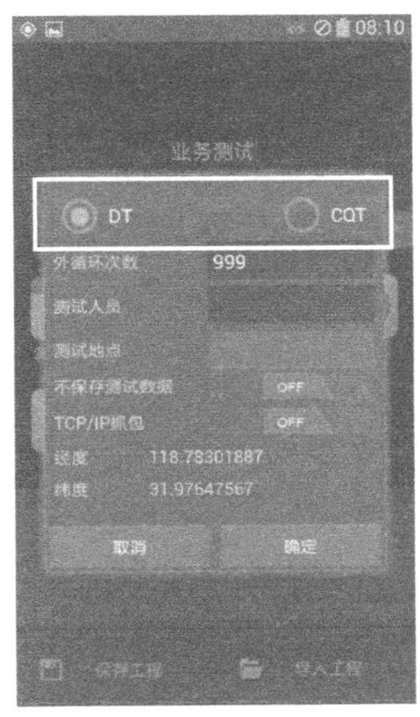

图 S4-12　开始测试

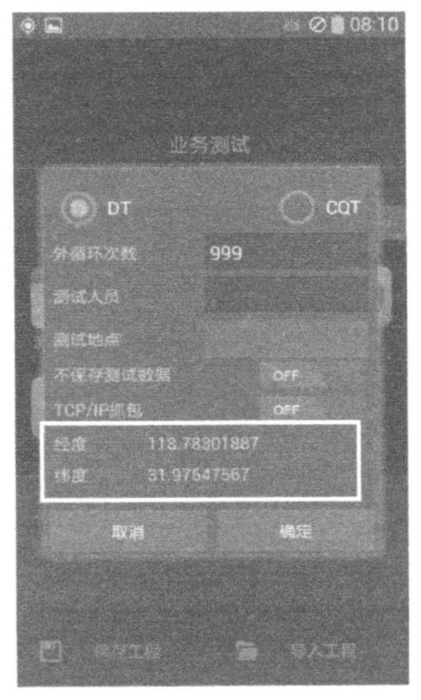

图 S4-13　确认经纬度信息

（3）输入外循环测试的次数，一般 DT 测试次数设为 999 次，以保证测试的持续性。

2．测试信息查看

开始测试后，单击【查看信息】可以对当前测试的实时状态进行查看，如图 S4-14 所示。

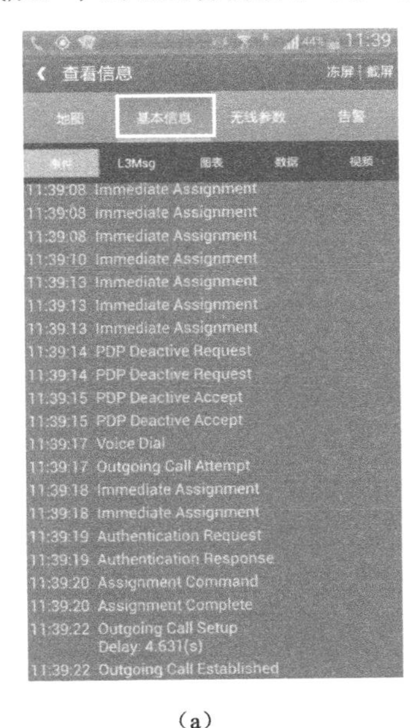

（a）

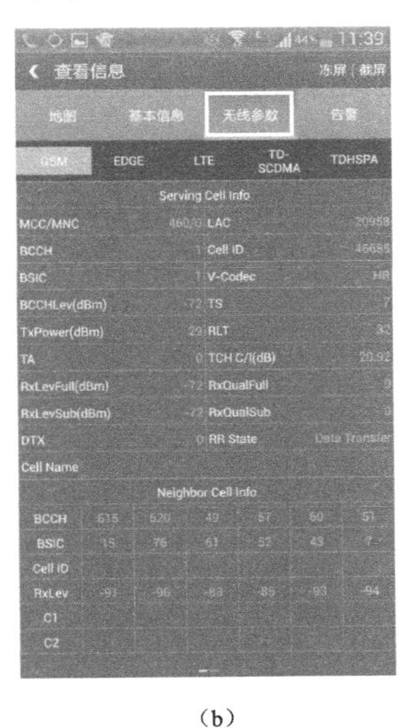

（b）

图 S4-14　测试信息查看

3．停止测试

进入业务测试主界面，原【开始测试】按键变成【停止测试】按键，单击后即可停止当前测试。

4．数据的复制与保存

（1）将手机连接到计算机上，并查看设备，如图 S4-15 所示。

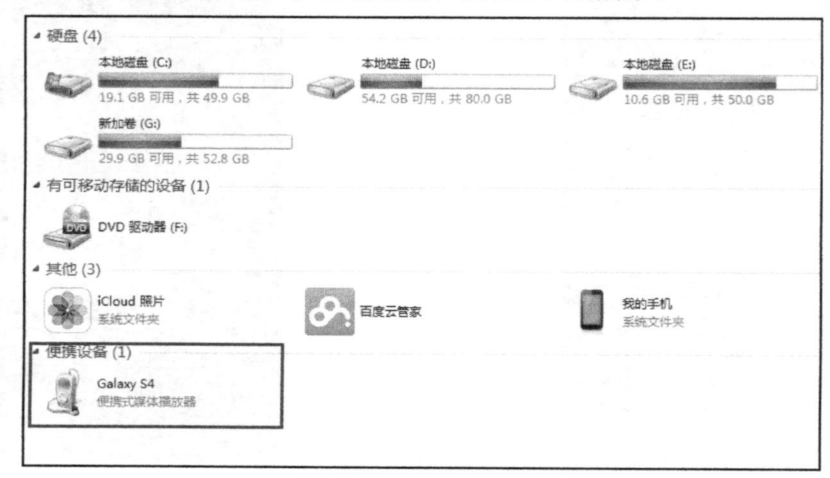

图 S4-15　查看设备

（2）测试数据路径为 Walktour\data\task（如果找不到数据，请重启手机）。

（3）测试数据按照开始时间和业务命名，例如 Android-OUT20131211-111513- FTPU_FTPD_HTTPLogin（1），根据测试开始的时间和业务类型可识别每个时间段的测试数据。

（4）为避免因为软件和硬件的异常导致测试数据丢失，测试数据会自动保存和备份，客观异常情况下的测试数据根据结束时的时间命名，例如 OUT20131211-125248_Port2，根据测试结束的时间可识别不同时间段的测试数据。

5．测试注意事项

（1）请在开始测试前，单击【GPS】功能按键，进入后打开 GPS 开关，先确认经纬度后再开始测试，如图 S4-16 所示。

图 S4-16　确认经纬度

（2）启动测试之前，请先关闭测试手机中的杀毒软件。

【思考与复习题】

一、填空题

（1）在使用 Walktour 软件进行接入点（APN）设置时，对于中国移动 LTE 网络来说，Internet 接入点选择________，WAP 接入点选择________。

（2）在使用 Walktour 进行 SMS Send 测试时，要查看本地短信中心号码，目前您所在的地点对应的短信中心号码是______________。

二、判断题

（1）在使用 Walktour 进行 DT 测试时，为保证定位准确，要保证经纬度信息出现后，再开始测试。（　　）

（2）Walktour 测试数据文件保存路径为 Walktour\data\task。（　　）

（3）启动 Walktour 测试按钮之前，请先关闭测试手机中的杀毒软件。（　　）

三、单项选择题

（1）在哪一个窗口查看测试轨迹？（　　）

A．地图窗口　　B．事件窗口
C．信令窗口　　D．邻区窗口

（2）查看 FTP 下载时的事件应打开哪个窗口？（　　）

A．Data test　　B．MOS Test
C．Event List　　D．Information

四、简答题

请简述使用 Walktour 进行 FTP 测试业务的过程。

实训 5 Pilot Navigator 后台分析软件的使用

【实训目的】

（1）熟悉 Pilot Navigator 软件的操作界面。
（2）掌握 Pilot Navigator 软件视图窗口的操作。
（3）能对数据文件进行分析和统计。

【实训工具与设备】

Pilot Navigator 软件、笔记本电脑、测试数据样本。

【实训内容和步骤】

Pilot Navigator（简称 Navigator）是一个基于 PC 和 Windows XP/Win7/Win8/Win10 的网络优化分析及评估系统。作为一个图形化和集成管理的网络优化综合工具，Pilot Navigator 为网络维护人员、管理人员和工程师提供了以下集成功能：

（1）多网络（GSM/CDMA/UMTS/LTE）支持功能。
（2）强大的地理化显示功能。
（3）数字化地图和多种地图格式的支持功能。
（4）强大的事件分析功能。
（5）灵活的数据回放功能。
（6）丰富的报表及统计功能。

S5.1 Pilot Navigator 软件的操作界面

S5.1.1 数据管理

1．导入数据

Pilot Navigator 可以将测试数据导入到当前工程中，以便在当前工程中进行分析和处理。可以通过以下几种方式导入测试数据。

（1）单击工具栏上的【打开数据文件】按钮，如图 S5-1 所示，然后在弹出的数据选择对话框中选择需要导入的测试数据文件，单击打开即可将数据导入到软件中。

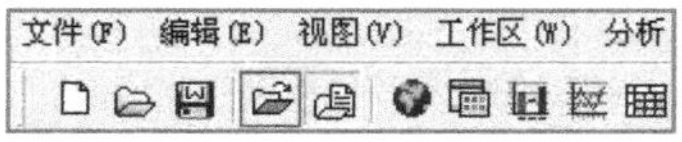

文件(F) 编辑(E) 视图(V) 工作区(W) 分析

图 S5-1 导入数据

（2）单击【编辑】菜单下的【打开数据文件】。

（3）右键单击导航栏【Project】分页下【Downlink Data Files】，选择【打开数据文件】。

（4）直接将数据文件拖动到 Navigator 软件内。

（5）Navigator 支持将整个数据文件夹导入，单击【编辑】菜单下的【从文件夹导入数据】，选择相应的文件夹，单击【OK】即可。

Pilot Navigator 支持七种测试数据文件类型的引入：Walktour 系统测试文件（*.ddib）、RCU 及 Pilot Pioneer 的测试文件（*.rcu）、Fleet 下载数据（*.paf）、Pilot Navigator 自身文件类型（*.pag、*.pac、*.pau）、Pilot Premier 测试文件（*.ms）、Pilot Panorama 测试文件（*.cdm）和标准的 MDM 文件（*.mdm）。

为了提高 Pilot Navigator 导入测试数据时的加载能力，测试数据导入时并不进行解压解码和统计操作，要进行后续的操作才能引发解压解码和统计。

测试数据首次导入 Pilot Navigator 时，测试数据（如：LTE2）的端口数据在操作前并未进行解压解码和统计。用户对端口数据进行相关操作，如打开 Event 窗口、Message 窗口、统计报表等，即可引发端口数据进行解压解码和统计，解压解码之后，导航栏中的端口数据会出现“⊞”的符号，如：⊞ LTE2。

2. 导入基站数据库

1）制作基站数据库

Pilot Navigator 软件在安装目录下有专门的“Site Samples”文件夹存放各网络的基站数据库模板的文本文件，可以使用 Microsoft Excel 软件打开。其他基站数据库可以按照相应制式基站数据库模板的文本文件进行制作。

2）导入基站数据库

Pilot Navigator 支持.txt 和.xls 两种格式的基站数据库导入，并支持多网基站数据的同时导入。基站数据库的导入可通过以下三种方法来实现。

（1）单击【编辑】菜单【导入基站】选项打开基站数据文件查找窗口，从本地目录中找到基站数据文件进行导入，基站数据被添加在对应的网络类型下。

（2）激活导航栏中【Project】工程名【Sites】的右键菜单，选择【基站浏览窗口】，打开 Network Explorer 窗口，选中窗口左侧的网络类型，右键单击弹出菜单，选择【Import Sites】打开基站数据库文件的查找窗口。

（3）选中导航栏【Project】工程名【Sites】并单击右键弹出功能菜单，选择【导入】打开基站数据文件查找窗口。从本地目录中找到基站数据文件将其导入 Pilot Navigator，基站数据被添加到对应的网络类型下。

① 右键单击导航栏【Sites】，选择导入基站，弹出文件选择对话框，如图 S5-2 所示。

② 选择需要导入的基站数据库文件路径，然后选择基站数据库文件，再单击【打开】按钮，基站数据库即被导入。

基站数据成功导入后，在对应的网络类型文件夹前面将出现“⊞”号，单击展开可以查看基站信息。如图 S5-3 所示，在 LTE 网络类型文件夹前面出现了“⊞”号。

Navigator 支持基站数据的校验，当导入的基站数据库缺少相应的字段或者取值超出合理范围时，会有警告提示，用户可以按照提示修改基站数据库的数据。

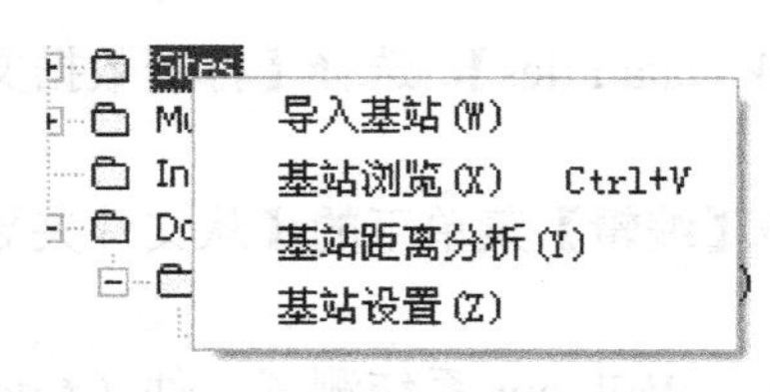

图 S5-2 基站数据库的导入

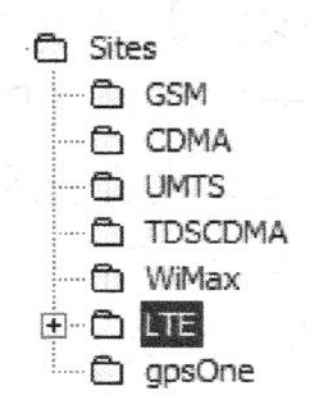

图 S5-3 基站信息可查看

如果用户需要对已有基站数据进行更新，可以按照基站数据导入的操作方法重新导入基站数据。重新导入基站数据以后 Pilot Navigator 为用户提供了两种选择：选择【Yes】则将新导入的基站数据添加到同网的基站数据下方；选择【No】则将替换掉同网的基站数据，如图 S5-4 所示。

3．导入地图

Map 窗口是 Pilot Navigator 最为关键的一个功能窗口，大部分的分析和显示功能都必须通过 Map 窗口实现。Map 窗口可以显示所有测试数据的参数轨迹、基站数据和地图数据，同时 Map 窗口还可以显示与测试数据相关的测试事件及服务小区连线功能。用户可以通过 Map 窗口的子工具条实现其大部分功能。地图文件的导入可以通过以下几个方法实现。

（1）单击【编辑】菜单，选择【导入地图】。

（2）可以在导航栏的【GIS】分页上通过以下方式导入地图。

在【Geo Maps】上直接左键双击或者在【Geo Maps】上右键单击，选择【Import】，弹出地图类型选择窗口，如图 S5-5 所示。

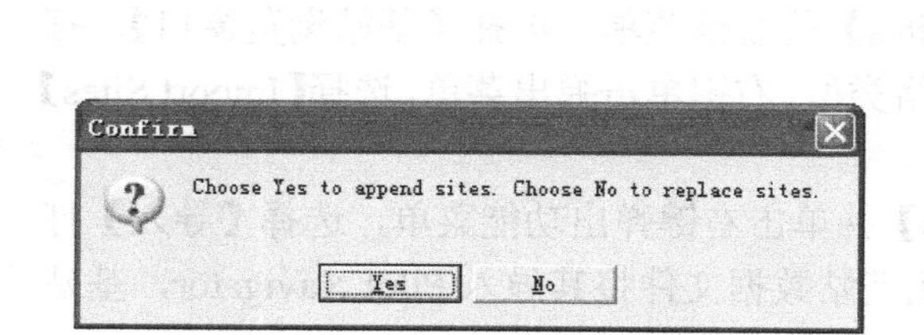

图 S5-4 基站数据库的维护

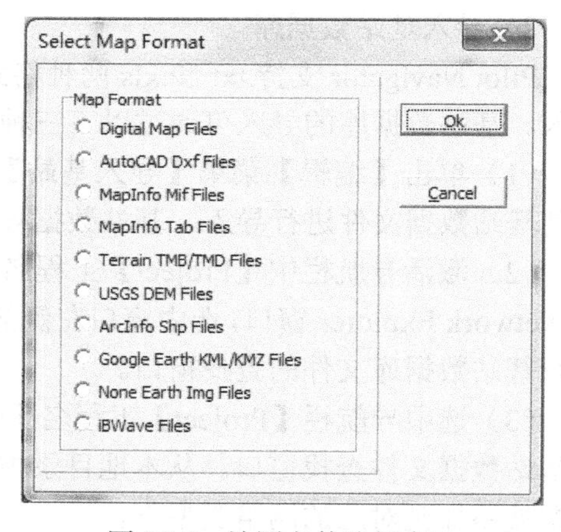

图 S5-5 地图文件选择窗口

S5.1.2 数据查看与呈现

Pilot Navigator 具有强大的数据呈现与分析功能，为便于用户发现网络中存在的问题，提供了多种查看窗口，如 Map 窗口、信令窗口、事件窗口等，这些窗口与数据同步关联，通过数据在各窗口中的呈现与回放，可帮助用户快速、深入分析网络情况，快速定位网络问题，满足优化需求。

如图 S5-6 所示，通过 Map 窗口、Massage 窗口、Event 窗口、Serving Cell 状态窗口，并结合基站数据库实现服务小区连线，快速定位异常事件，通过各窗口与数据的同步关联，查看测试终端的实时状态、层三信令信息（相关概念见 3.5 节）、无线参数情况、服务小区和邻区情况等信息，以直观的数字与图像呈现，便于快速定位问题点，多角度、全方位地分析网络异常问题，便于用户结合网络实际情况，了解网络存在问题，根据细化分析提出最优调整方案。

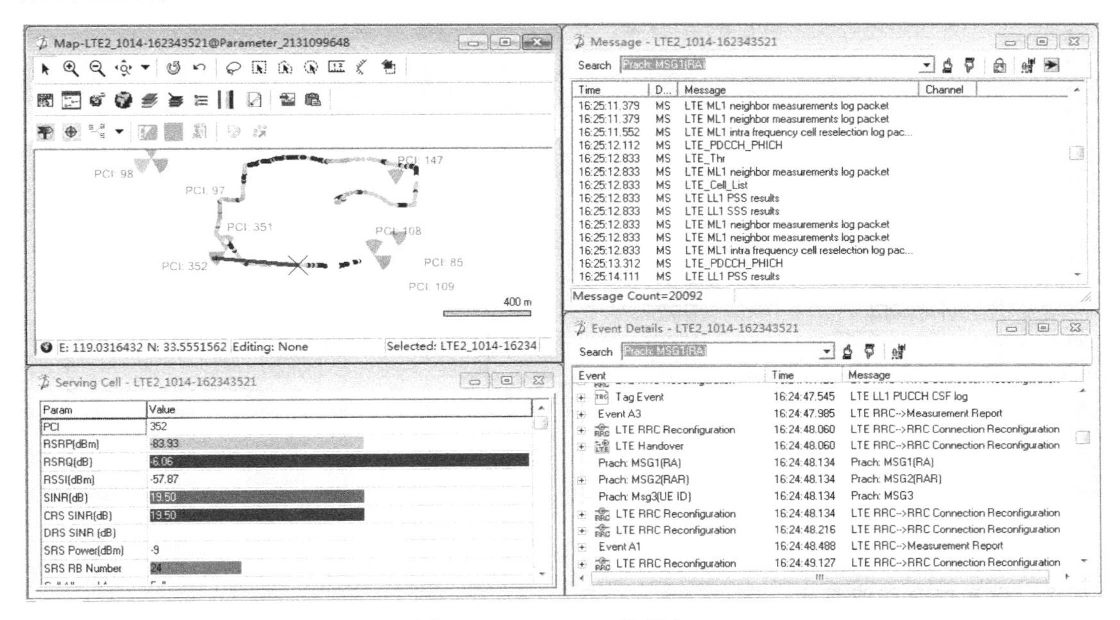

图 S5-6　Navigator 呈现窗口

S5.2　Pilot Navigator 软件视图

S5.2.1　Message 窗口

Message 窗口显示指定测试数据完整的信令信息及解码信息，可以通过分析层三信息反映网络问题，自动诊断层三信息流程存在的问题，并指出问题位置和原因。

1．打开 Message 窗口

右键单击数据端口，选择【信令窗口】即可打开信令（Message）窗口，查看相关的信令信息，如图 S5-7 所示。用户也可以在导航栏【Project】面板中选择某个测试数据端口号，然后单击【视图】菜单的【信令窗口】或工具栏上的 按钮打开 Message 窗口。数据完成解码后即弹出信令窗口，用户双击信令即可查看详细解码信息。

2．查看多条信令解码信息

Message 窗口默认列出测试数据的所有信令、时间及上下行方向。当前测试点的信令用深蓝底色表示。双击某条信令可打开该信令的解码窗口，以便查看解码信息，如图 S5-8 所示。Navigator 支持打开多条信令的详细解码信息，方便对多条信令进行分析。

Message 窗口的【Search】下拉框显示了此数据包含的所有信令，用户可以利用该下拉框选择或直接输入需要查找的信令，并利用 和 按钮向上或向下查找指定的信令；当找到相关信令时，系统自动将测试数据的当前测试点移动到相应位置。单击信令窗口锁定工具图标 ，可将【Search】栏位中的信令固定，使其不会随 Message 窗口中的当前信令的变化而改变。

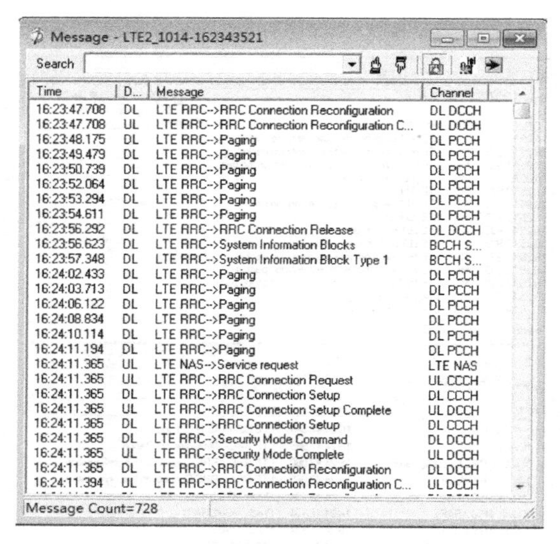

图 S5-7　Message 窗口

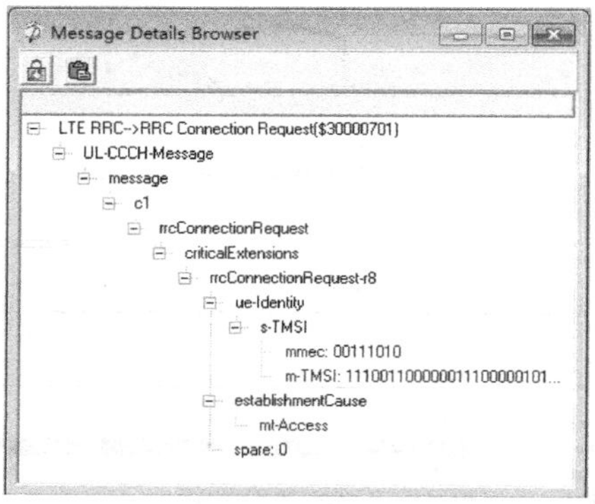

图 S5-8　详细解码信息窗口

3．设置信令过滤显示

用户可以利用 Message 窗口的属性按钮 进行信令的过滤显示设置。在属性窗口的各级子菜单下，列出了所有信令类型，用户可以根据需要对信令进行过滤设置，只有被勾选的信令才能在 Message 窗口中显示出来。

如图 S5-9 所示为通过过滤层三信令（Layer 3 Messages），诊断层三信令流程存在问题。

右键单击【信令类型】，选择【Font】可以对信令的字体和颜色进行设置，以区分不同的信令。信令窗口的右键菜单还为用户提供显示信令日期、计算机时间与手机时间的切换、信令的导出、只显示该条信令等功能。

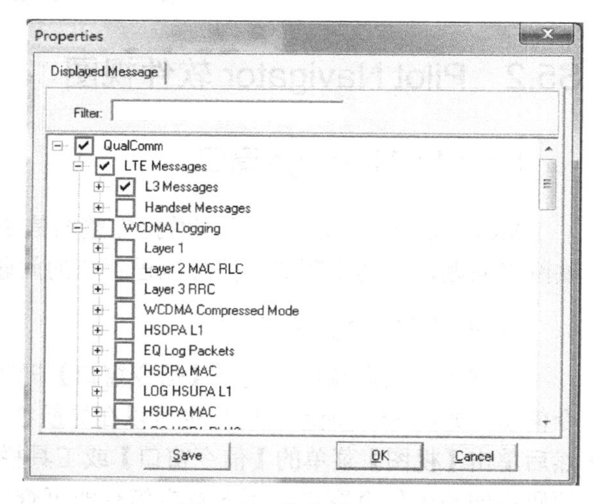

图 S5-9　信令过滤显示

信令窗口和事件窗口、Map 窗口、状态窗口及参数窗口等联动显示，可以快速定位到发生异常事件的地方进行查看分析。

S5.2.2 Event 窗口

Event 窗口列出了每一个网络事件及其包含的事件，如切换、重选、掉话、未接通、挂机等，利用此窗口用户可以很方便地定位问题点。

在导航栏【Project】面板中选择某个测试数据端口号，然后单击【视图】菜单的【事件窗口】或单击工具栏上的按钮或右键单击，在弹出的菜单中选择【事件窗口】，即可打开覆盖该端口数据的 Event 窗口。如图 S5-10 所示。

数据完成解码后将弹出事件窗口，如图 S5-11 所示。

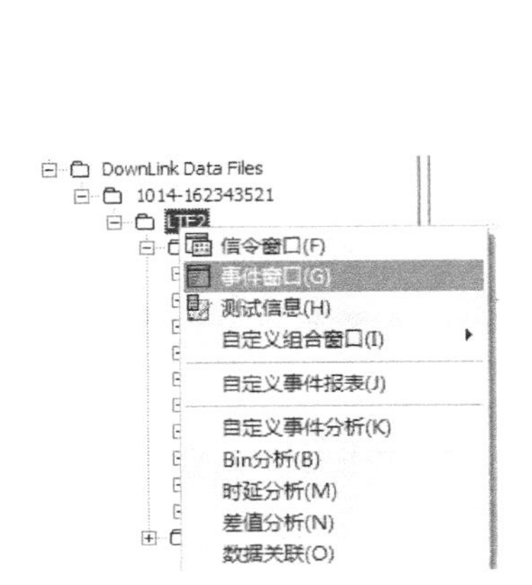

图 S5-10 打开事件窗口

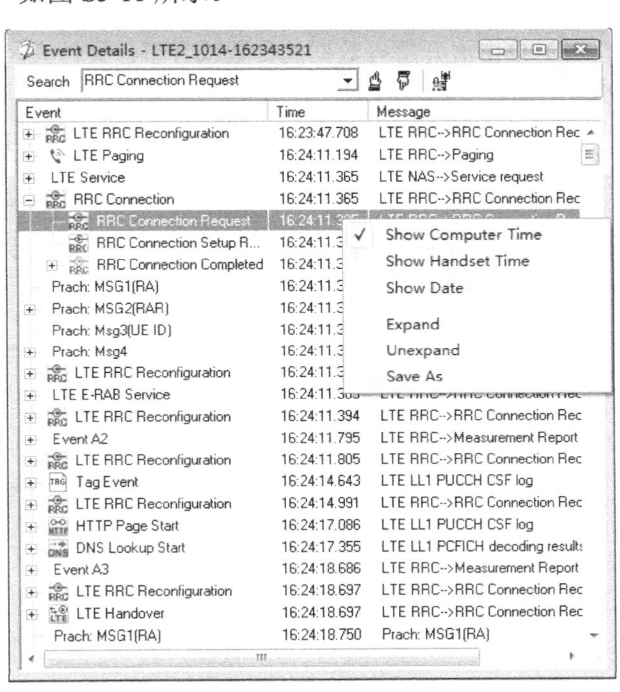

图 S5-11 事件窗口

Event 窗口列出了所选测试数据中的语音业务、数据业务、增值业务及其包含的事件，用不同图标区分事件是否正常。

通过单击图标前面的“⊞”展开要查看的事件信息，可列出对应事件信息包含的小事件。Event 窗口中当前测试点的信息用深蓝底色标出。

Event 窗口的【Search】下拉框显示了此数据包含的所有事件，用户可以利用该下拉框选择或直接输入需要查找的事件，通过单击来选择上一条相同事件，通过单击来选择下一条相同事件，方便用户找出同一事件或异常事件。当找到相关事件时，系统自动将测试数据的当前测试点移动到相应位置。也可以通过【Search】下拉框快速定位特殊事件。

S5.2.3 Map 窗口

Map 窗口是 Pilot Navigator 最为关键的一个功能窗口，大部分的分析和显示功能都必须通过 Map 窗口实现。Map 窗口可以显示所有的测试数据、基站数据和地图数据，并可以结合测试数据的路径覆盖显示所有测试参数。同时 Map 窗口还可以显示与测试数据相关的测试事件及服务小区连线功能。用户可以利用 Map 窗口的工具按钮实现其大部分功能。

1. 打开 Map 窗口

选择端口数据某个具体参数或事件，或某个自定义事件分析/Bin 分析/时延分析/差值分析，然后单击【视图】菜单的【地图窗口】或工具栏上的 按钮，或单击右键并在弹出的菜单中选择【地图窗口】，即可打开覆盖被选内容的 Map 窗口。这种方法只能打开单端口数据覆盖图。

（1）导入测试数据，对数据进行解码操作。

（2）单击展开解码数据的参数或者事件文件夹，右键单击参数名称，选择【地图窗口】命令。

选择【地图窗口】命令后，软件将自动打开 Map 窗口，如图 S5-12 所示。

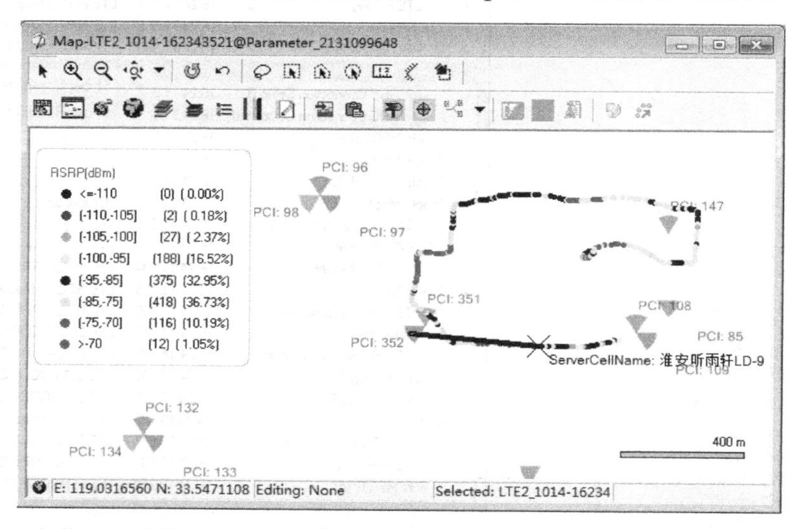

图 S5-12 Map 窗口

如果预先不在导航栏【Project】面板中选定参数、事件等内容，则只能打开空白的 Map 窗口。可以通过将导航栏中的参数名称、事件名称等拖动到 Map 窗口来实现数据覆盖。

2. 在 Map 窗口显示基站

用户可以按照前述导入基站数据库方法导入基站数据，基站数据成功导入后，在对应的网络类型文件夹前面将出现“⊞”号，单击展开可以查看基站信息。

通过测试数据与基站数据在地图中的分层显示，测试数据与服务小区及其邻小区的自动关联，以服务小区连线方式结合无线参数，可了解测试地点或测试路段无线网络的覆盖情况、干扰情况等重要信息，方便用户进行针对性优化工作。

3. 设置基站显示信息

右键单击导航栏【Sites】文件夹下面对应的网络基站数据库文件夹，选择【配置】，可以对基站的显示进行设置，包括天线大小、基站显示模式、基站名字和小区名字等。

下面将以 LTE 基站的显示配置为例进行说明，图 S5-13 为配置之前的显示，包括了扇区名信息。

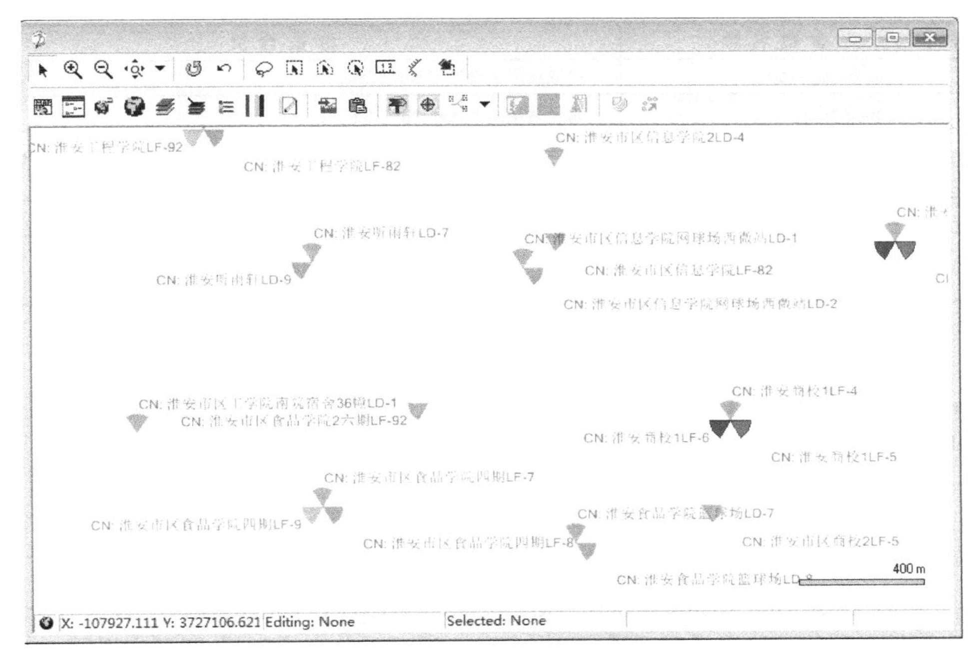

图 S5-13　显示基站

单击导航栏【Project】选项卡，右键单击【Sites】下面 LTE 文件夹，选择【配置】命令，将弹出基站显示设置窗口。

修改 Antenna Size 的数值设置，Map 窗口基站天线的显示尺寸将根据所设置的大小改变。另外还可以对 LTE 的小区按频段区分显示，以便显示共站数据。按频段区分显示可以通过勾选当前需要显示的频段以及通过调整 F 频段、E 频段或者 D 频段小区的大小以及填充颜色来区分，功能图如图 S5-14 所示。

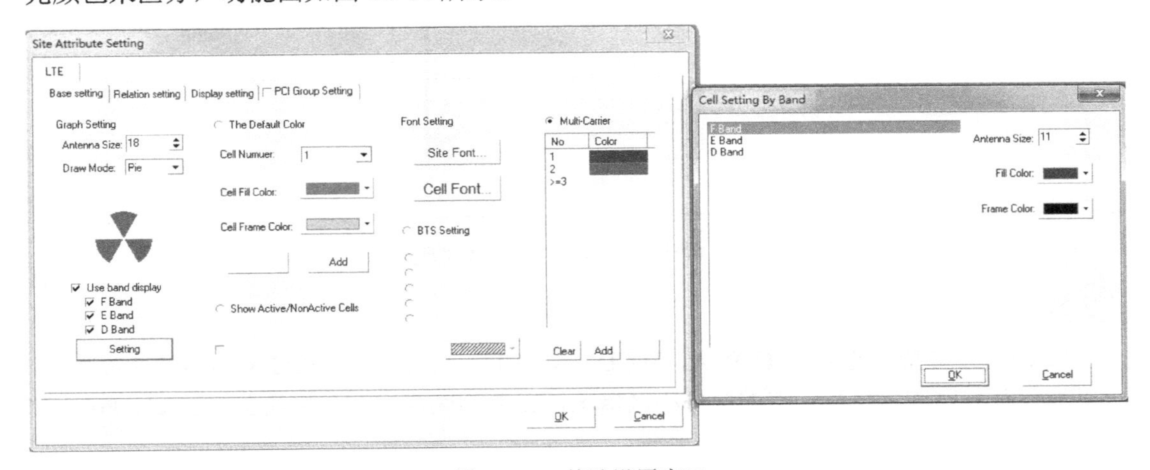

图 S5-14　基站设置窗口

基站设置窗口其他参数含义如表 S5-1 所示。

表 S5-1 基站设置窗口

序号	参数名称	参数含义
1	The Default Color	根据扇区编号设置颜色
2	Font Setting	调整基站和小区在地图上的字体显示
3	Multi-Carrier	根据每个扇区的载波数目来设置颜色，在地图上区分显示（在基站数据库中增加一列“CarriersNum”作为定义）
4	BTS Setting	根据基站类型设置颜色，在地图上区分显示（单选）
5	Show Active/NonActive Cells	根据小区是否开通区分显示（在基站数据库中增加一列“Active”作为定义，0 代表 NonActive）

4．进行基站过滤显示

Navigator 支持对 MSC/BSC/TAC/EARFCN 的过滤显示。下面以对 TAC 的显示设置为例进行说明。

（1）导入 LTE 基站数据库。

（2）打开 Map 窗口，将基站数据库拖动到 Map 窗口进行显示。

（3）打开基站设置中的第 2 页【Relation Setting】。

（4）勾选【Use Site Relation Setting】，同 BSC 显示，在弹出的窗口中设置各个基站所属 MSC 的显示颜色，单击【Close】，如图 S5-15 所示。单击【OK】即可实现同 BSC 的基站显示，如图 S5-16 所示（彩色效果见电子课件）。

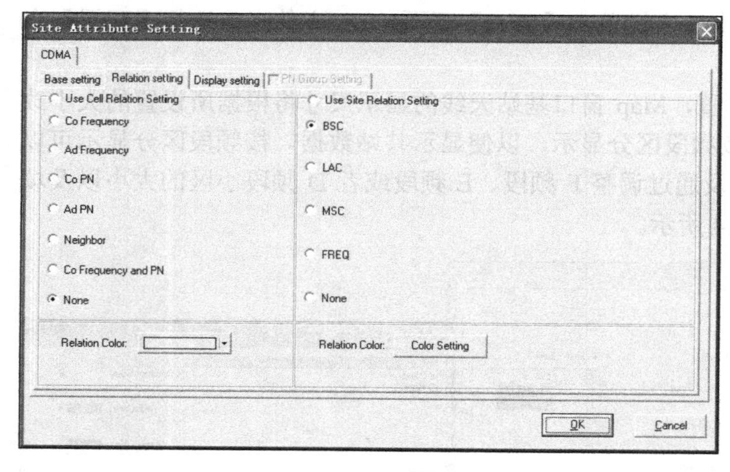

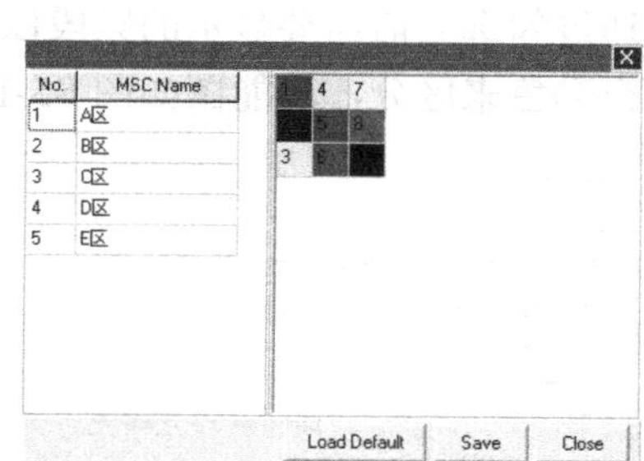

图 S5-15 Relation Setting 设置

5．进行小区连线

Navigator 支持对 GSM、CDMA、WCDMA、LTE、Scanner、WiMax 的小区连线功能，可以查看路测轨迹上任意一点的服务小区情况。服务小区连线有两种类型：Single Point 和 Area Selected，也即单点连线和区域连线。

1）Single Point

① 导入测试数据并进行解码操作。

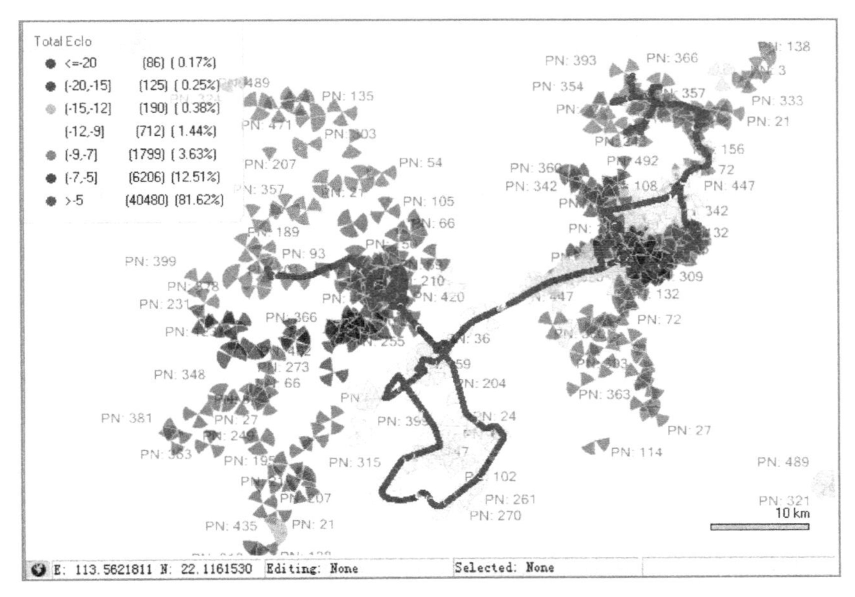

图 S5-16　基站的过滤显示

② 导入基站数据库。

③ 打开 Map 窗口，将测试参数和基站数据库拖动到 Map 窗口中显示。

④ 单击 Map 窗口的显示设置按钮，弹出显示设置对话框，如图 S5-17（a）所示。

⑤ 勾选【Server/Neighber Cell】，单击【OK】即可完成单点连线设置，如图 S5-17（b）所示。

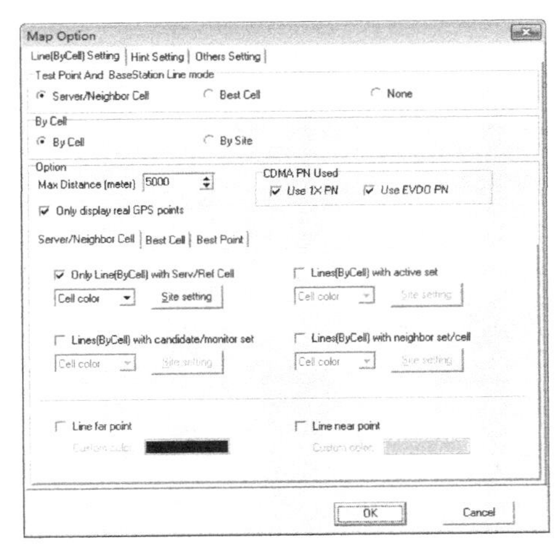

（a）显示设置

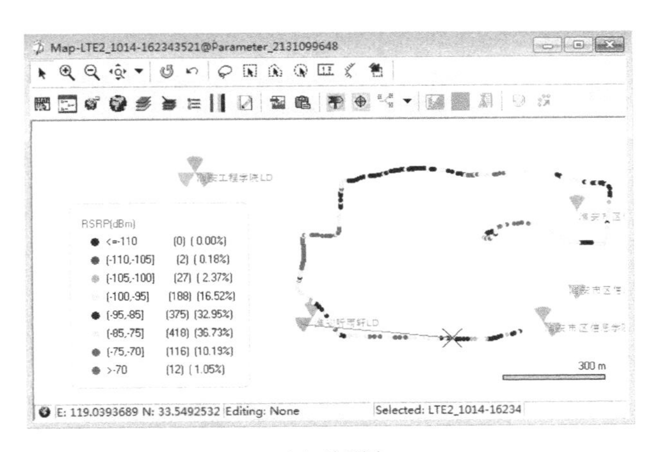

（b）效果图

图 S5-17　单点连线

2）Area Selected

① 导入测试数据并进行解码操作。

② 导入基站数据库。

③ 打开 Map 窗口，将测试参数和基站数据库拖动到 Map 窗口中显示。

④ 单击 Map 窗口的区域选择工具，在 Map 窗口框选一段测试轨迹，即可看到区域连线的结果，如图 S5-18 所示。

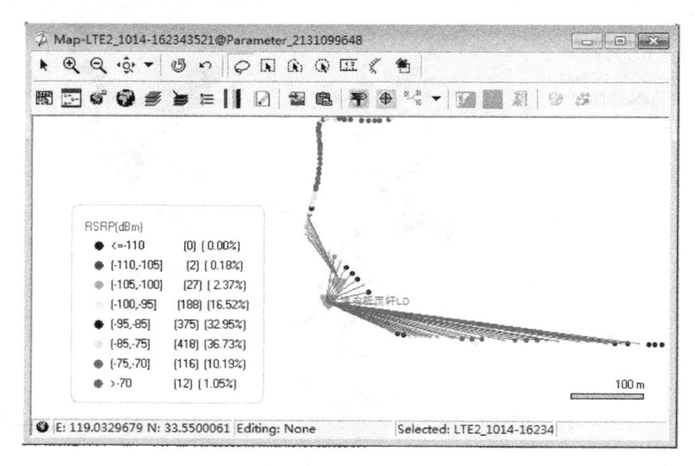

图 S5-18 区域连线

6．在 Map 窗口显示地图

Navigator 支持地图在 Map 窗口中显示。通过测试轨迹、事件图标与地理位置结合，可以快速定位网络异常事件地理信息，方便用户分析问题并提出解决方案。

单击地图窗口工具栏上按键，可显示地图背景轨迹图。单击按钮的下拉箭头，可以切换成卫星图背景显示，如图 S5-19 所示。

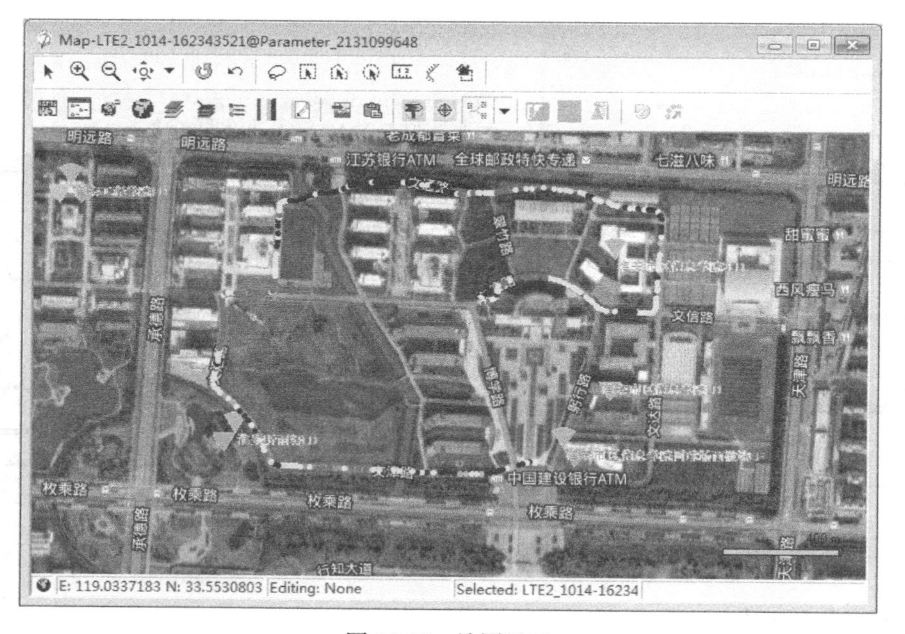

图 S5-19 地图显示

7．设置图例

将相关参数拖动到 Map 窗口上，Map 窗口显示该参数的轨迹，图例栏将自动加载该参数的名称和分段设置。

用户可以自定义图例的指标分段，图例框颜色和透明度等内容。具体操作如下。

（1）双击图例，弹出图例设置窗口。

（2）在【Tile】栏输入图例的名称，如输入中文“图例”。

（3）单击【Frame Color】颜色栏，在弹出的颜色选择框中选择图例的边框颜色。

（4）去掉勾选【Alpha】，单击【Back Color】，弹出颜色选择窗口，选择图例框填充颜色。

（5）单击【OK】，即可完成对图例的自定义显示。

8．设置参数轨迹偏移

为了便于对多个参数进行分析，Navigator 支持参数的偏移设置。用户可以根据分析需要更改地图窗口覆盖参数及分段颜色，以多轨迹图偏移方式直观了解网络状况。具体操作如下。

（1）单击导航栏中的测试数据参数【Parameters】，再单击【Serving Cell Info】，依次将【SINR】、【RSRP】、【RSRQ】选中并拖动到 Map 窗口。

（2）单击 Map 窗口上 Display Legend Window 图标，弹出 Legend Window。

（3）双击【Theme Huge Vector】下面的数据名称，弹出 Config Thematic fields 窗口，如图 S5-20 所示。

（4）勾选【SINR】和【RSRP】，单击【RSRP】，在【X Offset】和【Y Offset】栏输入 RSRP 对 SINR 的偏移量，如图 S5-20 所示。

（5）单击【OK】，Map 窗口即刷新显示偏移的轨迹，如图 S5-21 所示。

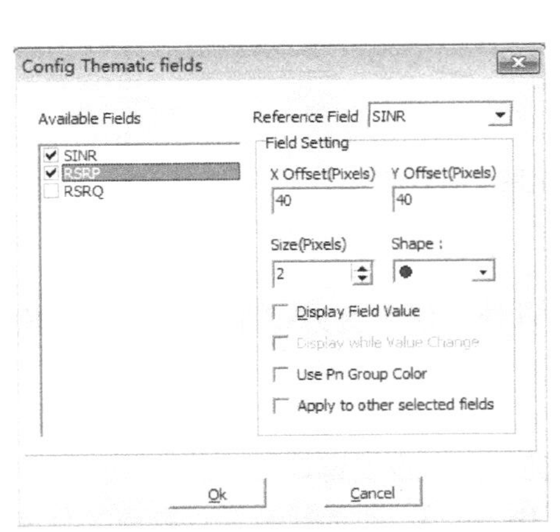

图 S5-20　偏移设置

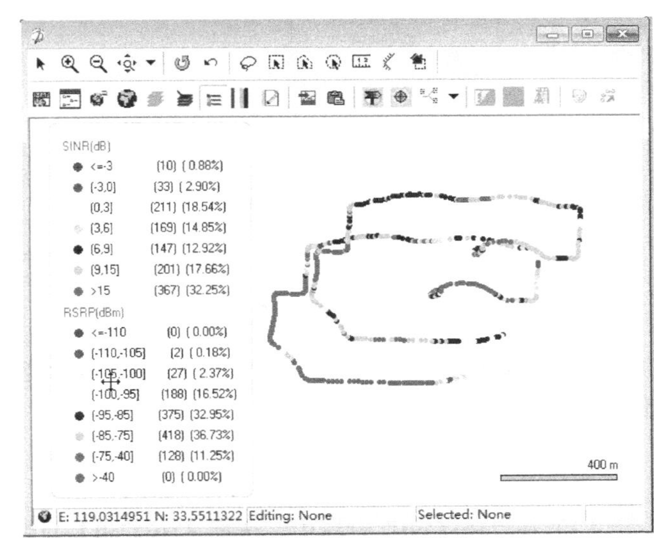

图 S5-21　轨迹偏移显示

9．查看事件在地图窗口的显示

Navigator 支持在地图窗口显示事件，用户可以将相关事件拖动入地图窗口查看时间在测试过程中发生的位置。下面以在 RSRP 字段下查看 HTTP Page Start 事件为例进行介绍。

（1）单击导航栏中的测试数据参数【Parameters】，再单击【Serving Cell Info】，选中【RSRP】并拖动到 Map 窗口。得到该 RSRP 参数的覆盖图。

（2）打开数据端口下的"Events"文件夹，在"HTTP"文件夹下找到"HTTP Page Start"事件，如图 S5-22 所示。

（3）选择 HTTP Page Start 事件，将其拖动到地图窗口。此时可以查看当 HTTP Page Start 事件发生的时候 RSRP 的信号情况，如图 S5-23 所示。

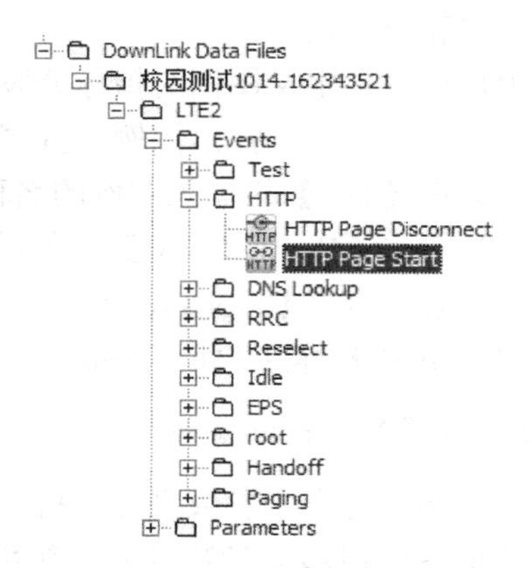

图 S5-22　选择事件

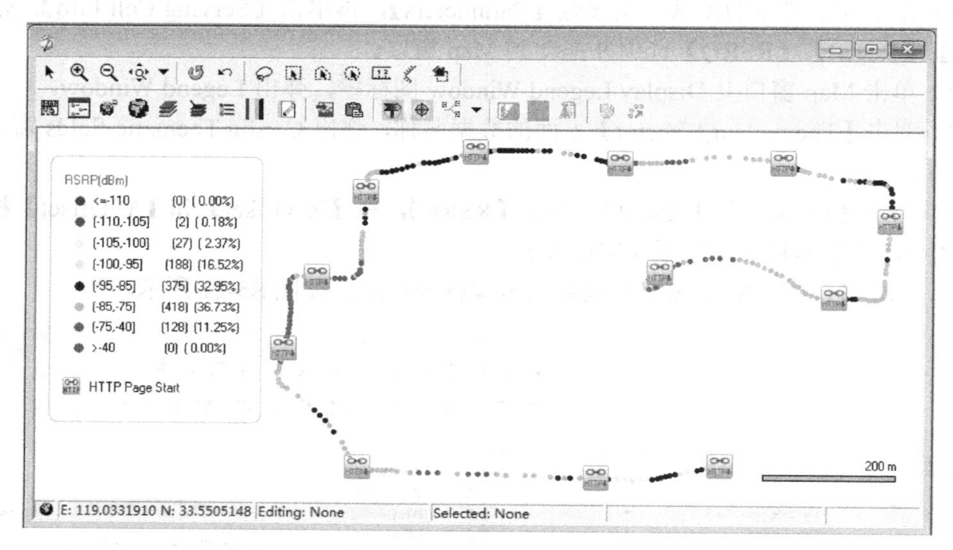

图 S5-23　HTTP Page Start 事件在地图上的显示

10. 查看扇区/基站覆盖范围

Navigator 支持查看扇区/基站的覆盖范围功能，以便了解扇区或基站覆盖情况。操作步骤如下。

（1）在 Map 窗口查看参数轨迹并且拖动入基站。

（2）单击 Map 窗口工具栏上【Display Option】按键，弹出设置窗口。

（3）在"By Cell"设置中，选择【By Cell】或者【By Site】，即选择是要查看扇区范围还是查看基站范围。

（4）设置了方式后，在地图窗口选中扇区，单击 Map 窗口工具栏上【Data By Cell】按键，即可查看该扇区或者该扇区所在小区的覆盖轨迹范围。

（5）在 Serving/Neighbor Cell 中勾选对应的集合，即可实现 By Cell 的轨迹包含该小区或者基站作为这些集合时的覆盖范围，如图 S5-24 所示。

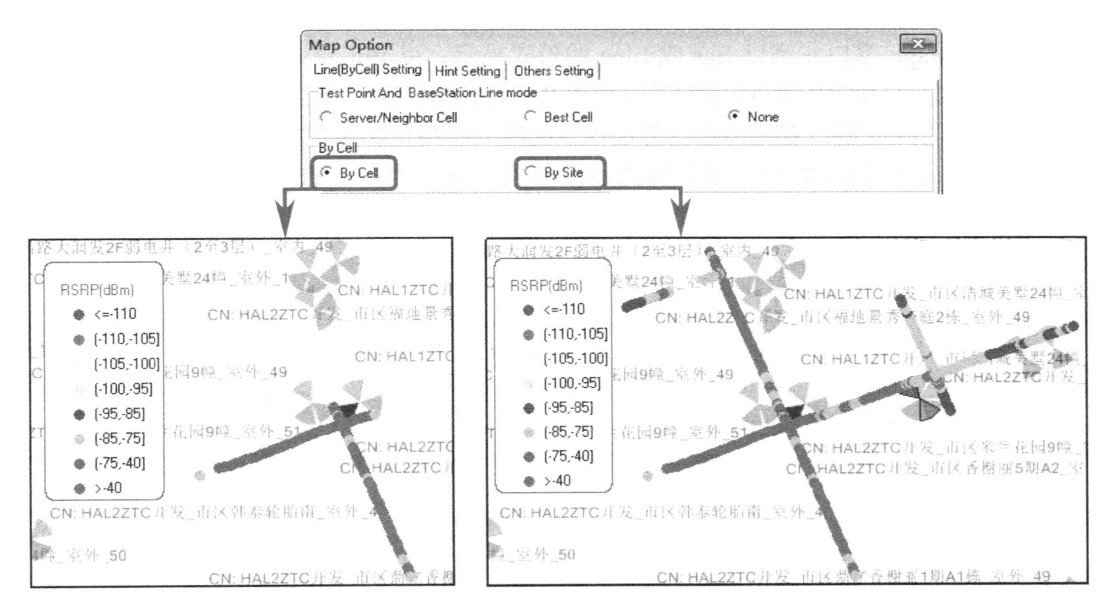

图 S5-24　By Cell 设置及结果

S5.2.4　Graph 窗口

Graph 窗口显示所有测试参数以时间为基准的变化，对测试数据各参数覆盖显示和测试事件的显示，以不同颜色对测试状态进行区分，便于对比分析。

在导航栏【Project】面板上数据端口下选中单个参数或按“Ctrl”键并选择多个参数和事件，单击【视图】菜单【曲线图窗口】或工具栏上的 按钮或右键单击参数，在弹出的菜单中选择【曲线图窗口】，即可打开覆盖该指标的 Graph 窗口。事件的发生点可以通过将导航栏中的事件名称拖动到 Graph 窗口中的方法加载入 Graph 窗口。操作如下。

（1）导入测试数据并进行解码。

（2）展开解码数据的参数或事件文件夹，右键单击参数名称，选择【曲线图窗口】命令，如图 S5-25 所示。

（3）用户可以将需要显示的事件拖动到曲线图窗口，如图 S5-26 所示。

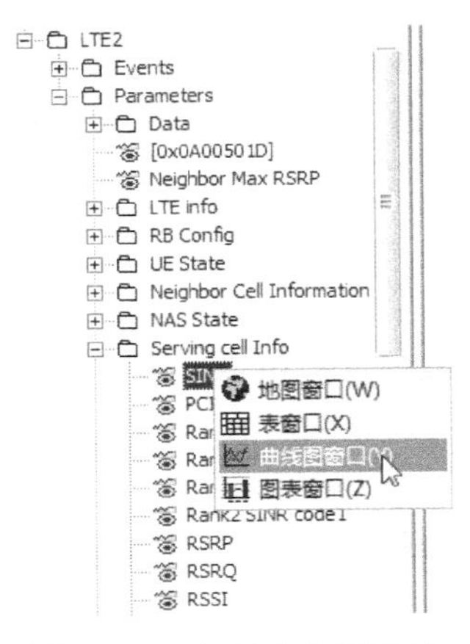

图 S5-25　打开曲线图窗口

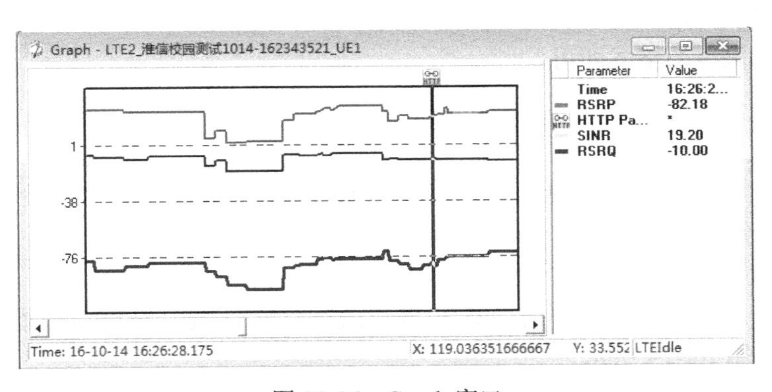

图 S5-26　Graph 窗口

参数在 Graph 窗口左侧以 Bar 或 Line 的形式显示，以 Bar 形式显示的参数有三种不同的颜色，分别表示 RSRP 信号、SINR 信号和 RSRQ 信号。事件则以竖线配以事件图标的形式显示出来。Graph 窗口右侧列出当前采样点的时间、指标和事件列表。

此外，Graph 窗口增加显示整体曲线图效果的操作为：在打开的参数曲线图中选择中参数→在其上右键单击→在弹出的菜单中选择【Display Full Map】。

S5.2.5 Chart 窗口

Chart 窗口以图形形式表示了各参数的指标统计，包括柱状图显示和饼状图显示，并提供了图片导出功能。打开 Chart 窗口操作如下：

（1）导入测试数据并进行解码。

（2）展开解码数据的参数或事件文件夹，右键单击参数名称，选择图表窗口命令，如图 S5-27 所示。

（3）将需要显示的参数或事件拖动到 Chart 窗口，通过单击下拉按钮进行查看，如图 S5-28 所示。

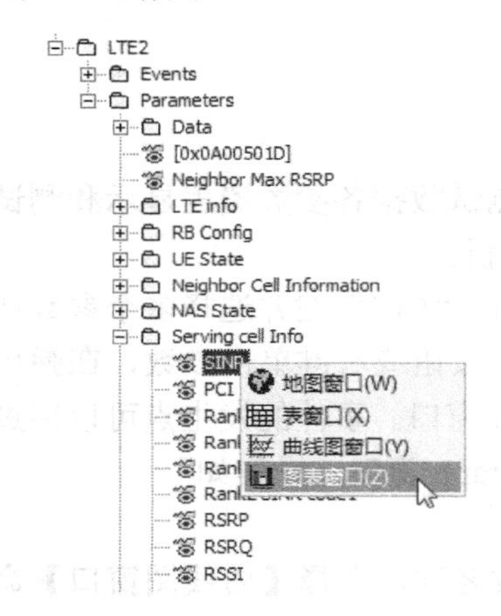

图 S5-27　打开 Chart 窗口

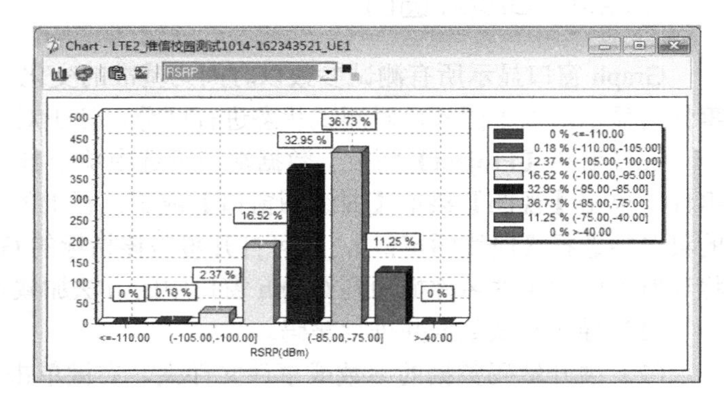

图 S5-28　Chart 窗口查看参数饼状图

（4）单击“Chart Setting”图标，弹出窗口，可设置该图的标题、坐标轴描述等信息。

（5）Chart 窗口支持柱状图和饼状图显示，用户可以单击 Chart 窗口的图标进行转换。

用户可以将统计结果导出成各种图片格式。单击导出成图片命令，选择保存位置和保存的格式即可。

S5.2.6 Table 窗口

Table 窗口可以查看各个参数的采样点统计情况，结合 Message 窗口可以有效、快速地定位网络问题。打开 Table 窗口操作如下。

（1）导入测试数据并进行解码。

（2）展开解码数据的参数或事件文件夹，右键单击参数名称，选择表窗口命令，如图 S5-29 所示。

（3）用户可以将需要查看的参数拖动到 Table 窗口进行查看，如图 S5-30 所示。

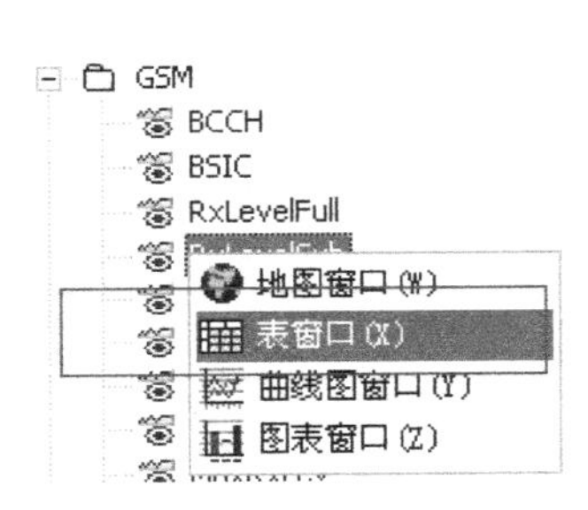

图 S5-29　打开 Table 窗口

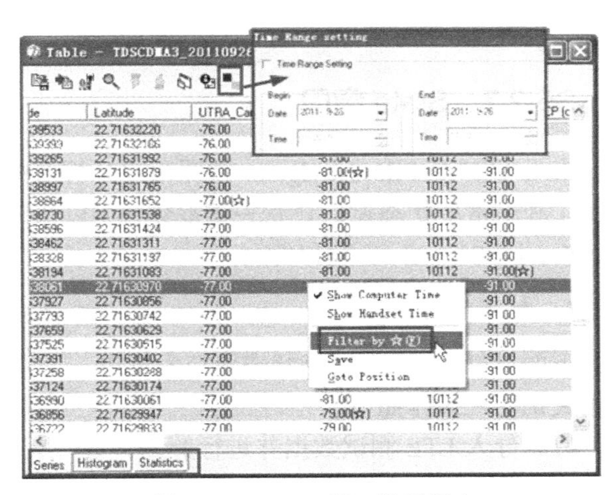

图 S5-30　Table 窗口设置图 1

（4）Table 窗口分为 Series、Histogram、Statistics 三个窗口，如图 S5-31 所示。表窗口中有星号标注的指标是根据采集信令解码出来的数值，没有星号的数值为继承值。

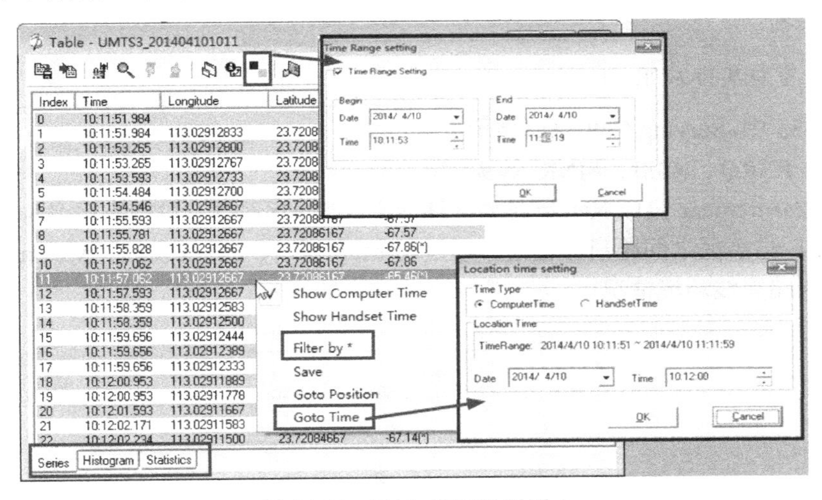

图 S5-31　Table 窗口设置图 2

（5）用户可以通过右键菜单中的【Filter by ☆（F）】命令，把继承值给过滤掉，只显示实际取值点，方便对参数的取值进行查找以及核对。

（6）用户可以通过查找命令🔍查找特定数值的采样点，并关联到对应的信令，查看详细解码信息。

（7）用户还可以通过导出功能键来导出该字段的信息。并通过导出设置功能键来选择要导出的文件是否包含时间或者信令等内容。

（8）用户可以通过时间设置来设置窗口显示的时间段，以方便查看和导出指定时间段参数信息。

（9）用户可通过右键菜单中的【Goto Position】命令，来定位相应的采样点位置。

（10）用户可通过右键菜单中的【Goto Time】命令，来定位到相应的计算机时间或手机时间点。

S5.2.7 State 窗口

State 窗口是 Pilot Navigator 按照用户分析习惯而预设的参数窗口，分类列出各网络无线参数，利用常用状态窗口查看关键参数，可以快速定位问题。常用状态窗口包括：Radio 窗口、Serving/Neighbors 窗口等。

1. 打开状态窗口

下面以打开 LTE 网络状态窗口为例进行相关说明，操作如下。

（1）导入 LTE 测试数据并进行解码。

（2）右键单击导航栏解码数据端口，选择 LTE 状态窗口，弹出选择窗口，选择需要显示的参数，如图 S5-32 所示。

（3）单击【OK】即可弹出状态窗口，查看相应的参数。

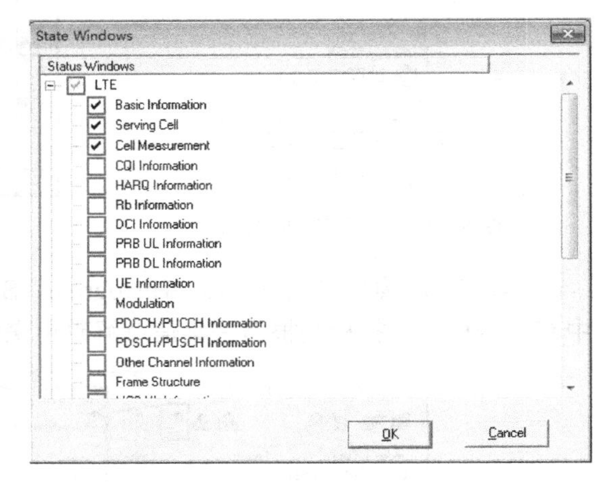

图 S5-32 选择状态窗口

2. State 窗口实际应用

在图 S5-33 中，Serving Cell 窗口显示了 PCI、RSRP、RSRQ、RSSI、SINR 等关键指标；Cell Measurement 窗口显示当前测试终端主、邻小区列表，包括小区名称、频点、PCI、信号强度、UE 与小区之间距离等信息。通过与 Map 窗口、Event 窗口、Message 窗口关联，可查看测试终端无线环境情况。

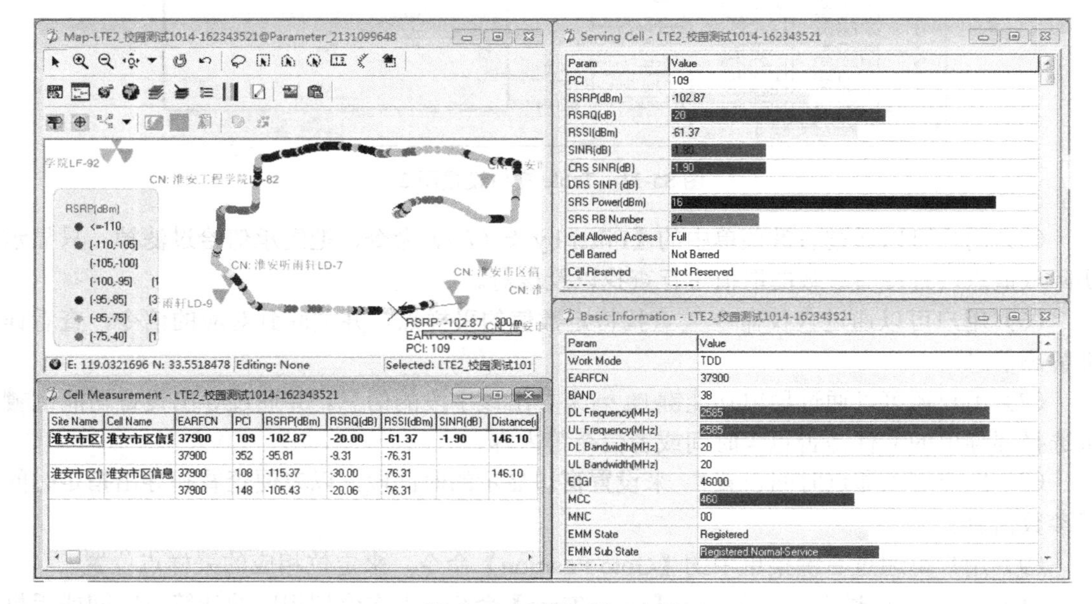

图 S5-33 状态窗口应用

【思考与复习题】

一、填空题

（1）Pilot Navigator 软件在安装目录下有专门的________文件夹用于存放各网络的基站数据。

（2）________窗口显示指定测试数据完整的信令信息及解码信息。

（3）________窗口列出了所选测试数据中的语音业务、数据业务、增值业务及其包含的事件。

（4）Graph 窗口显示所有测试参数以________为基准的变化，对测试数据各参数的覆盖显示和测试事件的显示，以不同颜色对测试状态进行区分，便于对比分析。

（5）Chart 窗口支持柱状图和________图显示。

（6）________窗口显示当前测试终端主要邻区列表，包括小区名称、频点、PCI、信号强度、UE 与小区之间距离等信息。

二、判断题

（1）Pilot Navigator 支持标准的 MDM（*.mdm）测试数据文件类型。（　　）

（2）Navigator 支持同 MSC/BSC/TAC/EARFCN 的过滤显示。（　　）

（3）Navigator 支持对服务小区连线功能，服务小区连线有两种类型：Single Point 和 Area Selected，即单点连线和区域连线。（　　）

（4）Navigator 支持参数的偏移设置。用户可以单击 Map 窗口上 Display Legend Window 图标，在弹出的 Config Thematic Fields 窗口更改地图窗口覆盖参数及分段颜色。（　　）

三、单项选择题

（1）Navigator 的 License 文件的后缀名是（　　）。

A．LCF　　B．TXT

C．DELL　　D．DOC

（2）Pilot Navigator Map 哪个窗口可以显示所有测试数据的参数轨迹、基站数据和地图数据（　　）。

A．Map 窗口

B．Message 窗口

C．Graph 窗口

D．Status 窗口

（3）Navigator 不支持的图片格式为（　　）。

A．.mif　　B．.tab

C．.dxf　　D．.doc

四、多项选择题

（1）Pilot Navigator 支持的基站数据库格式有（　　）。

A．.txt　　B．.xls 或者.xlsx

C．.csv　　D．.dBs

（2）Pilot Navigator 按照不同的网络对基站数据库进行字段识别，可支持的网络包括（　　）。

A．GSM　　B．CDMA

C．UMTS　　D．LTE

五、问答与计算

Navigator 软件支持事件在地图窗口中进行显示，请简要描述事件在地图窗口中显示的操作步骤。

实训 6　使用 Navigator 软件对测试数据进行统计和分析

S6.1　Pilot Navigator 软件的统计

Pilot Navigator 提供了自动报表、用户自定义报表、评估报表、视频业务报表、主被叫联合报表、数据业务报表、自定义模板报表、Scanner 报表以及三大运营商报表等，满足用户不同的统计需求。

S6.1.1　自定义统计报表

自定义统计报表可以按照用户的需要，指定需要统计的各个参数和事件，指定输出的图表类型（如柱状图、饼状图）并设置分段区间，输出相应的报表。

单击主菜单【统计】中的【自定义统计报表】，在弹出的 Custom Report 窗口中选择网络类型为【LTE】，如图 S6-1 所示，然后勾选【LTE2_校园测试…】，再单击【OK】按键，这时，Pilot Navigator 软件会按照默认设置自动生成统计报表。

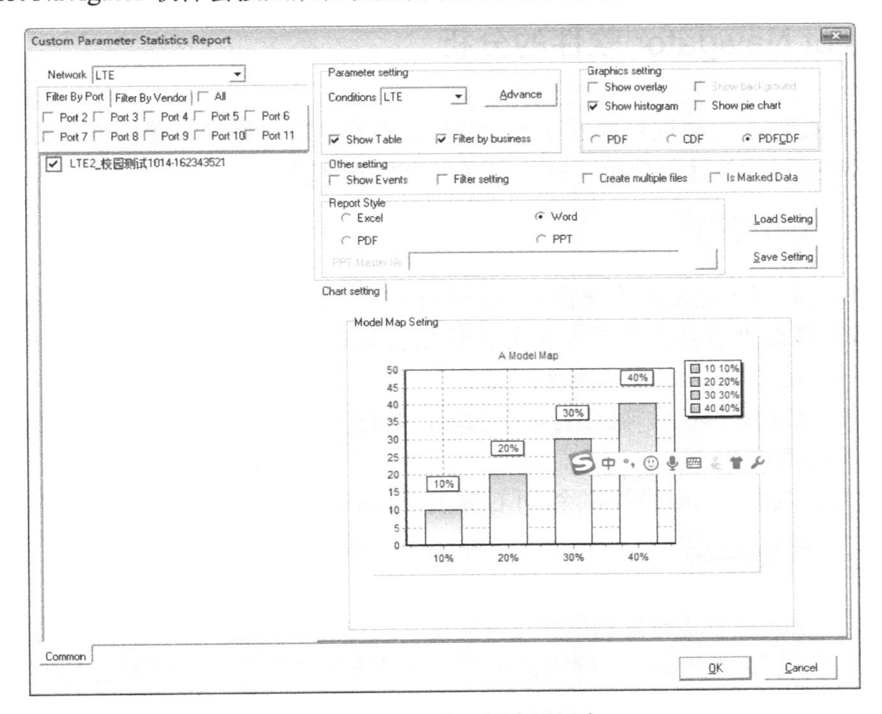

图 S6-1　自定义统计报表设置窗口

用户可以单击【Advance】按钮对统计项目进行详细的设置。自定义统计报表包括 Word、PDF、Excel 三种格式，用户可以在主菜单【工具】→【参数设置】选项卡中选择。

S6.1.2 数据业务报表

数据业务报表主要用来统计数据业务（如 FTP 上传和下载）的各项指标，并能统计做数据业务时占用的网络时长，统计结果如表 S6-1 所示。具体操作如下。

（1）单击统计菜单中数据业务报表，弹出设置窗口。

（2）在右边网络选择中打开网络所在页签，使用左右箭头将数据导入或导出。

（3）可在 Advance 页签中设置是否按照时间段统计或者区域统计。

表 S6-1 数据业务报表

城市名称		测试日期			测试人员														
							小区选择详情							接入统计详情					
序号	测试文件名	测试路线	测试总时长（dd:hh:mm:ss;）	测试总里程（km）	平均速度（km/h）	里程掉线比	开机次数	关机次数	小区选择和驻留次数	小区选择和驻留成功率（%）	小区驻留时延	EPS 附着时延	UE开机注册网络时延（s）	默认EPS承载建立请求次数	默认EPS承载建立完成次数	默认EPS承载失败次数	业务接入成功率（%）	业务接入时延（s）	RRC connection请求
总计结果			00:00:07:04	2.54	21.56811		0	0	0	0.00%	0.000	0.000	0.000	0	0	0	0.00%	0.00	10
1	2_校园测试1014-162343521		00:00:07:04	2.54	21.56811		0	0	0	0.00%	0.000	0.000	0.000	0	0	0	0.00%	0.00	10
2																			
3																			
4																			
5																			
6																			
7																			
8																			
9																			
10																			
11																			

DT业务分表 | FTP下载详情 | FTP上传详情 | Disconnect-Connect时延详情 | Ping详情 | Connect业务详情表 | RRC connection详情 | RRC connection ...

S6.2 Pilot Navigator 软件的分析

分析菜单提供了对测试数据进行各种分析的命令功能，用户设置好相关的分析条件，可以对测试数据进行统计与分析，以确定存在的网络问题。

S6.2.1 Bin 分析

Bin 分析是按照一定规则将符合条件的采样点平均为一个采样点进行统计的分析方法，这样可以减少偶然性事件的影响，使分析结果更切合实际。Bin 分析包括 By Grid、By Distance、By Time、By Message 四种方式。

端口数据指定 Bin 以后，工程窗口中的端口数据下方生成一级【Bins】菜单，列出所有已指定给该端口数据的 Bin 名称。

若要对端口数据的 Bin 进行删除，可右键单击 Bin 名称，并在弹出的菜单中选择【Delete】。

S6.2.2 时延分析

Pilot Navigator 提供了时延的信令选择功能，可以计算出任两条信令之间的间隔时长。呼叫时延是指一个用户自发送“呼叫请求”至“呼叫连接”之间所经过的时间，呼叫时延的长短会影响用户体验，所以也被作为一个评估网络质量的重要指标。

1．时延分析设置

（1）在工程窗口中，选择【Project】选项卡，鼠标右键单击导入数据文件下面的端口数据（比如“LTE2”端口），然后在弹出的菜单中选择【时延分析】，也可以执行主菜单【分析】→【时延分析】命令。

（2）在弹出的 Delay Analysis 窗口中单击【Advance】按钮，进入【Analysis Manager】窗口的 Delay 选项卡，选择相应的网络类型，软件提供时延的新增“New”、编辑“Edit”、删除“Delete”、时延文件备份（导出）“Export”、时延文件导入“Import”五项功能，如图 S6-2 所示。

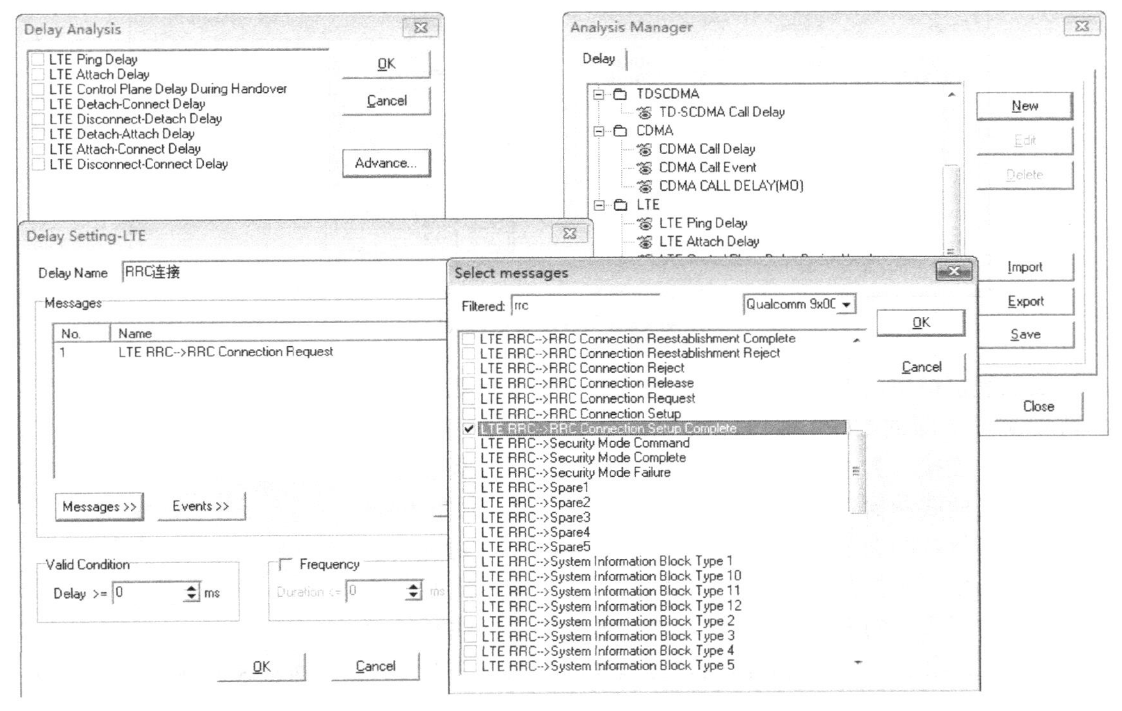

图 S6-2　时延分析设置示意图

（3）在 Analysis Manager 窗口选择 LTE 网络，然后单击【New】按钮，在 Delay Setting-LTE 窗口的 Delay Name 文本框中输入“RRC 连接”，然后单击【Message】按钮，在弹出的 Select Message 窗口中选择所要分析的信令消息。比如 RRC Connection Request 和 RRC Connection Setup Complete 两条信令消息，然后单击 Select Message 窗口、Delay Setting-LTE 窗口、Analysis Manager 窗口单击【OK】按钮。

（4）查看 Analysis Manager 窗口，新建了一个 RRC 连接的时延分析选项，如图 S6-3 所示。

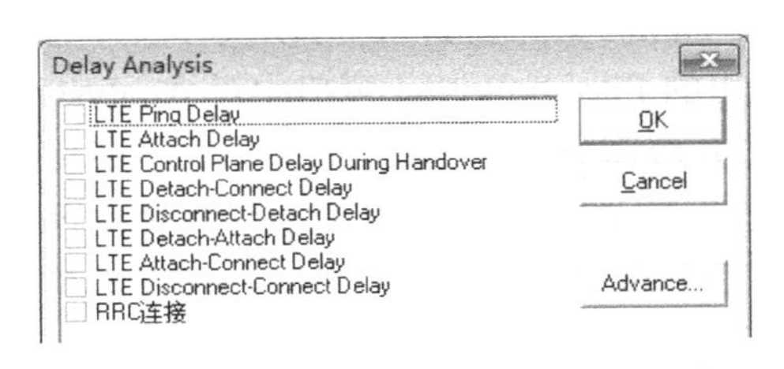

图 S6-3　新建 RRC 连接时延分析选项

2．时延分析结果

在 Analysis Manager 窗口，勾选新建的 RRC

连接的时延分析选项，然后单击【确定】。这样，Navigator 软件就会对 RRC Connection Request 与 RRC Connection Setup Complete 两条信令消息之间的时延进行统计，如图 S6-4 所示。

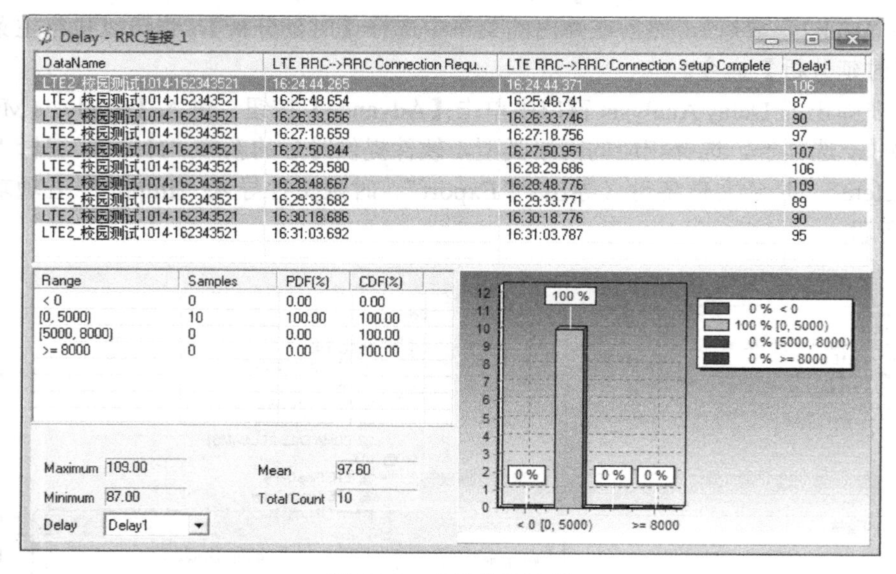

图 S6-4　时延分析结果

在工程窗口中，选择【Project】选项卡，用鼠标双击导入的数据文件下面的 LTE2 端口，然后双击【Delay】，再右键单击【RRC 连接_1】，弹出菜单中可执行的选项有【删除】、【地图窗口】、【曲线图窗口】、【表窗口】以及【报表】，如图 S6-5 所示，在可执行的选项中：删除选项表示删除当前时延分析；地图窗口选项表示打开时延分析的 Map 窗口，并显示出所有检测到符合时延条件的采样点，不同采样点颜色用来标注时延大小；表窗口选项表示列出所有满足时延条件的呼叫事件的开始时间、开始信令、结束时间和结束时的信令，包括每一点的时延的值；报表选项表示将分析结果生成 Excel、Word 或者 PDF 格式的报表。

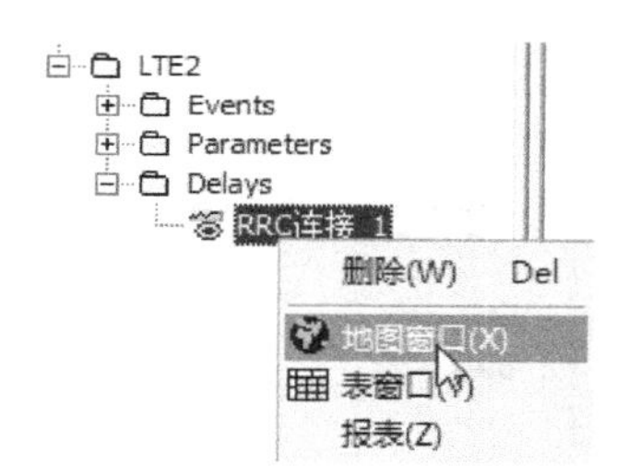

图 S6-5　时延分析方式选择

S6.2.3　导频污染分析

在工程窗口中，选择【Project】选项卡，用鼠标右键单击导入的数据文件下面的端口数据（比如“LTE2”端口），然后在弹出的菜单中选择【导频污染分析】，也可以执行菜单命令【分析】→【LTE 分析项】→【导频污染分析】，在弹出的 Pilot Pollution 窗口中对 Analysis Name、RSRP 等相关参数进行设置。勾选【Scan Data】并选择对应的 Scanner 数据表示使用手机数据与 Scanner 数据共同进行导频污染的分析；不勾选【Scan Data】，则表示只使用手机数据进行导频污染分析。Binning 栏位设置该导频污染分析 Bin 的方式及 Bin 的精度。单击【OK】按钮完成导频污染分析的加载。如图 S6-6 所示。

在工程窗口中，选择【Project】选项卡，用鼠标右键单击导入的数据文件下面的端口数据（比如“LTE2”端口），再用鼠标右键单击 Pilot Poluttion 文件夹下面的【Pollution

Analysis_1】，在弹出的菜单中选择 Map 窗口。用户可以查看符合分析条件设置的所有导频污染点在 Map 地图中的分布。

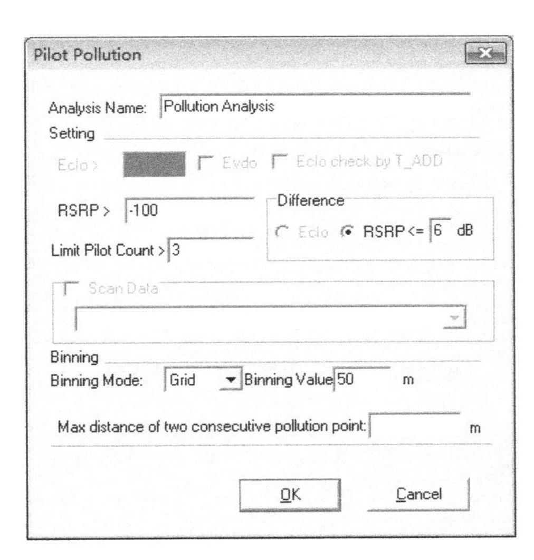

图 S6-6　Pilot Pollution 窗口

S6.2.4　邻区分析

在同样的手机主服务小区下，以手机测量到的邻区信息为主，将手机测量到小区同 Scanner 扫频数据所检测到的小区信息进行对比，当手机测量到的邻区同 Scanner 数据的扫频小区存在差异时，软件即对发生差异的点进行邻区分析，从而便于用户发现网络中存在的问题，如基站的邻区列表设置不当。以下以 LTE 网络为例进行说明。

在工程窗口中，选择【Project】选项卡，用鼠标右键单击导入的数据文件（比如“前台测试数据”文件）下面的端口数据（比如“LTE2”端口），然后在弹出的菜单中选择【邻区分析】，也可以执行菜单命令【分析】→【LTE 分析项】→【邻区分析】，在弹出的“Neighbor Analysis”窗口对参数进行设置，然后单击【OK】按钮即可完成邻区分析，如图 S6-7 所示。

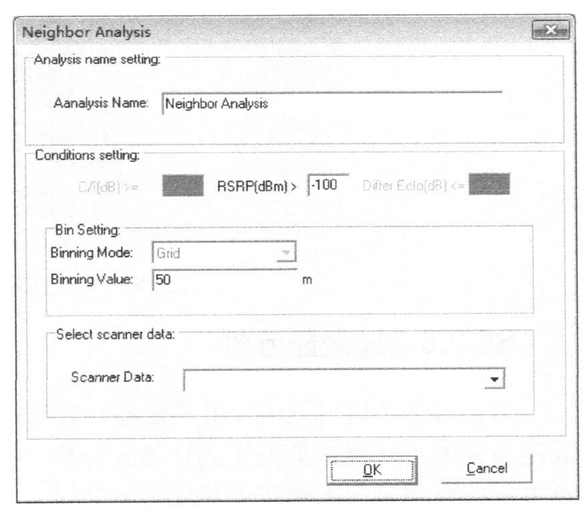

图 S6-7　邻区分析设置

邻区分析的 Map 窗口列出所有经过 Bin 处理后要进行邻区分析的点的信息，Pilot Navigator 将 Scanner 扫频到而当前测试数据未扫频到的小区用红色背景标出，应对红色区域进行关注，进一步分析是否存在邻区漏配情况。

S6.2.5　无主服务小区分析

无主服务小区（软件默认设置）是指同时覆盖的导频数大于或等于 3 个，并且最大和最小 Ec/Io 的差值小于或等于 5dB。

1）无主服务小区分析设置

在工程窗口中，选择【Project】选项卡，用鼠标右键单击导入的数据文件下面的端口数据（比如“LTE2”端口），然后在弹出的菜单中选择【无主服务小区分析】，也可以执行菜单命令【分析】→【LTE 分析项】→【无主服务小区分析】，在弹出的 No Main Server Cell 窗口中设置好限制条件（小区数量和 RSRP 差值）之后，单击【OK】按钮即可生成无服务小区的分析结果。如图 S6-8 所示。

2）无主服务小区分析结果

在工程窗口中，选择【Project】选项卡，用鼠标双击导入的数据文件下面的端口数据（比如“LTE2”端口），然后双击选择【无主服务小区分析】，再右键单击无主服务小区分析名称激活弹出式菜单，可执行的选项有【删除】、【地图窗口】和【分析视图】。删除选项表示删除当前无主服务小区分析；地图窗口选项表示列出所有按条件检测到的无主服务小区的点；分析视图选项表示列出所有无主服务小区的站点信息，包括经纬度、RSRP 的最小和最大值，以及 Difference Value 的具体值。如图 S6-9 所示。

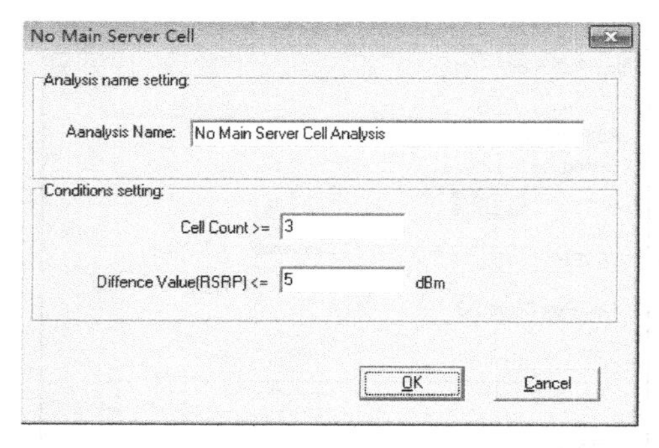

图 S6-8　无主服务小区分析设置

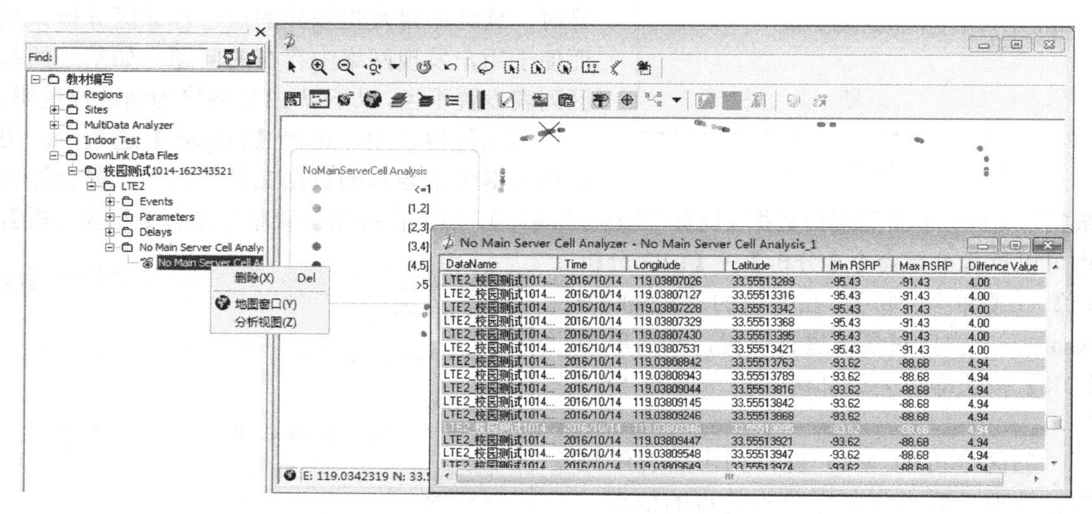

图 S6-9　无主服务小区分析结果

S6.2.6　过覆盖分析

当主服务小区同 UE（用户设备）之间的距离（Distance）超出预设长度，软件认为在满足条件的点（测试数据先进行 Bin 分析再进行距离和时间提前量的对比）发生过覆盖。

右键单击导航栏中 LTE 端口数据【过覆盖分析】，也可以执行菜单命令【分析】→【LTE 分析项】→【过覆盖分析】，打开 Overlay Analysis 窗口。Analysis Name 栏位设置越区覆盖分析名称、Condition Setting 栏位设置主服务小区同 UE 间距离的参考值和 RSRP 参考值、Binning 栏位设置该越区覆盖分析的 Bin 的方式及 Bin 的精度，如图 S6-10 所示。单击【OK】按钮完成越区覆盖分析的加载。加载的越区覆盖分析

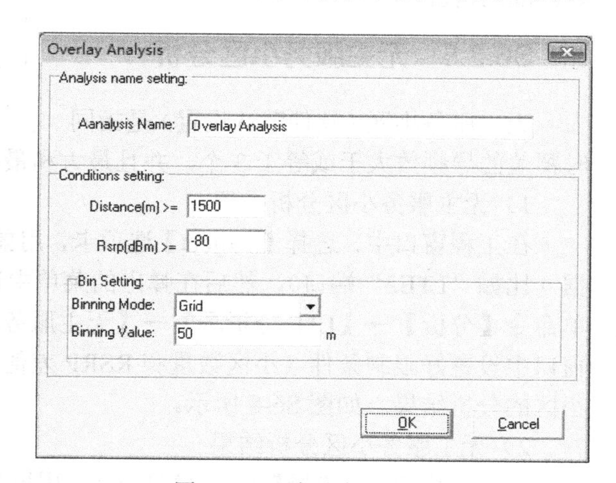

图 S6-10　过覆盖分析设置

名称在导航栏中列出。

【思考与复习题】

一、填空题

Pilot Navigator 自定义统计报表可以按照用户的需要，指定输出的形式为柱状图或__________。

二、判断题

无主服务小区（软件默认设置）是指同时覆盖的导频数大于或等于 3 个，并且最大和最小 RSRP 的差值小于或等于 5dB。（　　）

三、单项选择题

（1）Navigator 软件过覆盖分析设置参数不包括（　　）。

A．主服务小区同 UE 间距离的参考值

B．RSRP 参考值

C．Bin 的方式及 Bin 的精度

D．小区数量

（2）在进行语音业务的统计时所用到的报表为（　　）。

A．数据业务报表　　B．视频业务报表

C．主被叫联合报表　　D．多数据业务报表

四、多项选择题

（1）Pilot Navigator 支持的基站数据库格式有（　　）。

A．.txt　　B．.xls 或者.xlsx　　C．.csv　　D．.dBs

（2）Bin 分析是按照一定规则将符合条件的采样点平均为一个采样点进行统计的分析方法，其作用为可以减少偶然性事件的影响，使分析结果更切合实际。Bin 分析方式包括（　　）。

A．By Grid　　B．By Distance　　C．By Time　　D．By Message

（3）Pilot Navigator 按照不同的网络对基站数据库进行字段识别，可支持的网络包括（　　）。

A．GSM　　B．CDMA　　C．UMTS　　D．LTE

五、问答与计算

Navigator 软件能对测试数据中存在的哪些主要问题进行分析？

实训 7　LTE 无线网络覆盖案例分析

【实训目的】

（1）综合运用 Pilot Pioneer 软件进行数据分析。
（2）理解弱覆盖无线网络问题的重要特征。
（3）能够对已测试的数据文件进行分析，并简要地撰写优化报告。

【实训工具与设备】

Pilot Pioneer 软件、笔记本电脑、测试数据文件、测试区域的基站工程参数。

【实训步骤及注意要求】

S7.1　数据准备

1．*启动* Pilot Pioneer

在安装好相关软件的笔记本电脑中，启动 Pilot Pioneer 后台分析软件。

2．*导入数据*

1）导入基站数据库

启动 Pilot Pioneer 之后，在主菜单【配置】菜单中选择【基站数据库管理】，在弹出的对话框中，选择基站栏目下的 LTE 选项，再单击【导入】按钮，将文件名为“实训 7 基站工程参数.xls”的文件导入到 Pilot Pioneer 中来，如图 S7-1 所示。

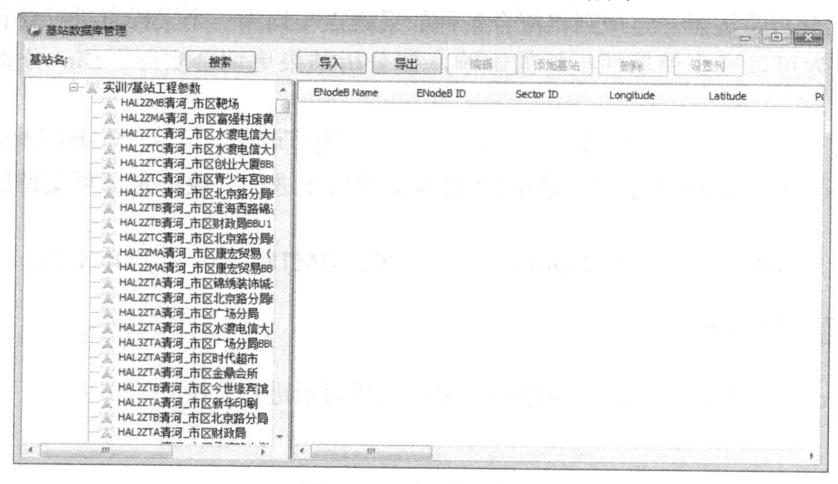

图 S7-1　导入基站数据

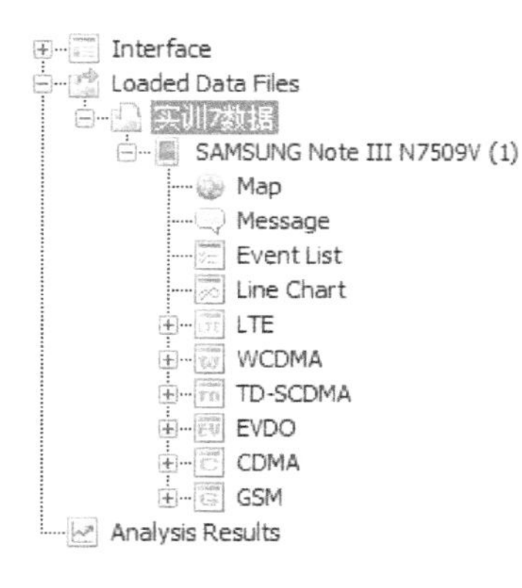

图 S7-2　打开数据文件

2）打开数据文件

执行菜单命令【文件】→【导入测试数据】→【常规】，在弹出的对话框中选择文件的路径，将文件名为“实训 7 数据.RCU”的文件导入到 Pilot Pioneer 中来，如图 S7-2 所示。

3．解压和解码数据文件

在工程窗口中，选择【工程】选项卡，用鼠标双击导入的数据文件（即“实训 7 数据”文件）下面的【Message】选项，软件就会对“实训 7 数据”进行解压和解码，并自动弹出信令窗口。

4．打开常用的窗口

在日常的网优分析中，除了打开信令窗口之外，还要打开 Map 窗口、Graph 窗口、Line Chart 窗口、事件窗口、LTE Serving+Neighbor Cell List 窗口等常用窗口。

（1）Map 窗口。选择导航栏中的【工程】选项卡，双击导入的“实训 8 数据”文件下面的 MAP 图标。再单击导航栏【工程】，选择导入的“实训 8 数据”文件下面的 LTE，然后选择下面的 Serving Cell Info 图标，将其中的 LTE SINR 拖动到 Map 窗口。

（2）LTE Serving+Neighbor Cell List 窗口。右键单击导航栏【工程】中导入的“实训 8 数据”文件下面的 LTE，在弹出的菜单中，选择【LTE Serving+Neighbor Cell List】，打开 LTE Serving+Neighbor Cell List 窗口。

（3）单击【配置】主菜单，再单击【小区设置】子菜单，在弹出的小区设置窗口中选择 LTE 网络，设置小区的形状，固定类型取值为 symbol3。

（4）打开播放工具。

S7.2　数据分析

1．问题描述

UE 在位于东经 119.059188°，北纬 33.59263°附近区域 RSRP 总体信号较差，平均 RSRP 低于-105dBm，如图 S7-3 所示。

2．问题分析

通过 LTE Serving+Neighbor Cell List 窗口查看发现，覆盖较差区域的服务小区和邻区的 RSRP 普遍低于-105dBm，测试手机在附近并没有检测到较强小区信号，如图 S7-4 所示。

通过 Map 窗口的标尺工具测量，弱覆盖信号的距离累计长度约为 130m，由此可以判断是弱覆盖。

3．解决措施

根据路测区域的基站分布情况、基站天线塔高等情况，建议采用 RF 优化的方法，调整现场的天线“开发_市区珠海路小康城(PCI=45)”、“开发_市区水月山庄(PCI=249)”的挂高、方位角、俯仰角，以加强掉话区域信号的覆盖。

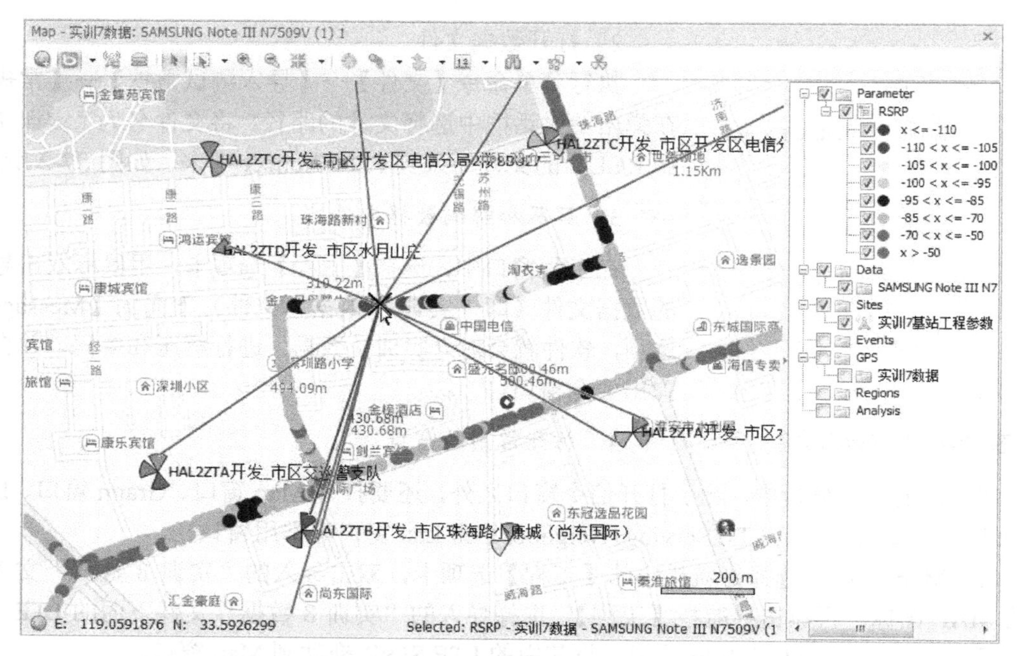

图 S7-3　UE 问题图示

LTE Serving+Neighbor Cell List - 实训7数据: SAMSUNG Note III N7509V (1) 1

EARFCN	PCI	RSRP(dBm)	RSRQ(dB)	RSSI(dBm)	ECI	TAC	Distance(m)	Cell Name
1825	**45**	**-109.62**	**-11.75**	**-78.68**	**250670...**	**15625**	**430.68**	**HAL2ZTB开发_市区珠海路小康城（尚东国际...**
1825	250	-105.06	-11.12	-84.93			1904.42	HAL2ZTD清浦_市区人民小学浦东校区_室外_50
1825	243	-111.37	-15.18	-85.56			500.46	HAL2ZTA开发_市区水利大厦_49
1825	270	-110.25	-15.43	-85.75			494.09	HAL2ZTA开发_市区交巡警支队_49
1825	145	-110.00	-12.56	-88.43			665.32	HAL2ZTC开发_市区茂华国际1号楼_室外_50
1825	91	-113.56	-16.75	-83.68			1146.39	HAL2ZTC开发_市区维科格兰公馆_室外_50
1825	245	-108.87	-16.43	-83.37			500.46	HAL2ZTA开发_市区水利大厦_51
1825	258	-122.75	-30.00	-83.68			1012.33	HAL2ZUB开发_市区钵池山_49
1825	249	-120.25	-18.50	-84.81			310.22	HAL2ZTD开发_市区水月山庄_49
1825	46	-119.75	-17.81	-87.50			430.68	HAL2ZTB开发_市区珠海路小康城（尚东国际）_50

图 S7-4　LTE Serving+Neighbor Cell List 窗口

4．经验总结

提高 LTE 无线信号强度的措施很多，可以增加硬件设备（比如新建 RRU），也可以调整天线的工程参数（比如挂高、方位角和俯仰角），还可以调整的小区配置参数（比如调整 RS 功率）。

【思考与复习题】

（1）请简述如何撰写数据分析报告。

（2）弱覆盖问题的典型特征是什么？

（3）使用 Pilot Pioneer 软件进行数据分析的步骤有哪些？

实训 8　LTE 无线网络干扰案例分析

【实训目的】

（1）能熟练使用 Pioneer 软件导入测试数据，打开常用的窗口。
（2）能使用 Pioneer 软件分析模三干扰问题。

【实训工具与设备】

Pioneer 软件、测试数据、PC。

【实训步骤及注意要求】

S8.1　数据准备

1．*启动* Pilot Pioneer

在安装好相关软件的 PC 中，启动 Pilot Pioneer 后台分析软件。

2．*导入数据*

1）导入基站数据库

启动 Pilot Pioneer 之后，执行菜单命令【配置】→【基站数据库管理】，在弹出的对话框中选择基站栏目下的 LTE 选项，再单击【导入】按钮，将文件名为“实训 8 基站工程参数.xls”的文件导入到 Pilot Pioneer 中来。

2）打开数据文件

执行菜单命令【文件】→【导入测试数据】→【常规】，在弹出的对话框中选择文件的路径，将文件名为“实训 7 数据.RCU”的文件导入到 Pilot Pioneer 中来。

3．*解压和解码数据文件*

在工程窗口中，选择【工程】选项卡，用鼠标双击导入的数据文件（即“实训 7 数据”文件）下面的【Message】选项，软件就会对“实训 7 数据”进行解压和解码，并自动弹出信令窗口。

4．*打开常用的窗口*

常用的窗口包括 Graph 窗口、Line Chart 窗口、事件窗口、LTE Serving+Neighbor Cell List 窗口等。

S8.2 数据分析

1. 问题描述

在淮阴区淮河东路信号 RSRP=-90dBm 左右，信号强度覆盖较好，但是 SINR<0dB，下行速率在 1Mbps 左右，下载数据速率很低，如图 S8-1 所示。

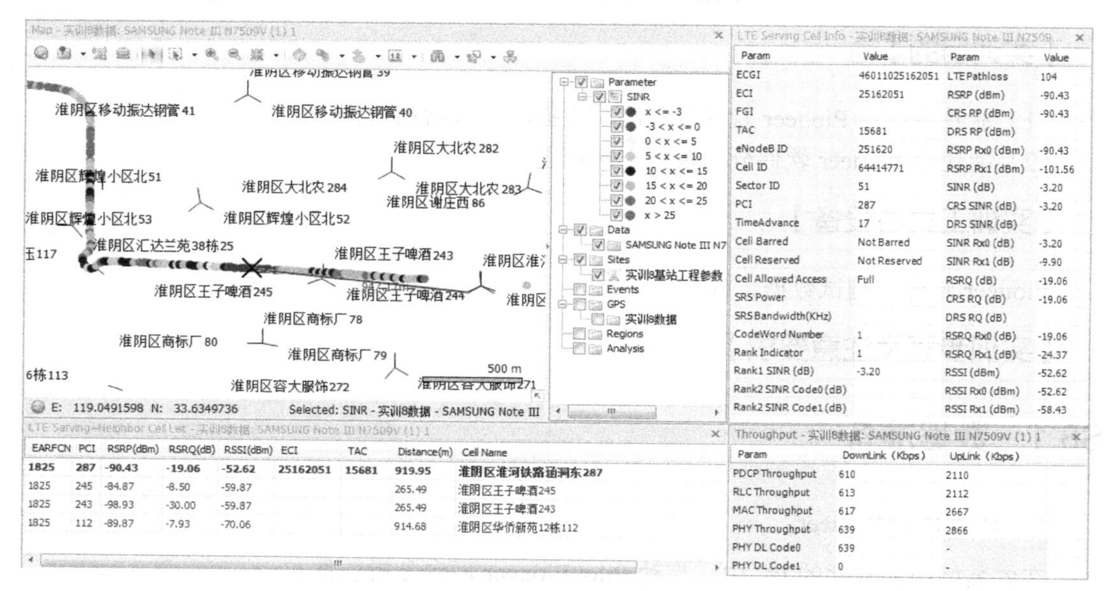

图 S8-1　模三干扰软件测试图

2. 问题分析

通过 Map 窗口的标尺工具测量 SINR 较差区域的距离，累计长度约为 240m。通过 LTE Serving+Neighbor Cell List 窗口查看发现：UE 占用距离 1km 左右的淮阴区淮河铁路涵洞东（PCI=287）的服务小区信号 RSRP=−90.43dBm，检测到邻区淮阴区王子啤酒（PCI=245）RSRP=−84.87dBm。淮阴区淮河铁路涵洞东（PCI=287）参考信号与淮阴区王子啤酒（PCI=245）参考信号的 PCI 模三运算后结果都是 2，且两个小区的参考信号都比较强，形成模三干扰，导致 SINR 值较低。

3. 解决措施

淮阴区淮河铁路涵洞东（PCI=287）的小区存在越区覆盖，需要控制该小区的覆盖范围，经检查该小区的天线为内置电子下倾角度为 3° 的小板状天线，机械下倾角设置较小，建议调整小区天线的机械下倾角至 4° 至 10°。

【思考与复习题】

（1）模三干扰问题的典型特征是什么？

（2）模三干扰对网络有哪些影响？

实训 9　LTE 无线网络切换案例分析

【实训目的】

（1）综合运用 Pilot Pioneer 软件进行数据分析。
（2）掌握邻区漏配问题的重要特征。
（3）能够对测试的 LOG 文件进行分析，并简要撰写优化报告。

【实训工具与设备】

Pilot Pioneer 软件、笔记本电脑、测试 LOG 文件、测试区域的基站工程参数。

【实训步骤及注意要求】

S9.1　数据准备

1．*启动 Pilot Pioneer*

在安装好相关软件的笔记本电脑中，启动 Pilot Pioneer 后台分析软件。

2．*导入数据*

1）导入基站数据库

启动 Pilot Pioneer 之后，执行菜单命令【配置】→【基站数据库管理】，在弹出的对话框中选择基站栏目下的 LTE 选项，再选择【导入】按钮，将文件名为“实训 9 基站工程参数.xls”的文件导入到 Pilot Pioneer 中来。

2）打开数据文件

执行菜单命令【文件】→【导入测试数据】→【常规】，在弹出的对话框中选择文件的路径，将文件名为“实训 9 数据.RCU”的文件导入到 Pilot Pioneer 中来。

3．*解压和解码数据文件*

在工程窗口中，选择【工程】选项卡，用鼠标双击导入的数据文件（即“实训 7 数据”文件）下面的【Message】选项，软件就会对“实训 7 数据”进行解压和解码，并自动弹出信令窗口。

4．*打开常用的窗口*

常用的窗口包括 Graph 窗口、Line Chart 窗口、事件窗口、LTE Serving+Neighbor Cell List 窗口等。

S9.2 数据分析

1. 问题描述

由南往北行至如图 S9-1 所示的椭圆区域时，UE 接收到 RSRP 信号强度急剧下降。

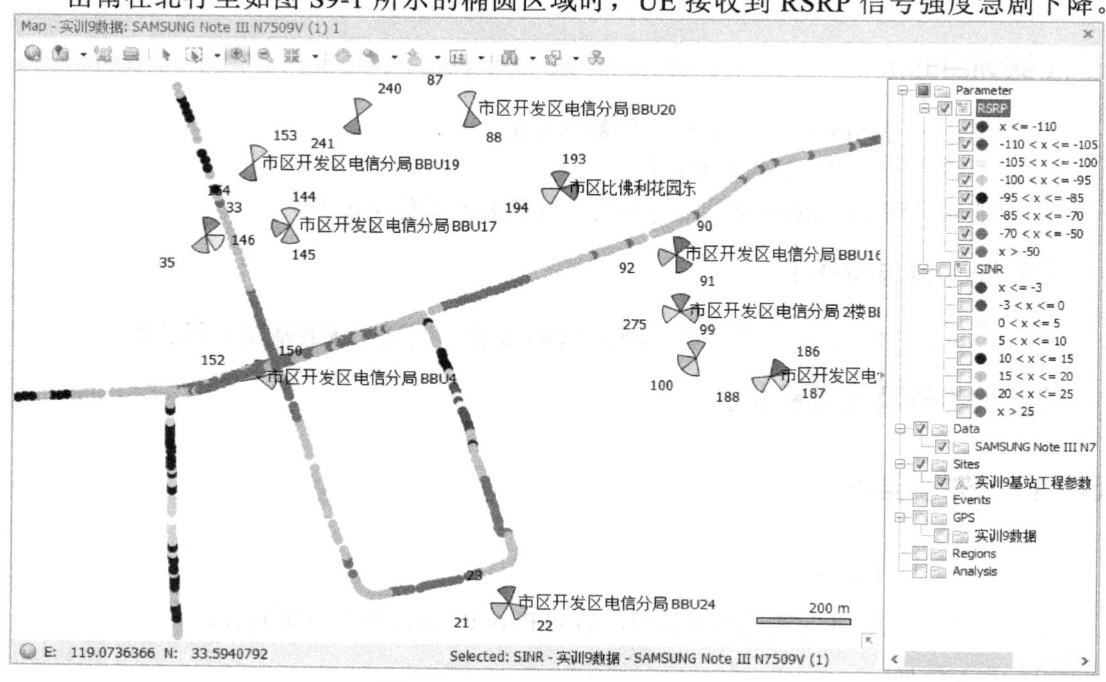

图 S9-1 UE 的 RSRP 测试轨迹图

2. 问题分析

通过 LTE Serving+Neighbor Cell List 窗口查看服务小区和邻区的 RSRP 发现，在 15:07:56.036 时刻服务小区的 RSRP=−105.56dBm，UE 检测到距离 359.60m 之外开发区盛华心港湾 49（PCI=23）小区 RSRP 信号较强，其 RSRP=−97.75dBm，如图 S9-2 所示。

在随后 3 秒多的时间内，UE 多次向 eNodeB 上报测量报告消息，要求进行 A3 事件切换，即由开发区茂华国际 10 号楼 50（PCI=142）小区切换到开发区盛华心港湾 49（PCI=23）小区。但是由于原小区的 RSRP 越来越低，SINR 也越来越差，无法切换成功，随后 UE 发送了 RRC Connection Reestablishment Request 消息。

综上所述，可以判断本次掉话主要是由于邻区漏配导致切换失败。

3. 解决措施

加强开发区盛华心港湾 49（PCI=23）小区与开发区茂华国际 10 号楼 50（PCI=142）小区之间的邻区关系。

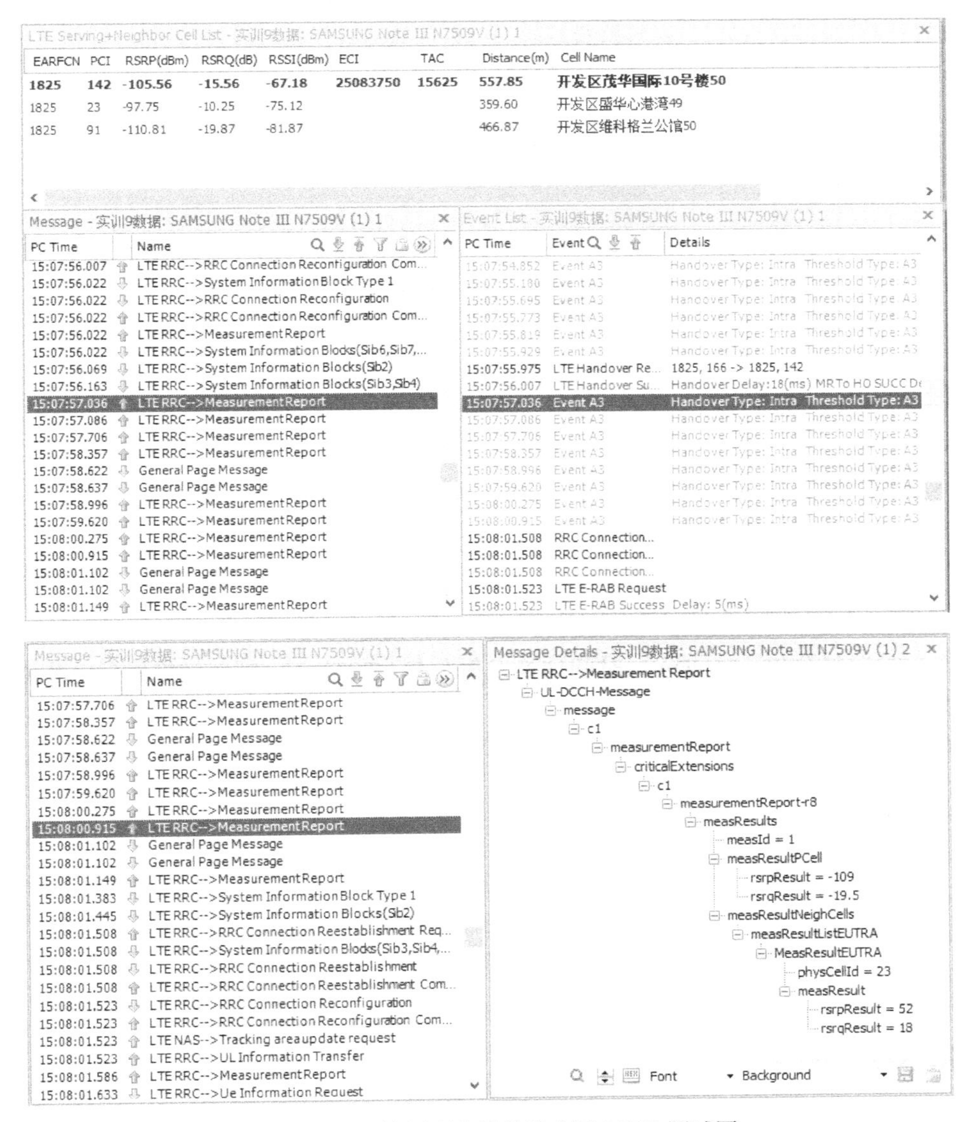

图 S9-2　UE 检测到信号较强小区 RSRP 测试图

【思考与复习题】

（1）邻区漏配问题的处理思路是什么？

（2）如何通过路测软件区分邻区漏配问题与切换不及时问题？

参考答案

原理篇

第1章

一、填空题

（1）并行　（2）多径效应　（3）符号间干扰 ISI　多载波间干扰 ICI
（4）CP　（5）频率选择性　（6）MIMO
（7）空间分集　空间复用　波束赋形　（8）发送分集
（9）空时发射分集（STTD）　时间切换发射分集（TSTD）　频率切换发射分集（FSTD）　空频发射分集　循环延迟分集（CDD）
（10）1ms　（11）开环空分复用模式　发射分集模式

二、判断题

（1）×　（2）×　（3）√　（4）√　（5）√　（6）×

三、单项选择题

（1）B　（2）A　（3）D　（4）B　（5）B　（6）B

四、多项选择题

（1）ABCD　（2）BCD

五、问答题

（1）答：在 LTE 中，在 OFDM 符号发送前，在码元内插入 CP，当 CP 足够大的时候，多径时延造成的影响不会延伸到下一个符号周期内，从而大大减少了符号间干扰（ISI）。

同时 OFDM 加入 CP 可以保证信道间的正交性，大大减少了多载波间干扰（ICI）。

（2）答：（参见教材 3～4 页）

（3）答：（参见教材第 4 页）

第 2 章

一、填空题

（1）UE
（2）SGW　MME
（3）BBU　RRU
（4）eNodeB
（5）MME　SGW
（6）路由
（7）MME
（8）SGW

二、判断题

（1）√　（2）×　（3）×　（4）√
（5）√　（6）×　（7）×

三、单项选择题

（1）D　（2）B　（3）D　（4）A　（5）D

四、多项选择题

（1）ABCD　（2）ABC　（3）ABC　（4）CD　（5）BC

五、问答题

（1）答：（参见 2.1 节内容）

（2）答：EPC 主要包括 5 个基本网元：

① 移动性管理实体（MME）：MME 用于 SAE 网络，也接入网接入核心网的第 1 个控制平面节点，用于本地接入的控制。

② 服务网关（Serving-GW）：负责 UE 用户平面数据的传送、转发和路由切换等。

③ 分组数据网网关（PDN-GW）：PDN-GW 是分组数据接口的终接点，与各分组数据网络进行连接。提供与外部分组数据网络会话的定位功能。

④ 策略计费功能实体（PCRF）：PCRF 是支持业务数据流检测、策略实施和基于流量计费的功能实体的总称。

⑤ 归属用户服务器（HSS）：HSS 包含用户配置文件，执行用户的身份验证和授权，并可提供有关用户物理位置的信息，与 HLR 的功能类似。

第 3 章

一、填空题

（1）4.7
（2）15
（3）1　10
（4）64
（5）小区专用　MBSFN　终端专用

二、判断题

（1）×　（2）√　（3）√　（4）√
（5）×　（6）×　（7）√

三、单项选择题

（1）C　（2）C　（3）D　（4）D　（5）C
（6）A　（7）B　（8）D　（9）D

四、多项选择题

（1）ABC　（2）BD　（3）AD　（4）ABCD

五、问答题

（1）答：RE：一个 OFDM 符号上一个子载波对应的单元。
RB：一个时隙中，频域上连续宽度为 180kHz 的物理资源。
REG：资源单元组包含 4 个 RE。
CCE：控制信道单元，包含 36 个 RE，由 9 个 REG 组成。
（2）答：LTE 可以支持 64QAM 调制方式，因此 LTE 物理层数据域的一个 RE 最多可承载 6 比特。在不考虑 RS 开销情况下，一个 RB（常规 CP）最多可承载 7×12×6=504 比特。

优 化 篇

第4章

一、填空题

（1）SIB2

（2）SIB3

二、判断题

（1）×　　（2）√　　（3）√　　（4）√

三、单项选择题

（1）B　　（2）A　　（3）B　　（4）C　　（5）C

四、多项选择题

（1）ACD　　（2）ABCD　　（3）AD　　（4）ABCD

五、问答题

（1）答：LTE 系统支持两种系统信息变更的通知方式。

① 寻呼消息。网络侧使用寻呼消息通知空闲状态和连接状态 UE 系统信息改变，UE 在下一个修改周期开始时监听新的系统消息。

② 系统信息变更标签。SIB1 中携带 Value Tag（系统信息变更标签）信息，如果 UE 读取的变更标签和之前存储的不同，则表示系统信息发生变更，需要重新读取；UE 存储系统信息的有效期为 3 小时，超过该时间，UE 需要重新读取系统信息。

（2）答：在 LTE 系统中，UE 在小区选择和重选时、切换完成时、重新回到服务区时、接收到系统消息变更指示时会主动地读取系统消息。

第 5 章

一、填空题

（1）小区选择和重选　切换
（2）1.08MHz
（3）3
（4）4
（5）异系统小区重选　同频小区重选　异频小区重选
（6）P-RNTI　M-TMSI　IMSI

二、判断题

（1）√　（2）√　（3）√　（4）×　（5）√
（6）×　（7）√　（8）×　（9）√

三、单项选择题

（1）D　（2）C　（3）A　（4）D　（5）D　（6）C

四、多项选择题

（1）ABC　（2）ABCD

五、问答题

（1）答：小区重选是指 UE 在空闲模式下通过监测邻区和当前小区的信号质量以选择一个最好的小区提供服务信号的过程。而切换是指在处于连接态的移动台由于各种原因，需要从原来所在小区转移到一个更适合的小区上进行信息传输，这个过程就是切换。

（2）答：① S_{rxlev}=当服务小区 RSRP−$Q_{rxlevmin}$−$Q_{RxLevMinOffset}$−Max($P_{MaxOwnCell-23}$，0)，带入已知参数，S_{rxlev}=−85−（−120）−0−Max（23−23，0）=35dBm。

② 开启同频测量的条件是 S_{rxlev}<$S_{intrasearch}$，即 S_{rxlev}<39，RSRP−$Q_{rxlevmin}$−$Q_{RxLevMinOffset}$−Max($P_{MaxOwnCell-23}$，0)<39，代入已知参数，RSRP−(−120)−0−Max(23−23，0)<39，RSRP<39−120=−81（dBm），即服务小区 RSRP<−81dBm 时开启同频测量。

第 6 章

一、填空题

（1）Idle　Connected　（2）非竞争性随机接入　（3）竞争性
（4）非竞争性　（5）网络　（6）6
（7）64　（8）SIB2　（9）保护间隔 GT
（10）RA-RNTI

二、判断题

（1）√　（2）√　（3）√　（4）√　（5）√　（6）√
（7）√　（8）√　（9）√　（10）√　（11）√　（12）×
（13）√　（14）√

三、单项选择题

（1）A　（2）A　（3）C　（4）C　（5）D　（6）D

四、多项选择题

（1）AB　（2）AB　（3）ABCD　（4）AD　（5）ABCD

五、问答题

（1）答：进行随机接入主要有两个目的：

① 实现与系统的上行时间同步。

② 与基站进行信息交互，完成后续如呼叫，资源请求，数据传输等操作。

（2）答：随机接入中的标识主要有 RA-RNTI、TC-RNTI 和 C-RNTI。

RA-RNTI 为随机接入无线网络临时标识，是 UE 发起随机接入请求时的 UE 标识，根据 UE 随机接入的时频位置按照协议公式计算得到。随机接入过程中，UE 根据系统消息在对应时频位置发送随机接入请求 MSG1，eNodeB 根据收到随机接入的时频位置按照协议公式计算 RA-RNTI，使用 RA-RNTI 对 MSG2 加扰发送。

TC-RNTI 为临时小区无线网络临时标识，它是在随机接入过程中 eNB 分配在 MSG2 中下发的信息，用于竞争解决。UE 在 MSG2 分配的时频资源上发送 MSG3 竞争消息，eNodeB 发送的 MSG4 消息使用 TC-RNTI 加扰，UE 使用 MSG2 中的 TC-RNTI 解扰解析出 MSG4，根据 MSG4 中的用户标识判断是否竞争成功。

C-RNTI 为小区无线网络临时标识，用于 UE 上下行调度。UE 竞争随机接入在竞争成功后 TC-RNTI 升级为 C-RNTI，非竞争随机接入在 UE 发起接入前就已经分配 C-RNTI（比如切换）。UE 随机接入后，eNodeB 下发 UE 相关的 PDCCH 都用 C-RNTI 加扰，UE 解扰获取上下行调度信息。

第 7 章

一、填空题

（1）附着
（2）RRC 连接重配置

二、判断题

（1）√　　（2）×　　（3）×

三、单项选择题

（1）A　　（2）D　　（3）A　　（4）D　　（5）D
（6）D　　（7）B　　（8）A　　（9）A　　（10）A
（11）C　　（12）B　　（13）D

四、多项选择题

（1）AB　　（2）BC　　（3）AB　　（4）ABCD　　（5）ABCD　　（6）ABC

五、问答题

（1）答：LTE 切换过程主要包括以下三个步骤：

测量配置：由 eNB 通过 RRCConnectionReconfiguration 消息携带的 measConfig 信元将测量配置消息通知给 UE，即下发测量控制。

测量执行：UE 会对当前服务小区进行测量，并根据 RRCConnectionReconfiguration 消息中的 s-Measure 信元来判断是否需要执行对相邻小区的测量。

测量报告：测量报告触发方式分为周期性和事件触发。当满足测量报告条件时，UE 将测量结果填入 MeasurementReport 消息，发送给 eNB。

（2）答：① Meas Id：上报测量报告的测量标识，与 Measurement Control 消息一致。

② Meas Result Serv Cell：服务小区测量结果，包括 RSRP Result 和 RSRQ Result。

③ Meas Result Neigh Cells：邻小区测量的结果，包括邻小区的 PCI 和 RSRP Result 和 RSRQ。

第 8 章

一、填空题

（1）RSRP
（2）12.2
（3）RSSI
（4）RSRQ
（5）SINR
（6）100Mbps　50Mbps　硬
（7）-85
（8）与业务相关的　与业务无关
（9）系统间　异频

二、判断题

（1）√　（2）√　（3）√　（4）√　（5）√

三、单项选择题

（1）C　（2）A

四、多项选择题

（1）ABC　（2）BC

五、问答题

（1）答：当 RSRP≥R 且 RSRQ≥S 时，F=1；

当 RSRP≥R 与 RSRQ≥S 至少有一个不等式不满足时，则 F=0。

上述中：R 和 S 是 RSRP 和 RSRQ 在计算中的阈值。

覆盖率定义为 F=1 的测试点在测试区所有测试点中的百分比。表示如果某一区域接收信号功率超过某一门限同时信号质量超过某一门限则表示该区域被覆盖。这里的覆盖率指的是区域覆盖率，不是边缘覆盖率。

（2）答：E-RAB 建立成功率统计要包含三个过程：

（1）初始 Attach 过程，UE 附着网络过程 eNB 中收到的 UE 上下文可能会有 E-RAB 信息，eNB 要建立。

（2）Service Request 过程，UE 处于已附着到网络但 RRC 连接释放状态，这时 E-RAB 建立需要包含 RRC 连接建立过程。

（3）Bearer 建立过程，UE 处于已附着网络且 RRC 连接建立状态，这时 E-RAB 建立只包含 RRC 连接重配过程。

第 9 章

一、填空题

（1）对称振子　半波振子　全波振子
（2）全向天线　定向天线
（3）水平极化　垂直极化
（4）垂直极化　正负
（5）波瓣宽度
（6）天线增益
（7）14.85
（8）天线驻波比
（9）反射损耗
（10）1.5
（11）波束赋形

二、判断题

（1）√　（2）√　（3）√　（4）√　（5）√　（6）×
（7）×　（8）×　（9）×　（10）√　（11）√　（12）√

三、单项选择题

（1）D　（2）A　（3）D　（4）C　（5）D
（6）C　（7）A　（8）D　（9）A　（10）B

四、多项选择题

（1）ABC　（2）ABC　（3）AB

第 10 章

一、填空题

（1）覆盖空洞　弱覆盖　越区覆盖　重叠覆盖　（2）SINR　（3）路测

二、判断题

（1）至（8）全是√

三、单项选择题

（1）D　（2）A　（3）D　（4）D　（5）A　（6）C　（7）A　（8）C　（9）C

四、多项选择题

（1）ABCD　（2）ABCD　（3）ABCD　（4）ABCD

五、简答题

（1）答：当手机处于空闲态时，UE 接收到 RSRP 的值基本就能判断出 UE 是否处于弱覆盖区域。当手机处于连接态时，UE 接收到 RSRP 的值不就能判断出 UE 是否处于弱覆盖区域。还要看一下手机是否检测到其他较强的小区信号。因为，如果出现邻区漏配，手机是不会把较强信的邻区作为切换目标小区的，也就是说，手机是不会占用较强信号的小区的；如果出现切换不及时，也会出现类似的问题。

（2）答：LTE 弱覆盖判断手段有路测、KPI 指标统计、MR 数据分析和站点覆盖仿真。

路测优点：最直接、最有效的方法。

KPI 指标统计优点：能够随时提取全网小区的 KPI。

MR 数据分析优点：能够显示全网的覆盖情况，涉及面广，可涉及整个“面”。

站点覆盖仿真优点：在站点规划阶段即可发现可能存在的弱覆盖问题，为周边站点的规划提供参考。

路测缺点：只能发现所测区域是否存在问题，较耗费人力、物力。

KPI 指标统计缺点：统计粒度为小区级，具体的弱覆盖点需进行现场测试。

MR 数据分析缺点：需用专门分析软件对 MR 数据进行解析，具体的弱覆盖点需进行现场测试。

站点覆盖仿真缺点：无法全面综合基础信息和地理环境，结果可能存在偏差，具体的弱覆盖点需进行现场测试。

（3）越区覆盖解决措施有哪些？并请按照简单易行原则对解决措施进行顺序。

答：解决越区覆盖主要以下四种措施：

① 调整天线的下倾角和方位角。② 调整 RS 的发射功率。③ 调整天线高度。④ 跟换天线型号。

第 11 章

一、填空题

（1）系统外　（2）GP　（3）杂散　（4）阻塞　（5）互调　（6）三阶互调

二、判断题

（1）√　（2）×　（3）√　（4）√　（5）×　（6）√

三、单项选择题

（1）D　（2）D　（3）D　（4）B　（5）A
（6）A　（7）A　（8）C　（9）D

四、多项选择题

（1）ABC　（2）ABCD　（3）BCD　（4）ABC

五、问答题

（1）答：在 LTE 无线网络中，相邻小区之间用 PCI 来识别。如果两个相邻小区 PCI 取模三的值相同，就容易产生模三干扰。

一般而言，在发生模三干扰问题的区域，UE 能接收到至少两个 PCI 模三取值相等的小区信号，且这个两个小区的信号都比较强。存在模三干扰时，服务小区由于受到了其他小区的干扰，会导致 UE 接收到的服务小区的 SINR 相对较小。

（2）答：共址基站间的干扰主要分为杂散干扰、阻塞干扰和互调干扰三部分。

阻塞干扰：发射机的带内发射信号可以通过阻塞干扰接收机，如干扰信号过强，超出了接收机的线性范围，会导致接收机饱和而无法工作。

杂散干扰：发射机的带外杂散辐射落入接收机的工作信道，导致接收机的基底噪声抬高，从而降低接收机的灵敏度。

互调干扰：由于接收机的非线性，会出现与接收信号同频的干扰信号，其影响与杂散辐射一样，可将其看作杂散的影响。

第 12 章

一、判断题

×

二、单项选择题

（1）A （2）B （3）A （4）B

三、多项选择题

ABCD

四、问答题

（1）答：邻区漏配案例的典型特点就是 UE 不断地上报 MR，从基站跟踪看到基站收到了大量的 MR，但是没有下发切换命令，从而导致切失败，有时会导致掉话。

（2）答：

① 调整天馈或者调整发射功率，缩小切换区域。

② 调整切换参数，提高切换门限，较少频繁切换，如调整 IntraFreqHoA3Hyst 和 IntraFreqHoA3Offset，但该参数会影响到所有和该小区进行切换的邻区；也可以增加惩罚时间，控制切换频率。

实 训 篇

实训 1

一、填空题

设备管理器

二、判断题

×

三、单项选择题

C

实训 2

一、填空题

（1）.tpl　（2）循环测试　（3）工程

二、单项选择题

B

三、多项选择题

AB

四、简答题

（1）答：测试计划是具体测试业务的一个组合，可以是一个或者多个测试业务，针对具体设备而言。在进行测试业务之前要建立测试计划。

（2）答：① 连接设备。单击【Connect】按钮连接设备后，正常的设备都会顺利连接，并进入工作状态。

② 记录测试。对终端的输入信息进行解码等处理并输出文件，保存在指定目录下。

单击工具栏【开始录制】，开始录制测试 LOG，然后在 Device Control 窗口单击【开始所有】进行测试。测试完成后，在 Device Control 窗口单击【停止所有】按钮停止测试计划，再单击工具栏【停止录制】按钮，保存 LOG 文件。

实训 3

一、填空题

（1）基站　地图　（2）时间　（3）FTP Download

二、判断题

（1）B　（2）A　（3）C

三、简答题

（1）答：Pioneer 软件使用到的 LTE 基站数据库涉及到的主要字段有：CELL NAME、EARFCN、PCI、LONGITUDE、LATITUDE、AZIMUTH、Mech.TILT、Elec.TILT、ANTENNA HEIGHT、3dB Power Beamwidth、eNodeB IP。

（2）答：① 在导航栏 Template & Test Plan 管理框中，双击【Test Plan】→【FTP Download】或右键单击，并在弹出的菜单中选择【Edit】选项，打开 FTP Download 测试模板配置窗口。

② 单击工具栏按钮【开始录制】，开始录制测试 LOG。选择【Device Control】，单击【开始所有】开始执行工作计划。

③ 打开 DATA 窗口。单击主菜单【界面呈现】，选择【Test Service】子菜单，然后选择【DATA】，打开 DATA 窗口，查看实时吞吐量和平均吞吐量。

④ 测试完成后，单击【停止所有】停止测试计划，然后单击工具栏【停止录制】按钮，保存 LOG 文件。

实训 4

一、填空题

（1）CMNET　CMWAP　　（2）（请根据实际情况填写）

二、判断题

（1）√　　（2）√　　（3）√

三、单项选择题

（1）A　　（2）C

四、问答题

答：① 在第一次测试前，请检查手机自身的设置，例如选择的网络制式、手机时间等项目的设定，以保证测试按照规范进行。

② 自动获取平台下发计划。在平台下发测试计划后，终端业务测试界面下，单击【测试任务】后，在左下方单击【下载】按钮，终端会自动收取平台所下发的计划。

③ 导出及导入测试任务。在【测试任务】界面，单击【更多】→【导入】，即可导入之前保存在手机中的测试任务，单击【更多】→【导出】，可以对当前的测试任务命名，并另存至任务模板中。

④ 自定义测试信息。进行第 1 次测试时，要对主叫的拨打号码、发送短信的号码、发送彩信的号码、FTP 服务器、FTP 上传路径、FTP 下载文件等进行自定义设置，这些设置在用户根据实际情况设定后，单击【导出】另存为一个模板并自定义命名，在下次的测试中就可以直接使用，不用再进行任何设置。

⑤ 开始测试。单击【开始】后，根据测试需要选择测试方式（DT 或者 CQT）。若选择 DT 测试，保证经纬度信息出现后，再开始测试。输入外循环测试的次数，一般 DT 测试输入 999 次，以保证测试的持续性。开始测试后，单击测试信息界面可以查看当前测试的实时状态。

⑥ 停止测试。进入业务测试主界面，【开始】按键变成【停止】按键，单击后即可停止当前测试。

⑦ 数据的复制与保存。将手机连接到笔记本电脑上，将测试数据文件（路径：Walktour\data\task）复制到笔记本电脑上保存。

实训 5

一、填空题

（1）Site Samples
（2）Message
（3）Event
（4）时间
（5）饼状
（6）Cell Measurement

二、判断题

（1）√　（2）√　（3）√　（4）√

三、单项选择题

（1）A　（2）A　（3）D

四、多项选择题

（1）ABC　（2）ABCD

五、问答与计算

答：

① 打开 Navigator 软件，导入测试数据和基站工参表。

② 右键单击导入的数据文件下面的端口数据（比如“LTE2”端口）。

③ 选中端口数据下的 Parameters，再选择 Serving cell Info 中的 SINR 或 RSRP，右键单击选择地图窗口，将测试文件的 SINR 或 RSRP 的轨迹点在地图中进行显示。

④ 选中端口数据下的 Events 文件夹，选中显示的事件，然后用鼠标拖动到显示 SINR 或 RSRP 轨迹点的 Map 窗口。

实训 6

一、填空题

饼状图

二、判断题

√

三、单项选择题

（1）D　　（2）C

四、多项选择题

（1）ABC　　（2）ABCD　　（3）ABCD

答：Navigator 软件能对测试数据中存在的时延过大、导频污染、邻区漏配、无主服务小区、过覆盖等常见问题进行分析。

实训 7

1．请简述如何撰写数据分析报告。

答：数据分析报告一般包含问题描述、问题分析、解决措施和经验总结。

问题描述部分主要说明网络发生问题的时间、地点以及问题点的无线环境。

问题分析部分要根据网络优化原理，借助测试和分析软件对问题进行分析，要用相关的软件屏幕截图进行论证。

解决措施部分主要针对问题提供切实可行的解决的方案。

经验总结部分对此类问题进行归纳总结。

2．弱覆盖问题的典型特征是什么？

答：UE 接收到的 RSRP 值较小，一般认为 UE 接收到的无线信号 RSRP<−105dBm 且 SINR<3dB 时，即可判定此处信号较差，属于弱覆盖区域。

在实际的网络优化中，处于弱覆盖区域的 UE 没有检测到周围较强的其他小区信号，且弱覆盖区域具有一定的空间区域，或 UE 在持续的一段时间内接收到到的无线信号都很差，才认为 UE 所在的区域是弱覆盖区域。

3．使用 Pilot Pioneer 软件进行数据分析的步骤有哪些？

答：（1）启动 Pilot Pioneer。

（2）导入基站数据库、打开数据文件、解压和解码数据文件。

（3）打开 Pilot Pioneer 软件常用的窗口。在日常的网优分析中，除了打开信令窗口之外，还要打开 Map 窗口、Graph 窗口、Line Chart 窗口、事件窗口、LTE Serving+Neighbor Cell List 窗口等常用窗口。

（4）撰写数据分析报告。

实训 8

1．模三干扰问题的典型特征是什么？

答：在 LTE 中，相邻小区之间用 PCI 来识别。如果两个相邻小区 PCI 取模三的值相同，则它们会用相同的同步信号，参考信号 RS 在 RB 内的位置也相同，导致 UE 接到的 SINR 值降低，这就是我们所说的模三冲突，也叫模三干扰。

一般而言，在发生模三干扰的区域，UE 能接收到至少两个 PCI 模三取值相等的小区信号，且这个信号强度都比较强。存在模三干扰时，服务小区受到了其他小区的干扰，会导致 UE 接收到的服务小区 SINR 相对较小。

2．模三干扰对网络有哪些影响？

答：模三干扰会影响 UE 的下载速率、通话质量，严重时会导致 UE 切换失败，也会影响受扰小区的吞吐率。

实训 9

1．邻区漏配问题的分析思路是什么？

答：在移动通信网络中，只有配置为邻区关系的两个小区才会发生切换。在 LTE 网络中，即使两个邻近小区没有配置为邻区关系，UE 也能检测出未定义为邻区关系的小区信号的强度，随着 UE 越来越靠近未定义邻区的临近小区，UE 检测到临近小区的信号越来越强。从路测软件的信令分析窗口可以看出，UE 会不停地上报 Measurement Report 消息，但是，eNodeB 不会下发切换执行消息（RRC Connection Reconfiguration）。

2．如何通过路测软件区分邻区漏配与切换不及时？

答：邻区漏配与切换不及时的共同点就是 UE 都能检测到较强的临近小区信号，且都没有成功地发生切换。

存在邻区漏配问题时，UE 会不停地上报 Measurement Report 消息，且持续时间很长；而存在切换不及时问题时，UE 也会不停地上报 Measurement Report 消息，但是持续时间很短，切换不及时大都发生在道路的拐角处、高速通路或者高速铁路等场景。

附录　缩略语全称及中文解释

英文缩写	英文全称	中文含义
16QAM	16 Quadrature Amplitude Modulation	16 正交幅度调制
2G	The Second Generation	第 2 代（移动通信系统）
3G	The Third Generation	第 3 代（移动通信系统）
3GPP	3rd Generation Partnership Project	第 3 代移动通信标准化伙伴项目
3GPP2	3rd Generation Partnership Project 2	第 3 代移动通信标准化伙伴项目 2
4G	The Fourth Generation	第 4 代（移动通信系统）
64QAM	64 Quadrature Amplitude Modulation	64 正交幅度调制
AAA	Authentication Authorization and Accounting	认证、鉴权和计费
ACK	Acknowledgement	确认
ACK/NACK	Acknowledgement/Not-acknowledgement	应答/非应答
AF	Application Function	应用实体
AM	Acknowledged Mode	确认模式
AMBR	Aggregate Maximum Bit Rate	合计最大比特率
AMC	Adaptive Modulation and Coding	自适应调制编码
AMS	Adaptive MIMO Switching	自适应 MIMO 切换
ANR	Automatic Neighbor Relation	自动邻区关系
APN	access Point Name	接入点名称
ARP	Allocation and Retention Priority	接入保持优先级
ARQ	Automatic Repeat Request	自动重传请求
AS	Access Stratum	接入层
B3G	Beyond 3G	后 3G
BBU	BaseBand Unit	基带处理单元
BCCH	Broadcast Control Channel	广播控制信道
BCH	Broadcast Channel	广播信道
BHSA	Busy Hour Session Attempt	忙时会话次数
BLER	Block Error Rate	误块率
BOSS	Business and Operation Support System	运营支撑系统
BPSK	Binary Phase Shift Keying	双相相移键控
CGI	(Cell Global Identity)	小区全球识别码
CC	Chase Combining	Chase 合并
CCCH	Common Control Channel	公共控制信道
CCE	Control Channel Element	控制信元
CDD	Cyclic Delay Diversity	循环时延分集
CDMA	Code Division Multiple Access	码分多址
CFI	Control Format Indicator	控制格式指示
CINR	Carrier-to-Interference and Noise Ratio	载干噪比

续表

英 文 缩 写	英 文 全 称	中 文 含 义
CP	Cyclic Prefix	循环前缀
CPC	Continuous Packet Connectivity	连续性分组连接
CPE	Customer-Premises Equipment	客户端设备
CQI	Channel Quality Indication	信道质量指示
CRC	Cyclic Redundancy Check	循环冗余校验
C-RNTI	Cell - Radio Network Temporary Identifier	小区无线网络临时标识
CS	Circuit Switched	电路交换
CS	Cyclic Shift	循环移位
CSFB	Circuit-switched Fallback	CS 业务回落
DAI	Downlink Assignment Index	下行分配索引
DBCH	Dynamic Broadcast Channel	动态广播信道
D-BCH	Dynamic-Broadcast Channel	动态广播信道
DCCH	Dedicated Control Channel	专用控制信道
DCI	Downlink Control Information	下行控制信息
DCS	Digital Cellular Service	数字蜂窝业务
DFT	Discrete Fourier Transform	离散傅里叶变换
DL	Downlink	下行
DL-SCH	Downlink - Shared Channel	下行共享信道
DMRS	Demodulation Reference Signal	解调参考信号
DRB	Dedicated Radio Bearer	专用无线承载
DRS	Demodulation Reference Signal	解调参考信号
DRX	Discontinuous Reception	非连续性接收
DT	Direct Tunnel	直连通道
DTCH	Dedicated Traffic Channel	专用业务信道
DTX	Discontinuous Transmission	非连续性发射
DwPTS	Downlink Pilot Timeslot	下行导频时隙
E3G	Evolved 3G	演进型 3G
EARFCN	E-UTRA Absolute Radio Frequency Channel Number	E-UTRA 绝对无线频率信道号
EIRP	Equivalent Isotropic Radiated Power	等效全向辐射功率
EMM	EPS Mobility Management	EPS 移动管理
eNodeB	E-URTA Node B	演进型网络基站
EPC	Evolved Packet Core	演进型分组核心网
EPLMN	Equivalent HPLMN	等价 HPLMN
EPRE	Energy Per Resource Element	每 RE 能量
EPS	Evolved Packet System	演进型分组系统
E-RAB	EPS Radio Access Bearer	EPS 无线接入承载
ESM	EPS Session Management	EPS 会话管理
ETWS	Earthquake and Tsunami Warning System	地震海啸预警系统
eUTRA	Evolved - Universal Terrestrial Radio Access	演进型通用陆地无线接入
eUTRAN	Evolved UMTS Terrestrial Radio Access Network	演进 UMTS 陆地无线接入网
FDD	Frequency Division Duplex	频分双工
FDM	Frequency Division Multiplexing	频分复用

续表

英文缩写	英文全称	中文含义
FDMA	Frequency Division Multiple Access	频分多址
FEC	Forward Error Correction	前向纠错
FFR	Fractional Frequency Reuse	部分频率复用
FFT	Fast Fourier Transform	快速傅里叶变换
FSTD	Frequency Switched Transmit Diversity	频率切换发射分集
FSTD	Frequency Shift Time Diversity	频移时间分集
FTP	File Transport Protocol	文件传输协议
GBR	Guaranteed Bit Rate	保证比特率
GERAN	GSM/EDGE Radio Access Network	GSM/EDGE 无线接入网
GGSN	Gateway GPRS Support Node	GPRS 网关支持节点
GIS	Geographical Information System	地理信息系统
GP	Guard Period	保护间隔
GPRS	General Packet Radio System	通用分组无线系统
GSM	Global System for Mobile communication	全球移动通信系统
GSMA	GSM Association	GSM 协会
GTP-C	Control plane part of GPRS Tunneling Protocol	GPRS 隧道协议控制面部分
GTP-U	User plane part of GPRS Tunneling Protocol	GPRS 隧道协议用户面部分
GUTI	Globally Unique Temporary Identifier	全球唯一临时标识
HARQ	Hybrid Automatic Repeat Request	混合自动重传请求
HI	HARQ Indicator	HARQ 指示
HPLMN	Home PLMN	归属 PLMN
HSS	Home Subscriber Server	归属用户服务器
HTTP	Hyper Text Transport Protocol	超文本传输协议
ICIC	Inter Carriers Interference　Coordination	载波间干扰协调
IDFT	Inverse Discrete Fourier Transform	离散傅里叶反变换
IFFT	Inverse Fast Fourier Transform	快速傅里叶反变换
IMEI	International Mobile Equipment Identity	国际移动台设备标识
IMS	IP Multimedia Subsystem	IP 多媒体子系统
IMSI	International Mobile Subscriber Identity	国际移动用户识别码
IMT Advanced	International Mobile Telecommunications Advanced	国际移动通信 Advanced
IMT2000	International Mobile Telecommunications - 2000	国际移动通信 2000
IP	Internet Protocol	因特网协议
IR	Incremental Redundancy	增量冗余
IRC	Interference Rejection Combining	干扰消除
ISI	Inter Symbol Interference	符号间干扰
ITU	International Telecommunication Union	国际电信联盟
LNA	Low Noise Amplifier	低噪声放大器
LTE	Long Term Evolution	长期演进
MAC	Medium Access Control	媒质接入控制
MAPL	Maximum Allowed Path Loss	最大允许路径损耗
MBMS	Multimedia Broadcast Multicast Service	多媒体广播多播业务
MBSFN	Multicast/Broadcast Singal Frequency Network	多播/广播单频网

续表

英文缩写	英文全称	中文含义
MBSFN	MBMS over Single Frequency Network	多播广播单频网
MCS	Modulation and Coding Scheme	调制编码方式
MCW	Multiple Code Word	多码字
MGW	Media Gateway	多媒体网关
MIB	Master Information Block	主信息块
MIMO	Multiple Input Multiple Output	多入多出
MM	multimedia message	多媒体消息
MME	Mobility Management Entity	移动性管理实体
MMSE	Minimum Mean Square Error	最小均方误差
MP	Modification Period	修改周期
MRC	Maximum Ratio Combining	最大比合并
MSC	Mobile Switching Centre	移动交换中心
MSR	Multi Standard Radio	多制式无线电
MU-MIMO	Multi User - MIMO	多用户 MIMO
NACK	Negative Acknowledgement	非确认
NAS	Non Access Stratum	非接入层
NDI	New Data Indicator	新数据指示
NGMN	Next Generation Mobile Network	下一代移动网组织
OFDM	Orthogonal Frequency Division Multiplexing	正交频分复用
OFDMA	Orthogonal Frequency Division Multiple Access	正交频分多址
OSS	Operation Support System	运营支撑系统
PAPR	Peak to Average Power Ratio	峰均比
PBCH	Physical Broadcast Channel	物理广播信道
PCC	Policy and Charging Control	策略与计费控制
PCCH	Paging Control Channel	寻呼控制信道
PCFICH	Physical Control Format Indication Channel	物理控制格式指示信道
PCH	Paging Channel	寻呼信道
PCRF	Policy Control and Charging Rules Function	策略控制和计费规则功能单元
PDCCH	Physical Downlink Control Channel	物理下行控制信道
PDCP	Packet Data Convergence Protocol	分组数据汇聚协议
PDN	Packet Data Network	分组数据网
PDN-GW	Packet Data Network - Gateway	PDN 网关
PDSCH	Physical Downlink Shared Channel	物理下行共享信道
PF	Paging Frame	寻呼帧
PH	Power Headroom	功率余量
PHICH	Physical Hybrid ARQ Indicator Channel	物理 HARQ 指示信道
PHY	Physical Layer	物理层
PLMN	Public Land Mobile Network	公共陆地移动网
PMCH	Physical multicast channel	物理多播信道
PMI	Precoding Matrix Indication	预编码矩阵指示
PO	Paging Occasion	寻呼时刻
PRACH	Physical Random Access Channel	物理随机接入信道

续表

英文缩写	英文全称	中文含义
PRB	Physical Resource Block	物理资源块
PS	Packet Switched	分组交换
PSS	Primary Synchronization Signal	主同步信号
PUCCH	Physical Uplink Control Channel	物理上行控制信道
QAM	Quadrature Amplitude Modulation	正交幅度调制
QCI	QoS Class Identifier	业务质量级别标识
QoS	Quality of Service	业务质量
QPSK	Quadrature Phase Shift Keying	四进制相移键控
RA	Random Access	随机接入
RACH	Random Access Channel	随机接入信道
RAN	Radio Access Network	无线接入网络
RAP ID	Random Access Preamble Identifier	随机接入前导指示
RA-RNTI	Random Access - RNTI	随机接入 RNTI
RB	Resource Block	资源块
RB	Radio Bearer	无线承载
RBG	Resource Block Group	资源块组
RE	Resource Element	资源粒子
REG	Resource Element Group	资源粒子组
RFU	Radio Frequency Unit	射频单元
R-GSM	Railways GSM	铁路 GSM
RI	Rank Indication	秩指示
RLC	Radio Link Control	无线链路控制
RNC	Radio Network Controller	无线网络控制器
RNTI	Radio Network Temporary Identity	无线网络临时识别符
RRC	Radio Resource Control	无线资源控制
RRU	Remote Radio Unit	远端射频单元
RS	Reference Signal	参考信号
RSRP	Reference Signal Received Power	参考信号接收功率
RSRQ	Reference Signal Received Quality	参考信号接收质量
RSSI	Received Signal Strength Indicator	接收信号强度指示
RTT	Round-Trip Time	往返时延
RV	Redundancy Version	冗余版本
S1	S1	LTE 网络中 eNodeB 和核心网间的接口
SAE	System Architecture Evolution	系统结构演进
SC-FDMA	Single Carrier - Frequency Division Multiple Access	单载波频分多址
SCH	Synchronization Signal	同步信号
SCTP	Stream Control Transmission Protocol	流控制传输协议
SFBC	Space Frequency Block Coding	空频块编码
SFM	Shadow Fading Margin	阴影衰落余量
SFM	Slow Fading Margin	慢衰落余量
SFN	System Frame Number	系统帧号
SGW	Serving Gateway	服务网关

续表

英 文 缩 写	英 文 全 称	中 文 含 义
SI	System Information	系统信息
SIB	System Information Block	系统消息块
SINR	Signal-to-Interference and Noise Ratio	信干噪比
SI-RNTI	System Information-Radio Network Temporary Identifier	系统消息无线网络临时标识
SM	Spatial Multiplexing	空间复用
SMS	Short Message Service	短消息业务
SMSC	Short Message Service Center	短消息业务中心
SNR	Signal to Noise Ratio	信噪比
SON	Self Organization Network	自组织网络
SP	service provider	业务提供商
S-P	Serial to Parallel	串并转换
SR	Scheduling Request	调度请求
SRB	Signaling Radio Bearer	信令无线承载
SRI	Scheduling Request Indication	调度请求指示
SRS	Sounding Reference Signal	探测参考信号
SRVCC	Single Radio Voice Call Continuity	单射频连续语音呼叫
SSS	Secondary Synchronization Signal	辅同步信号
STC	Space Time Coding	空时编码
Snonintrasearch	Snonintrasearch	小区重选的异频、异系统测量触发门限
Sintrasearch	Sintrasearch	小区重选的同频测量触发门限
SU-MIMO	Single User - MIMO	单用户 MIMO
TA	Tracking Area	跟踪区
TA	Timing Alignment	定时校准
TAC	Tracking Area Code	跟踪区码
TACS	Total Access Communications System	全接入通信系统
TAI	Tracking Area Identity	跟踪区标识
TB	Transport Block	传输块
TBS	Transport Block Set	传输块集合
TBS	Transport Block Size	传输块大小
TD	Transmit Diversity	发射分集
TD-CDMA	Time Division CDMA	时分码分多址
TDD	Time Division Duplex	时分双工
TD-LTE	Time Division Long Term Evolution	时分长期演进
TDMA	Time Division Multiple Access	时分多址
TD-SCDMA	Time Division Synchronous CDMA	时分同步码分多址
TF	Transport Format	传输格式
TM	Transparent Mode	透明模式
TPC	Transmit Power Control	发射功率控制
TPMI	Transmitted Precoding Matrix Indicator	发射预编码矩阵指示
TSTD	Time Switched Transmit Diversity	时间切换发射分集
TTI	Transmission Time Interval	发送时间间隔
TX	Transmit	发送

续表

英文缩写	英文全称	中文含义
UCI	Uplink Control Information	上行控制信息
UDP	User Datagram Protocol	用户数据报协议
UDPAP	User Datagram Protocol Application Part	用户数据报协议应用部分
UE	User Equipment	用户设备
UL	Uplink	上行
UL-SCH	Uplink Shared Channel	上行共享信道
UM	Unacknowledged Mode	非确认模式
UMTS	Universal Mobile Telecommunications System	通用移动通信系统
UpPTS	Uplink Pilot Time Slot	上行导频时隙
URL	universal resource locator	统一资源定位器
USIM	Universal Subscriber Identity Module	用户业务识别模块
VMIMO	Virtual MIMO	虚拟 MIMO
VoIP	Voice over IP	IP 语音业务
VP	Video Phone	视频电话
VRB	Virtual Resource Block	虚拟资源块
WAP	Wireless Application Protocol	无线应用通讯协议
WCDMA	Wideband CDMA	宽带码分多址
WiMAX	Worldwide Interoperability for Microwave Access	全球微波互联接入
X2	X2	X2 接口，LTE 网络中 eNodeB 之间的接口
ZC	Zadoff-Chu	一种正交序列

参考文献

[1] 李明欣等编著．LTE 无线网络优化实践[M]．北京：人民邮电出版社，2016.6.
[2] 元泉编著．LTE 轻松进阶[M]．北京：电子工业出版社，2012.4.
[3] 张新程等编著．LTE 空中接口技术与性能[M]．北京：人民邮电出版社，2009.9.
[4] 尹圣君，钱尚达，李永代等编著．LTE 及 LTE-Advanced 无线协议[M]．北京：机械工业出版社，2015.2.
[5] 张守国等编著．LTE 无线网络优化实践[M]．北京：人民邮电出版社，2014.12.
[6] 世纪鼎利通信科技股份有限公司．Pilot Pioneer 9.3 操作手册．2014.
[7] 华为技术有限公司．LTE 无线技术原理及信令流程．2015.
[8] 中国联合网络通信集团有限公司．中国联通 LTE 无线网络工程优化指导书．2014.
[9] 上海贝尔股份有限公司．LTE 无线网络优化指导手册（指标部分）．2014.
[10] 李正茂等编著．TD-LTE 技术与标准[M]．北京：人民邮电出版社，2013.8.
[11] 通信人家园 http://bbs.c114.net/.
[12] 移动通信网 http://bbs.mscbsc.com/.
[13] http://www.3gpp.org/.